数据科学与大数据技术专业核心教材体系建设——建议使用时间

建议使用时间					
四年级上				自然语言处理 信息检索导论	
三年级下	分布式系统 与云计算	编译原理 计算机网络	非结构化大数据分析	模式识别与计算机视觉 智能优化与进化计算	信息内容安全
三年级上		并行与分布式计算	大数据计算智能 数据库系统概论	网络群体与市场 人工智能导论	密码技术及安全 程序设计安全
二年级下	计算理论导论	计算机系统基础Ⅱ			
二年级上	数据结构与算法Ⅱ 离散数学	计算机系统基础Ⅰ	数据科学导论		
一年级下	数据结构与算法Ⅰ				
一年级上	程序设计Ⅱ				
	程序设计Ⅰ				

面向新工科专业建设计算机系列教材

Spark 大数据处理技术与实战
（Scala 版·微课版）

曹　洁　辛向军◎编著

清华大学出版社
北京

内 容 简 介

本书系统介绍了 Spark 大数据处理框架以及相应的主流开发语言 Scala。全书共 14 章，内容包括 Scala 基本概念和基本用法，Scala 字符串和数组，Scala 控制结构，Scala 列表、元组、集合和映射，Scala 函数，Scala 面向对象编程，Spark 大数据处理框架，Spark RDD 编程，Windows 环境下的 Spark 综合编程，用 Spark SQL 处理结构化数据，Spark Streaming 流处理，Spark Structured Streaming 流处理，Spark GraphX 图计算，Spark ML 机器学习。

本书可作为高等院校计算机科学与技术、信息管理、软件工程、数据科学与大数据、人工智能等相关专业的大数据课程教材，也可供企业中从事大数据开发的工程师和科技工作者参考。

本书封面贴有清华大学出版社防伪标签，无标签者不得销售。
版权所有，侵权必究。举报: 010-62782989, beiqinquan@tup.tsinghua.edu.cn。

图书在版编目(CIP)数据

Spark 大数据处理技术与实战: Scala 版: 微课版/曹洁, 辛向军编著.—北京: 清华大学出版社, 2023.9 (2024.2重印)
面向新工科专业建设计算机系列教材
ISBN 978-7-302-64429-3

Ⅰ.①S… Ⅱ.①曹… ②辛… Ⅲ.①数据处理软件－高等学校－教材 Ⅳ.①TP274

中国国家版本馆 CIP 数据核字(2023)第 153329 号

责任编辑: 白立军
封面设计: 刘　乾
责任校对: 申晓焕
责任印制: 杨　艳

出版发行: 清华大学出版社
　　网　　址: https://www.tup.com.cn, https://www.wqxuetang.com
　　地　　址: 北京清华大学学研大厦 A 座　　　　邮　编: 100084
　　社 总 机: 010-83470000　　　　　　　　　　邮　购: 010-62786544
　　投稿与读者服务: 010-62776969, c-service@tup.tsinghua.edu.cn
　　质量反馈: 010-62772015, zhiliang@tup.tsinghua.edu.cn
　　课件下载: https://www.tup.com.cn, 010-83470236
印 装 者: 三河市龙大印装有限公司
经　　销: 全国新华书店
开　　本: 185mm×260mm　　印　张: 18.75　　插　页: 1　　字　数: 459 千字
版　　次: 2023 年 11 月第 1 版　　　　　　　　印　次: 2024 年 2 月第 2 次印刷
定　　价: 59.00 元

产品编号: 098286-01

出版说明

一、系列教材背景

人类已经进入智能时代,云计算、大数据、物联网、人工智能、机器人、量子计算等是这个时代最重要的技术热点。为了适应和满足时代发展对人才培养的需要,2017年2月以来,教育部积极推进新工科建设,先后形成了"复旦共识""天大行动""北京指南",并发布了《教育部高等教育司关于开展新工科研究与实践的通知》《教育部办公厅关于推荐新工科研究与实践项目的通知》,全力探索形成领跑全球工程教育的中国模式、中国经验,助力高等教育强国建设。新工科有两个内涵:一是新的工科专业;二是传统工科专业的新需求。新工科建设将促进一批新专业的发展,这批新专业有的是依托于现有计算机类专业派生、扩展而成的,有的是多个专业有机整合而成的。由计算机类专业派生、扩展形成的新工科专业有计算机科学与技术、软件工程、网络工程、物联网工程、信息管理与信息系统、数据科学与大数据技术等。由计算机类学科交叉融合形成的新工科专业有网络空间安全、人工智能、机器人工程、数字媒体技术、智能科学与技术等。

在新工科建设的"九个一批"中,明确提出"建设一批体现产业和技术最新发展的新课程""建设一批产业急需的新兴工科专业"。新课程和新专业的持续建设,都需要以适应新工科教育的教材作为支撑。由于各个专业之间的课程相互交叉,但是又不能相互包含,所以在选题方向上,既考虑由计算机类专业派生、扩展形成的新工科专业的选题,又考虑由计算机类专业交叉融合形成的新工科专业的选题,特别是网络空间安全专业、智能科学与技术专业的选题。基于此,清华大学出版社计划出版"面向新工科专业建设计算机系列教材"。

二、教材定位

教材使用对象为"211工程"高校或同等水平及以上高校计算机类专业及相关专业学生。

三、教材编写原则

（1）借鉴 Computer Science Curricula 2013（以下简称 CS2013）。CS2013 的核心知识领域包括算法与复杂度、体系结构与组织、计算科学、离散结构、图形学与可视化、人机交互、信息保障与安全、信息管理、智能系统、网络与通信、操作系统、基于平台的开发、并行与分布式计算、程序设计语言、软件开发基础、软件工程、系统基础、社会问题与专业实践等内容。

（2）处理好理论与技能培养的关系，注重理论与实践相结合，加强对学生思维方式的训练和计算思维的培养。计算机专业学生能力的培养特别强调理论学习、计算思维培养和实践训练。本系列教材以"重视理论，加强计算思维培养，突出案例和实践应用"为主要目标。

（3）为便于教学，在纸质教材的基础上，融合多种形式的教学辅助材料。每本教材可以有主教材、教师用书、习题解答、实验指导等。特别是在数字资源建设方面，可以结合当前出版融合的趋势，做好立体化教材建设，可考虑加上微课、微视频、二维码、MOOC 等扩展资源。

四、教材特点

1. 满足新工科专业建设的需要

系列教材涵盖计算机科学与技术、软件工程、物联网工程、数据科学与大数据技术、网络空间安全、人工智能等专业的课程。

2. 案例体现传统工科专业的新需求

编写时，以案例驱动，任务引导，特别是有一些新应用场景的案例。

3. 循序渐进，内容全面

讲解基础知识和实用案例时，由简单到复杂，循序渐进，系统讲解。

4. 资源丰富，立体化建设

除了教学课件外，还可以提供教学大纲、教学计划、微视频等扩展资源，以方便教学。

五、优先出版

1. 精品课程配套教材

主要包括国家级或省级的精品课程和精品资源共享课的配套教材。

2. 传统优秀改版教材

对于已经出版的、得到市场认可的优秀教材，由于新技术的发展，计划给图书配上新的教学形式、教学资源的改版教材。

3. 前沿技术与热点教材

反映计算机前沿和当前热点的相关教材，例如云计算、大数据、人工智能、物联网、网络空间安全等方面的教材。

六、联系方式

联系人：白立军

联系电话：010-83470179

联系和投稿邮箱：bailj@tup.tsinghua.edu.cn

"面向新工科专业建设计算机系列教材"编委会

2019 年 6 月

面向新工科专业建设计算机系列教材编委会

主　任：
　　张尧学　清华大学计算机科学与技术系教授　　中国工程院院士/教育部高等学校软件工程专业教学指导委员会主任委员

副主任：
陈　刚	浙江大学计算机科学与技术学院	院长/教授
卢先和	清华大学出版社	常务副总编辑、副社长/编审

委　员：
毕　胜	大连海事大学信息科学技术学院	院长/教授
蔡伯根	北京交通大学计算机与信息技术学院	院长/教授
陈　兵	南京航空航天大学计算机科学与技术学院	院长/教授
成秀珍	山东大学计算机科学与技术学院	院长/教授
丁志军	同济大学计算机科学与技术系	系主任/教授
董军宇	中国海洋大学信息科学与工程学部	部长/教授
冯　丹	华中科技大学计算机学院	院长/教授
冯立功	战略支援部队信息工程大学网络空间安全学院	院长/教授
高　英	华南理工大学计算机科学与工程学院	副院长/教授
桂小林	西安交通大学计算机科学与技术学院	教授
郭卫斌	华东理工大学信息科学与工程学院	副院长/教授
郭文忠	福州大学数学与计算机科学学院	院长/教授
郭毅可	香港科技大学	副校长/教授
过敏意	上海交通大学计算机科学与工程系	教授
胡瑞敏	西安电子科技大学网络与信息安全学院	院长/教授
黄河燕	北京理工大学计算机学院	院长/教授
雷蕴奇	厦门大学计算机科学系	教授
李凡长	苏州大学计算机科学与技术学院	院长/教授
李克秋	天津大学计算机科学与技术学院	院长/教授
李肯立	湖南大学	副校长/教授
李向阳	中国科学技术大学计算机科学与技术学院	执行院长/教授
梁荣华	浙江工业大学计算机科学与技术学院	执行院长/教授
刘延飞	火箭军工程大学基础部	副主任/教授
陆建峰	南京理工大学计算机科学与工程学院	副院长/教授
罗军舟	东南大学计算机科学与工程学院	教授
吕建成	四川大学计算机学院(软件学院)	院长/教授
吕卫锋	北京航空航天大学	副校长/教授
马志新	兰州大学信息科学与工程学院	副院长/教授

毛晓光	国防科技大学计算机学院	副院长/教授
明　仲	深圳大学计算机与软件学院	院长/教授
彭进业	西北大学信息科学与技术学院	院长/教授
钱德沛	北京航空航天大学计算机学院	中国科学院院士/教授
申恒涛	电子科技大学计算机科学与工程学院	院长/教授
苏　森	北京邮电大学	副校长/教授
汪　萌	合肥工业大学	副校长/教授
王长波	华东师范大学计算机科学与软件工程学院	常务副院长/教授
王劲松	天津理工大学计算机科学与工程学院	院长/教授
王良民	东南大学网络空间安全学院	教授
王　泉	西安电子科技大学	副校长/教授
王晓阳	复旦大学计算机科学技术学院	教授
王　义	东北大学计算机科学与工程学院	院长/教授
魏晓辉	吉林大学计算机科学与技术学院	教授
文继荣	中国人民大学信息学院	院长/教授
翁　健	暨南大学	副校长/教授
吴　迪	中山大学计算机学院	副院长/教授
吴　卿	杭州电子科技大学	教授
武永卫	清华大学计算机科学与技术系	副主任/教授
肖国强	西南大学计算机与信息科学学院	院长/教授
熊盛武	武汉理工大学计算机科学与技术学院	院长/教授
徐　伟	陆军工程大学指挥控制工程学院	院长/副教授
杨　鉴	云南大学信息学院	教授
杨　燕	西南交通大学信息科学与技术学院	副院长/教授
杨　震	北京工业大学信息学部	副主任/教授
姚　力	北京师范大学人工智能学院	执行院长/教授
叶保留	河海大学计算机与信息学院	院长/教授
印桂生	哈尔滨工程大学计算机科学与技术学院	院长/教授
袁晓洁	南开大学计算机学院	院长/教授
张春元	国防科技大学计算机学院	教授
张　强	大连理工大学计算机科学与技术学院	院长/教授
张清华	重庆邮电大学计算机科学与技术学院	执行院长/教授
张艳宁	西北工业大学	副校长/教授
赵建平	长春理工大学计算机科学技术学院	院长/教授
郑新奇	中国地质大学(北京)信息工程学院	院长/教授
仲　红	安徽大学计算机科学与技术学院	院长/教授
周　勇	中国矿业大学计算机科学与技术学院	院长/教授
周志华	南京大学计算机科学与技术系	系主任/教授
邹北骥	中南大学计算机学院	教授

秘书长：

| 白立军 | 清华大学出版社 | 副编审 |

FOREWORD
前言

随着数字经济在全球加速推进以及 5G 通信、人工智能、自动驾驶、物联网、社交媒体等相关技术的快速发展,数据已成为国家基础性战略资源,大数据以从海量数据集合中发现新知识、创造新价值、提升新能力为主要特征,正日益对全球生产、流通、分配、消费活动以及经济运行机制、国家安全、科学研究、社会生活方式和国家治理能力产生重要影响。大数据技术涉及的知识点非常多,本书从高校各专业对大数据技术需求的实际情况出发,详细阐述最流行的 Spark 大数据处理框架以及相应的主流开发语言 Scala。

本书共 14 章。

第 1 章为 Scala 基本概念和基本用法,主要介绍 Scala 的特性、安装、基础语法。

第 2 章为 Scala 字符串和数组,主要介绍创建不可变字符串对象、编写及运行 Scala 脚本、不可变字符串对象的常用方法、可变字符串对象的创建及其常用方法、Scala 数组。

第 3 章为 Scala 控制结构,主要介绍布尔表达式、选择结构、条件表达式、while 循环、for 循环、for 推导式、块表达式的赋值、循环中的 break 和 continue 语句。

第 4 章为 Scala 列表、元组、集合和映射,主要介绍列表、元组、集合和映射 4 种数据类型及其用法。

第 5 章为 Scala 函数,主要介绍定义函数、匿名函数和高阶函数的方法。

第 6 章为 Scala 面向对象编程,主要介绍类与对象、构造器、Scala 的 value 与"value_="方法、object 单例对象、App 特性、样例类、模式匹配。

第 7 章为 Spark 大数据处理框架,主要内容包括 Spark 概述、Spark 的运行机制、Spark 的安装及配置、基于 Scala 的 Spark 交互式编程模式、基于 Python 的 Spark 交互式编程模式。

第 8 章为 Spark RDD 编程,主要介绍创建 RDD 的方式、RDD 的转换操作、RDD 的行动操作、RDD 之间的依赖关系、RDD 的持久化,项目实战为用 Spark RDD 实现词频统计和分析学生考试成绩。

第 9 章为 Windows 环境下的 Spark 综合编程,主要介绍 Windows 环境下安装 Spark 与 Hadoop、用 IntelliJ IDEA 搭建 Spark 开发环境、从 MySQL 数据库中读取数据,项目实战为分析商品订单并将分析结果保存至数据库。

第10章为用 Spark SQL 处理结构化数据，主要内容包括 Spark SQL 概述、创建 DataFrame 对象的方式、将 DataFrame 对象保存为不同格式的文件、DataFrame 对象的常用操作、Dataset 对象，项目实战为分析新型冠状病毒感染数据。

第11章为 Spark Streaming 流处理，主要介绍流处理概述、Spark Streaming 的工作原理、Spark Streaming 编程模型、创建 DStream 对象、DStream 对象的常用操作，项目实战为实时统计"文件流"的词频。

第12章为 Spark Structured Streaming 流处理，主要内容包括 Structured Streaming 流处理概述、Structured Streaming 编程模型。

第13章为 Spark GraphX 图计算，主要介绍 GraphX 图计算模型、GraphX 属性图的创建、属性图的操作、GraphX 中的 Pregel 计算模型，项目实战为分析《平凡的世界》中孙家人物关系图。

第14章为 Spark ML 机器学习，主要内容包括 Spark 机器学习库概述、Spark ML 的数据类型、管道的主要概念、基本统计、TF-IDF 特征提取、特征变换转换器、分类和回归算法、聚类算法、推荐算法，项目实战为识别垃圾邮件。

本书由曹洁、辛向军编著，参与本书编写的还有杨许、陈明、李朝阳、郭延哺、马红娟、刘永文、王浩翔。

在本书的编写和出版过程中得到了郑州轻工业大学、清华大学出版社的大力支持和帮助，在此表示感谢。同时，在撰写过程中，参考了大量专业书籍和网络资料，在此向这些作者表示感谢。

由于编写时间仓促，编者水平有限，书中难免有缺点和不足，热切期望得到专家和读者的批评指正，在此表示感谢。您如果遇到任何问题或有宝贵意见，欢迎将其发送邮件至 bailj@tup.tsinghua.edu.cn，期待能够收到您的真诚反馈。

编　者

2023 年 6 月于郑州轻工业大学

目录

第1章 Scala 基本概念和基本用法 ... 1
1.1 Scala 概述 ... 1
- 1.1.1 Scala 的特性 ... 1
- 1.1.2 安装 Scala ... 2

1.2 Scala 的基础语法 ... 4
- 1.2.1 声明常量和变量 ... 4
- 1.2.2 输出 ... 6
- 1.2.3 输入 ... 7
- 1.2.4 数据类型 ... 7
- 1.2.5 运算符 ... 9

1.3 拓展阅读——三次信息化浪潮的启示 ... 11
1.4 习题 ... 11

第2章 Scala 字符串和数组 ... 12
2.1 创建不可变字符串对象 ... 12
2.2 编写及运行 Scala 脚本 ... 12
2.3 不可变字符串对象的常用方法 ... 13
- 2.3.1 字符串的基本操作 ... 13
- 2.3.2 匹配与替换字符串 ... 15
- 2.3.3 分割字符串 ... 16
- 2.3.4 变换字符串 ... 16

2.4 可变字符串对象的创建及其常用方法 ... 17
- 2.4.1 创建可变字符串对象 ... 17
- 2.4.2 可变字符串对象的常用方法 ... 18

2.5 Scala 数组 ... 18
- 2.5.1 定长数组 ... 18
- 2.5.2 变长数组 ... 19
- 2.5.3 数组的转换 ... 19

2.5.4 数组对象的常用方法 ······ 20
2.6 拓展阅读——两弹一星精神 ······ 23
2.7 习题 ······ 23

第 3 章　Scala 控制结构 ······ 24

3.1 布尔表达式 ······ 24
3.2 选择结构 ······ 24
 3.2.1 单向 if 选择语句 ······ 24
 3.2.2 双向 if…else 选择语句 ······ 25
 3.2.3 嵌套 if…else 选择语句 ······ 25
3.3 条件表达式 ······ 26
3.4 while 循环 ······ 26
3.5 for 循环 ······ 27
3.6 for 推导式 ······ 29
3.7 块表达式的赋值 ······ 30
3.8 循环中的 break 和 continue 语句 ······ 31
3.9 习题 ······ 32

第 4 章　Scala 列表、元组、集合和映射 ······ 33

4.1 列表 ······ 33
 4.1.1 创建不可变列表 ······ 33
 4.1.2 操作不可变列表 ······ 34
 4.1.3 可变列表 ······ 37
4.2 元组 ······ 38
 4.2.1 元组的常用方法 ······ 39
 4.2.2 拉链操作 ······ 40
4.3 集合 ······ 41
 4.3.1 不可变集合 ······ 41
 4.3.2 可变集合 ······ 43
4.4 映射 ······ 44
 4.4.1 创建不可变映射 ······ 44
 4.4.2 不可变映射的常用方法 ······ 45
 4.4.3 可变映射 ······ 46
4.5 习题 ······ 47

第 5 章　Scala 函数 ······ 48

5.1 定义函数 ······ 48
5.2 匿名函数 ······ 50
5.3 高阶函数 ······ 51

5.4 习题 ··· 52

第 6 章 Scala 面向对象编程 ·· 53

6.1 类与对象 ·· 53
6.2 构造器 ··· 54
6.3 Scala 的 value 与 "value_=" 方法 ··· 56
6.4 object 单例对象 ··· 57
6.5 App 特性 ·· 59
6.6 样例类 ··· 59
6.7 模式匹配 ·· 61
    6.7.1 匹配字符串 ·· 61
    6.7.2 对数组和列表的元素进行模式匹配 ·· 62
    6.7.3 匹配类型 ··· 63
    6.7.4 在模式匹配中使用 if 守卫 ·· 63
    6.7.5 使用样例类进行模式匹配 ·· 64
6.8 习题 ··· 64

第 7 章 Spark 大数据处理框架 ··· 66

7.1 Spark 概述 ··· 66
    7.1.1 Spark 的产生背景 ·· 66
    7.1.2 Spark 的优点 ·· 67
    7.1.3 Spark 应用场景 ··· 67
    7.1.4 Spark 生态系统 ··· 67
7.2 Spark 的运行机制 ·· 69
    7.2.1 Spark 的基本概念 ·· 69
    7.2.2 Spark 的运行架构 ·· 71
7.3 Spark 的安装及配置 ··· 72
    7.3.1 下载 Spark 安装文件 ·· 72
    7.3.2 单机模式配置 ·· 72
    7.3.3 伪分布式模式配置 ·· 74
7.4 基于 Scala 的 Spark 交互式编程模式 ·· 75
7.5 基于 Python 的 Spark 交互式编程模式 ··· 76
7.6 拓展阅读——源自 Spark 诞生的启示 ··· 77
7.7 习题 ··· 78

第 8 章 Spark RDD 编程 ··· 79

8.1 创建 RDD 的方式 ·· 79
    8.1.1 使用程序中的数据集创建 RDD ·· 79
    8.1.2 使用文本文件创建 RDD ·· 80

         8.1.3 使用 JSON 文件创建 RDD ……………………………… 82
         8.1.4 使用 CSV 文件创建 RDD ……………………………… 84
   8.2 RDD 的转换操作 …………………………………………………… 85
         8.2.1 映射操作 ………………………………………………… 85
         8.2.2 过滤和去重操作 …………………………………………… 88
         8.2.3 排序操作 ………………………………………………… 89
         8.2.4 分组聚合操作 ……………………………………………… 91
         8.2.5 集合操作 ………………………………………………… 93
         8.2.6 抽样操作 ………………………………………………… 94
         8.2.7 连接操作 ………………………………………………… 95
         8.2.8 打包操作 ………………………………………………… 96
         8.2.9 获取"键-值"对 RDD 的键和值 …………………………… 96
         8.2.10 重新分区操作 …………………………………………… 96
   8.3 RDD 的行动操作 …………………………………………………… 97
         8.3.1 统计操作 ………………………………………………… 97
         8.3.2 取数据操作 ……………………………………………… 99
         8.3.3 聚合操作 ………………………………………………… 99
         8.3.4 foreach(func)操作和 lookup(key：K)操作 ………………… 100
         8.3.5 saveAsTextFile(path)存储操作 …………………………… 101
   8.4 RDD 之间的依赖关系 ……………………………………………… 101
   8.5 RDD 的持久化 ……………………………………………………… 103
   8.6 项目实战：用 Spark RDD 实现词频统计 ………………………… 104
         8.6.1 安装 sbt ………………………………………………… 104
         8.6.2 编写词频统计的 Scala 应用程序 ………………………… 105
         8.6.3 使用 sbt 打包 Scala 应用程序 …………………………… 106
         8.6.4 通过 spark-submit 运行程序 ……………………………… 107
   8.7 项目实战：分析学生考试成绩 …………………………………… 108
   8.8 习题 ………………………………………………………………… 111

第 9 章 Windows 环境下的 Spark 综合编程 …………………………… 112

   9.1 Windows 环境下安装 Spark 与 Hadoop ………………………… 112
         9.1.1 Windows 环境下安装 Spark …………………………… 112
         9.1.2 Windows 环境下安装 Hadoop ………………………… 112
   9.2 用 IntelliJ IDEA 搭建 Spark 开发环境 …………………………… 113
         9.2.1 下载与安装 IntelliJ IDEA ……………………………… 114
         9.2.2 安装与使用 Scala 插件 ………………………………… 116
         9.2.3 配置全局的 JDK 和 SDK ……………………………… 121
         9.2.4 安装 Maven 与创建项目 ………………………………… 122
         9.2.5 开发本地 Spark 应用 …………………………………… 125

9.3 从 MySQL 数据库中读取数据 ·············· 127
9.4 项目实战：分析商品订单并将分析结果保存至数据库 ·············· 128
9.5 拓展阅读——工匠精神 ·············· 132
9.6 习题 ·············· 132

第 10 章 用 Spark SQL 处理结构化数据 ·············· 133

10.1 Spark SQL 概述 ·············· 133
    10.1.1 Spark SQL 简介 ·············· 133
    10.1.2 DataFrame 与 Dataset ·············· 133
10.2 创建 DataFrame 对象的方式 ·············· 134
    10.2.1 使用 Parquet 文件创建 DataFrame 对象 ·············· 134
    10.2.2 使用 JSON 文件创建 DataFrame 对象 ·············· 136
    10.2.3 使用 RDD 创建 DataFrame 对象 ·············· 136
    10.2.4 使用 SparkSession 对象创建 DataFrame 对象 ·············· 136
    10.2.5 使用 Seq 对象创建 DataFrame 对象 ·············· 138
    10.2.6 使用 MySQL 数据库的数据表创建 DataFrame 对象 ·············· 138
10.3 将 DataFrame 对象保存为不同格式的文件 ·············· 141
    10.3.1 调用 DataFrame 对象的 write.***()方法保存数据 ·············· 141
    10.3.2 调用 DataFrame 对象的 write.format()方法保存数据 ·············· 142
    10.3.3 先将 DataFrame 对象转换成 RDD 再保存到文件中 ·············· 142
10.4 DataFrame 对象的常用操作 ·············· 143
    10.4.1 查看数据 ·············· 143
    10.4.2 查询数据 ·············· 145
    10.4.3 排序 ·············· 148
    10.4.4 汇总与聚合 ·············· 149
    10.4.5 统计 ·············· 151
    10.4.6 连接 ·············· 152
    10.4.7 差集、交集、合集 ·············· 154
    10.4.8 更改字段名 ·············· 155
    10.4.9 基于列的新增与删除 ·············· 156
    10.4.10 修改列的数据类型 ·············· 158
    10.4.11 时间函数 ·············· 160
10.5 Dataset 对象 ·············· 162
    10.5.1 创建 Dataset 对象 ·············· 162
    10.5.2 RDD、Dataset、DataFrame 对象的相互转换 ·············· 164
10.6 项目实战：分析新型冠状病毒感染数据 ·············· 165
10.7 拓展阅读——文化自信 ·············· 171
10.8 习题 ·············· 172

第 11 章 Spark Streaming 流处理 ································ 173

11.1 流处理概述 ································ 173
11.1.1 流数据概述 ································ 173
11.1.2 批处理与流处理 ································ 173
11.2 Spark Streaming 的工作原理 ································ 174
11.3 Spark Streaming 编程模型 ································ 175
11.3.1 编写 Spark Streaming 程序的步骤 ································ 175
11.3.2 创建 StreamingContext 对象 ································ 175
11.4 创建 DStream 对象 ································ 176
11.4.1 创建输入源为文件流的 DStream 对象 ································ 176
11.4.2 创建输入源为套接字流的 DStream 对象 ································ 177
11.4.3 创建输入源为 RDD 队列流的 DStream 对象 ································ 181
11.5 DStream 对象的常用操作 ································ 183
11.5.1 无状态转换操作 ································ 183
11.5.2 窗口转换操作 ································ 185
11.5.3 有状态转换操作 ································ 187
11.5.4 输出操作 ································ 188
11.6 项目实战：实时统计"文件流"的词频 ································ 189
11.7 拓展阅读——源自 Spark Streaming 流处理过程的启示 ································ 190
11.8 习题 ································ 190

第 12 章 Spark Structured Streaming 流处理 ································ 191

12.1 Structured Streaming 流处理概述 ································ 191
12.2 Structured Streaming 编程模型 ································ 192
12.2.1 Structured Streaming 的 WordCount ································ 192
12.2.2 Structured Streaming 编程模型 ································ 199
12.3 拓展阅读——女排精神 ································ 200
12.4 习题 ································ 201

第 13 章 Spark GraphX 图计算 ································ 202

13.1 GraphX 图计算模型 ································ 202
13.1.1 属性图 ································ 202
13.1.2 GraphX 图存储模式 ································ 203
13.1.3 GraphX 图计算流程 ································ 205
13.2 GraphX 属性图的创建 ································ 206
13.2.1 使用顶点 RDD 和边 RDD 构建属性图 ································ 206
13.2.2 使用边的集合的 RDD 构建属性图 ································ 207
13.2.3 使用边的两个顶点的 ID 所组成的二元组 RDD 构建属性图 ································ 208

13.3 属性图的操作 ·· 209
   13.3.1 获取图的基本信息 ·· 209
   13.3.2 图的视图操作 ·· 210
   13.3.3 图的缓存操作 ·· 213
   13.3.4 图顶点和边属性的变换 ··· 214
   13.3.5 图的关联操作 ·· 215
   13.3.6 图的结构操作 ·· 216
13.4 GraphX 中的 Pregel 计算模型 ·· 217
13.5 项目实战：分析《平凡的世界》中孙家人物关系图 ··············· 220
   13.5.1 在项目中添加关系图可视化组件 ······························· 220
   13.5.2 分析人物关系图 ·· 221
13.6 拓展阅读——社交中的六度空间理论 ···································· 227
13.7 习题 ··· 228

第 14 章 Spark ML 机器学习 ·· 229

14.1 Spark 机器学习库概述 ··· 229
   14.1.1 机器学习简介 ·· 229
   14.1.2 ML 和 MLlib 概述 ·· 230
14.2 Spark ML 的数据类型 ·· 231
   14.2.1 本地向量 ·· 231
   14.2.2 带标签的点 ·· 231
   14.2.3 本地矩阵 ·· 232
14.3 管道的主要概念 ··· 233
   14.3.1 Transformer 转换器类 ··· 233
   14.3.2 Estimator 评估器类 ··· 234
   14.3.3 Pipeline 管道类 ·· 235
14.4 基本统计 ·· 236
   14.4.1 相关性分析 ·· 236
   14.4.2 汇总统计 ·· 239
   14.4.3 分层抽样 ·· 240
   14.4.4 假设检验 ·· 241
   14.4.5 随机数生成 ·· 242
   14.4.6 核密度估计 ·· 243
14.5 TF-IDF 特征提取 ··· 243
14.6 特征变换转换器 ··· 246
   14.6.1 将多个列合成一个 VectorAssembler ························ 246
   14.6.2 VectorIndexer 向量列类别索引转换器 ······················ 247
   14.6.3 Binarizer（二值化）转换器 ·· 248
   14.6.4 PCA（主成分分析）数据降维转换器 ······················· 249

14.6.5　Normalizer(范数 p-norm 规范化)转换器 …………………………………………… 249
   14.6.6　数值型数据特征转换器 …………………………………………………………… 250
 14.7　分类和回归算法 …………………………………………………………………………… 251
   14.7.1　分类原理 …………………………………………………………………………… 251
   14.7.2　朴素贝叶斯分类算法 ………………………………………………………………… 252
   14.7.3　决策树分类算法 ……………………………………………………………………… 254
   14.7.4　逻辑回归算法 ………………………………………………………………………… 260
 14.8　聚类算法 …………………………………………………………………………………… 265
   14.8.1　聚类概述 …………………………………………………………………………… 265
   14.8.2　K 均值聚类算法 ……………………………………………………………………… 266
 14.9　推荐算法 …………………………………………………………………………………… 270
   14.9.1　推荐的原理 ………………………………………………………………………… 270
   14.9.2　ALS 交替最小二乘协同过滤电影推荐 ……………………………………………… 272
 14.10　项目实战：识别垃圾邮件 ………………………………………………………………… 276
 14.11　拓展阅读——人工智能的历史现状和未来 ……………………………………………… 278
 14.12　习题 ……………………………………………………………………………………… 279

参考文献 …………………………………………………………………………………………… 280

第 1 章 Scala 基本概念和基本用法

Spark 主要用 Scala 语言进行开发，该语言是一门类似于 Java 的多范式编程语言。本书基于 Scala 语言讲述 Spark，学好 Scala 将有助于读者更好地掌握 Spark 框架。作为开篇，本章主要介绍 Scala 的特性、Scala 的安装、Scala 的基础语法。

◆ 1.1 Scala 概述

1.1.1 Scala 的特性

Scala 是"可扩展语言"(scalable language)的缩写，其具有以下特性。

1. 面向对象

Scala 是一种面向对象的编程语言，其视一切均为对象，即使数值类型亦如是。Scala 引入特征(trait)改进了 Java 的对象模型，而 trait 使用混合结构(可简洁地实现新的类型)。

2. 函数式编程

Scala 完全支持函数式编程，而函数式编程已经被视为解决并发、大数据问题的最佳工具。Scala 提供了轻量级的语法用于定义匿名函数，支持高阶函数，允许嵌套多层函数，并支持柯里化。Scala 的 case class 及其内置的模式匹配相当于函数式编程语言中常用的代数类型。

3. 扩展性

Scala 提供了许多独特的语言机制，支持以库的形式轻易无缝添加新的语言结构，可以随使用者的需求而扩展。

4. 并发性

Scala 使用 Actor 作为其并发编程模型，这是一种基于消息传递而非资源共享的并发模型，能尽可能避免死锁和共享状态。2.10 之后版本的 Scala 使用自带的 Akka 类库作为其默认 Actor 实现。

5. Java 和 Scala 可以混编

Scala 运行在 Java 虚拟机(Java virtual machine，JVM)上，可以与所有的 Java 库无缝交互。Scala 代码可以调用 Java 方法、访问 Java 字段、继承 Java 类和实现 Java 接口。

1.1.2 安装 Scala

由于 Scala 是运行在 JVM 平台上的,所以安装 Scala 之前必须配置好 JDK 环境,本书使用的 JDK 版本号是 1.8。在 Windows 下用 scala.msi 搭建 Scala 开发环境的步骤如下。

1. 下载 scala-2.13.1.msi 并安装

访问 Scala 官网(http://www.scala-lang.org/),然后单击导航栏的 DOWNLOAD 按钮进入下载页面,在该页面可以下载最新版本的 Scala。本书下载的文件是版本号为 2.13.1 的 scala-2.13.1.msi,双击 scala-2.13.1.msi 安装包,启动安装程序如图 1-1 所示。

图 1-1 启动 Scala 安装程序

在 Scala 安装程序的对话框中单击 Next 按钮,选择安装位置如图 1-2 所示,之后单击 Next 按钮,后面的安装过程使用默认设置,持续单击 Next 按钮,直到单击 Finish 按钮完成安装退出。

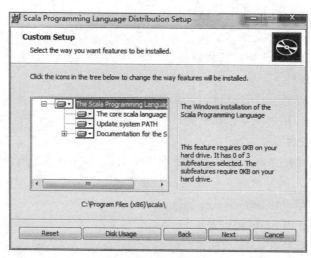

图 1-2 选择安装位置

2. 配置 PATH

Scala 会自动配置 PATH。

3. 检查安装是否成功

从命令行(cmd 命令行窗口)输入 scala -version,按 Enter 键后运行该命令,如果能输出 Scala 版本号,则表明 Scala 已安装成功。

4. 启动 Scala 解释器

打开 cmd 命令行窗口,在命令提示符后输入 scala 并按 Enter 键,即可启动 Scala 解释器,进入 Scala 交互式编程环境,如图 1-3 所示。

图 1-3 Scala 交互式编程环境

在"scala>"提示符后输入表达式,然后按 Enter 键,解释器就会显示出结果。例如,当输入"1+2"并按 Enter 键后,将得到 3,如下所示。

```
scala>1+2
res0: Int =3
```

这行输出信息依次如下。

(1) 自动产生的或用户定义的名称(如 res0,用来存储表达式"1+2"的计算结果)。

(2) 冒号":"及表达式"1+2"的计算结果的数据类型 Int。

(3) 等号"="。

(4) 表达式"1+2"计算的结果 3。

"1+2"的计算结果 3 存储在 res0 变量中,用户可以在后续操作使用 res0 这个名称来引用计算结果 3,如下所示。

```
scala>0.5 * res0
res1: Double =1.5
scala>"Scala"+res0
res2: String =Scala3
```

Scala 支持通过调用数据对象(如 res2)的方法对数据进行读写操作,支持使用 Tab 键补全方法名而不用完整地键入整个方法名,如可以试着键入 res2.to,然后按 Tab 键,解释器会给出如下选项。

to	toByteOption	toIndexedSeq	toLong	toShort
toVector	toArray	toCharArray	toInt	toLongOption
toShortOption	toBoolean	toDouble	toIntOption	toLowerCase

toStream	toBooleanOption	toDoubleOption	toIterable	toMap
toString	toBuffer	toFloat	toIterator	toSeq
toTraversable	toByte	toFloatOption	toList	toSet
toUpperCase				

接下来在新的"scala> res2.to"命令后键入 U 并再次按 Tab 键,就能定位到唯一匹配的方法名 toUpperCase,具体如下。

```
scala>res2.toUpperCase
```

按 Enter 键,调用此方法的处理结果就会在下一行显示出来,具体如下所示。

```
scala>res2.toUpperCase
res5: String =SCALA3
```

用户可以按"↑"和"↓"方向键选择之前或之后执行过的命令,可以通过"←""→"方向键定位修改命令中字符的位置。

正如上面 Scala 解释器执行命令的过程,Scala 解释器在读到一个表达式后,会对它求值,将求得的结果打印出来,接着再继续读下一个表达式,这个过程被称为"读取—求值—打印"循环,即 REPL(read-eval-print loop)。

在 Scala 交互式编程环境下,执行": quit"命令可退出 Scala 编程环境,执行": paste"命令后可进入 paste 模式,在该模式下用户可以粘贴 Scala 代码块,代码编写完成后可通过按 Ctrl+D 组合键的方式退出 paste 模式。

◆ 1.2 Scala 的基础语法

1.2.1 声明常量和变量

除了直接使用 res0、res1 等这些 Scala 自动创建的名称存储表达式计算结果之外,用户也可自己定义存放表达式结果的名称。

```
scala>val answer =2 * 3+1
answer: Int =7
```

这样,就可以通过名称 answer 来调用其存放的值 7 了。

用 val 关键字定义的名称被称为常量,常量存放的值一旦确定,之后就无法改变,为其重新赋值将报错,示例如下。

```
scala>answer=0
     error: reassignment to val
```

如果要声明变量,需要使用 var 关键字,如下所示。

```
scala>var x=0
x: Int =0
scala>x=1            //重新赋值将不会报错
mutated x
scala>x
res0: Int =1
```

1. 声明常量

val 声明常量的语法格式如下。

```
val 常量名:数据类型 =初始值
```

val 关键字后面是所声明的常量的名字,常量的数据类型则在常量名之后等号之前声明,赋值符号"="后面为所声明的常量的值。由于 Scala 具备类型推断的功能,因此声明常量和变量时可以不用显式地说明其数据类型。在没有指明数据类型的情况下,常量或变量的数据类型是通过其初始值推断出来的,但是,如果在没有指明数据类型的情况下声明变量或常量则必须要给出其初始值,否则将会报错。

常量的声明举例如下。

```
scala>val val1 : Int =1           //声明常量 val1 的数据类型为 Int,初始值为 1
val1: Int =1
scala>val val2 ="Hello, Scala!"
val2: String =Hello, Scala!
```

2. 声明变量

变量是一种使用方便的占位符,用于引用计算机内存地址。变量被创建后会占用一块内存空间。基于变量的数据类型,操作系统会进行内存分配并且决定什么内容将被储存在保留内存中。因此,通过给变量分配不同的数据类型,用户可以在这些变量中存储整数、小数或者字母。在 Scala 中,使用关键字 var 声明变量。

var 声明变量的语法格式如下。

```
var 变量名:数据类型 =初始值
```

变量的声明举例如下。

```
scala>var myVar:String ="Hello, Scala!";
myVar: String =Hello, Scala!
```

> 注意:Scala 语句末尾的分号是可选的,若一行里仅有一个语句,则可不加分号";";若一行里包含多条语句,则需要使用分号把不同语句分隔开。

Scala 支持同时声明多个变量,如下所示。

```
scala>var xmax, ymax =100           //xmax、ymax 都声明为 100
xmax: Int =100
ymax: Int =100
```

> 注意:在交互式执行环境下,用户可以重复使用同一个变量名来定义变量,不断更新变量前的修饰符和数据类型,解释器会以最新的一个定义为准,如下所示。

```
scala>val a ="Hello"
a: String =Hello
scala>var a=100
a: Int =100
scala>print(a)           //输出变量 a 的值
100
```

> 注意:Scala 声明变量前需要初始化,否则会报错;Scala 鼓励优先使用常量,除非确

实需要对其进行修改。

1.2.2 输出

Scala 输出常量和变量的值的方式有如下两种。

1. 直接调用名称

直接调用变量或常量的名称输出变量和常量的值的方法只能在交互式编程环境下使用,如下所示。

```
scala>val str1="Hello World !"
scala>str1
res5: String =Hello World!
```

2. 借助输出函数输出

借助输出函数,又可以衍生出三种用法。

1) print()函数结合加号(+)将多个内容合并输出

Scala 提供了字符串插值机制,以方便在字符串字面量中直接嵌入变量的值。例如,在字符串前加一个 s 字符或 f 字符,字符串就变成插值字符串了,具体方法是在字符串中用"${VariableName}"这样的形式插入变量 VariableName 的值,s 插值字符串不支持格式化,而 f 插值字符串支持在 $ 变量后指定格式化参数,示例如下所示。

```
scala>val name ="LiHua"
scala>val balance =6.5
scala>print(name)
LiHua
scala>print(name+balance)
LiHua6.5
scala>print ("亲爱的"+name +"先生,您的话费余额为"+balance +"元。")
亲爱的 LiHua 先生,您的话费余额为 6.5 元。
scala>print(s"亲爱的${name}先生,您的话费余额为${balance}元")
亲爱的 LiHua 先生,您的话费余额为 6.5 元
scala>print(f"亲爱的$name%-8s 先生,您的话费余额为$balance%.3f 元")
亲爱的 LiHua   先生,您的话费余额为 6.500 元
```

2) println()函数输出完自动换行

println()函数和 print()函数的功能类似,区别在于前者输出结束后会自动换行,而后者却不能自动换行,如需换行必须在输出内容的结尾添加"\n"通配符,如下所示。

```
scala>:paste
//进入粘贴模式,按 Ctrl+D 组合键退出 paste 模式
println("Hello")
println ("World")
//退出 paste 模式
```

代码编写完成后通过按 Ctrl+D 组合键退出 paste 模式并执行输入的代码,执行结果如下。

```
Hello
World
```

3) printf()函数格式化输出

printf()函数的格式化输出用法类似 Python 的 print()函数,如下所示。

```
scala>printf("亲爱的$name%-8s先生,您的话费余额为$balance%.3f元",name,
balance)
亲爱的$nameLiHua    先生,您的话费余额为$balance6.500元
```

1.2.3 输入

当前版本的 Scala 获取终端输入需要使用 scala.io.StdIn 包中的相关方法。用户可以用其中的 readLine() 函数从控制台读取一行输入数据。如果要读取数字、Boolean 值或者字符,可以用其中的 readInt()、readDouble()、readByte()、readShort()、readLong()、readFloat()、readBoolean()或者 readChar()函数。与其他函数不同,readLine()函数可带一个字符串实参作为用户输入的提示,如下所示。

```
//输入 tom,但屏幕上看不到输入的 tom
scala>val name =scala.io.StdIn.readLine( "Your name : ")
Your name : name: String =tom
scala>print(name)
tom
scala>val age =scala.io.StdIn.readInt            //输入 18
age: Int =18
scala>print(age)
18
```

1.2.4 数据类型

Scala 的数据类型和 Java 是类似的,所有 Java 的基本数据类型在 scala 包中都有对应的类,将 Scala 代码编译为 Java 字节码时,Scala 编译器将尽可能使用 Java 的基本数据类型,以利用 Java 基本数据类型的性能优势。Scala 中一切皆对象,每个值都是某种具体类型的实例,所有的操作都是调用对象的方法。

Scala 的 9 种基本数据类型即 Byte、Short、Int、Long、Float、Double、Char、Boolean 和 String,如表 1-1 所示。其中,String 位于 java.lang 包,其他 8 种位于 scala 包中。由于 scala 和 java.lang 包的所有成员都被每个 Scala 源文件自动引用,因此用户在使用时可以省略包名,如将 scala.Int 简化为 Int。

表 1-1 Scala 支持的数据类型

数据类型	描 述	数据类型	描 述
Byte	8 位有符号整数类型	Double	双精度浮点数类型
Short	16 位有符号整数类型	Char	字符类型
Int	32 位有符号整数类型	Boolean	布尔类型,值为 true 或 false
Long	64 位有符号整数类型	String	字符串类型
Float	单精度浮点数类型		

从表 1-1 可以看出,Scala 所有数据类型的第一个字母都必须大写。在 Scala 程序处理数据(即对象)时,数据所属的类型不同,支持的运算操作也不同。数据对象的类型决定了其

本身可以存储什么类型的值,有哪些属性和方法,可以进行哪些操作。如 Int 代表整型,所声明的整型变量只能存储整数。

在 Java 中 void 类型用于创建一个无返回值的函数,Scala 中没有 void 类型,而是用 Unit 关键字或者说 Unit 类型实现类似功能。此外,Scala 还有两种特殊的数据类型: Nothing 和 Any。Nothing 类型在 Scala 类层级的最底端,是任何其他类型的子类型;而 Any 是所有其他类型的超类(即父类)。

Scala 为基本数据类型提供了丰富的运算符和方法。运算符实际上是调用数据类型成员方法的一种形式,例如,1+2 与 1.+(2)其实是一回事,其含义是 Int 类型的具体对象 1 调用了 Int 类型下的"+()"成员方法将传入的实际参数 2 与 1 执行"+"操作,即将两个 Int 值相加,并返回一个相加的结果,如下所示。

```
scala>1+2
res44: Int =3
scala>1.+(2)
res45: Int =3
```

在 Scala 中,字符串(String)类型的数据是不可变的对象,也就是一个不能被修改的对象。这就意味着如果修改字符串就会产生一个新的字符串对象。String 对象就是用一对双引号""括起来的字符序列,如下所示。

```
var greeting ="Hello World!"        //创建字符串对象 greeting
```

在 Scala 的交互式环境中,可看到用户创建的字符串所属的数据类型就是 Java 中的 String 类型,如下所示。

```
scala>"hello".getClass.getName
res46: String =java.lang.String
```

所以 Scala 的字符串对象可以使用 Java 中 String 对象的所有方法,如获取字符串的长度、连接多个字符串。在 Scala 中,String 可以被隐式转换成 StringOps 类型,即用户能将字符串看成是一个字符序列,并且可以使用 foreach()方法遍历其包含的每个字符,如下所示。

```
scala>"ABC".foreach(println)
A
B
C
```

String 对象的 concat(String str1)方法能够将指定字符串 str1 连接到当前字符串对象的结尾,返回连接而成的字符串,如下所示。

```
scala>"ABC".concat("DEF")
res1: String =ABCDEF
```

字符串对象的 length()方法可以返回字符串的长度,如下所示。

```
scala>"ScalaPythonJava".length()
res3: Int =15
```

📝 注意:在书写不带参数的 Scala 方法时通常可以省略方法的圆括号"()",例如, ""ScalaPythonJava".length()"可以省略圆括号如下。

```
scala>"ScalaPythonJava".length
res4: Int =15
```

1.2.5 运算符

运算符是一种特殊的符号,用于告诉编译器执行指定的运算(如算术运算、位运算、赋值和比较等)。Scala 支持丰富的内置运算符,常用的运算符类型有算术运算符、关系运算符、逻辑运算符、赋值运算符、位运算符。

1. 算术运算符

算术运算符用于数值类型变量的数学运算,表 1-2 列出了 Scala 支持的算术运算符。

表 1-2 Scala 支持的算术运算符

算术运算符	描述	示例
+	加号	"1+2"或"1.+(2)"的运算,结果为 3
-	减号	"2-1"或"2.-(1)"的运算,结果为 1
*	乘号	"1*2"或"1.*(2)"的运算,结果为 2
/	除号	"2/1"或"2./(1)"的运算,结果为 2
%	取余	"4％2"或"4.%(2)"的运算,结果为 0

Scala 中除号"/"的整数除和小数除是有区别的:整数之间做除法时,运算结果只保留整数部分而舍弃小数部分,如下所示。

```
scala>10/3
res5: Int =3
scala>10/3.0
res6: Double =3.3333333333333335
```

注意:Scala 中没有"++""--"运算符,需要通过"+=""-="运算符的整合形式实现类似的效果。

2. 关系运算符(比较运算符)

关系运算符的结果都是 Boolean 型,要么是 true,要么是 false。关系运算符组成的表达式被称为关系表达式,关系表达式经常用在选择结构或循环结构的条件中。Scala 支持的关系运算符如表 1-3 所示。假定变量 A 为 1,B 为 2。

表 1-3 Scala 支持的关系运算符

关系运算符	描述	示例
==	等于	(A==B)的运算结果为 false
!=	不等于	(A!=B)的运算结果为 true
>	大于	(A>B)的运算结果为 false
<	小于	(A<B)的运算结果为 true
>=	大于或等于	(A>=B)的运算结果为 false

续表

关系运算符	描述	示例
<=	小于或等于	(A <= B)的运算结果为 true

3. 逻辑运算符

用于连接多个条件(一般来讲就是关系表达式),其最终的结果也是一个 Boolean 值。Scala 支持的逻辑运算符如表 1-4 所示。假定变量 A 为 true,B 为 false。

表 1-4　Scala 支持的逻辑运算符

逻辑运算符	描述	示例
&&	逻辑与	(A == B)的运算结果为 false
||	逻辑或	(A || B)的运算结果为 true
!	逻辑非	"!(A && B)"的运算结果为 true

由关系运算符和逻辑运算符按一定的语法规则组成的表达式被称为布尔表达式。布尔表达式的值只能是 true 和 false。

4. 赋值运算符

赋值运算符的作用就是将某个运算后的值赋给指定的变量。Scala 支持的赋值运算符如表 1-5 所示。

表 1-5　Scala 支持的赋值运算符

赋值运算符	描述	示例
=	将右侧的值赋给左侧的变量	C=A+B 即将 A+B 的运算结果赋值给 C
+=	相加后再赋值	C += A 相当于 C = C + A
-=	相减后再赋值	C -= A 相当于 C = C - A
*=	相乘后再赋值	C *= A 相当于 C = C * A
/=	相除后再赋值	C /= A 相当于 C = C / A
%=	求余后再赋值	C %= A 相当于 C = C % A

注意:赋值运算符的左边只能是变量,右边可以是变量、表达式、常量值。

5. 位运算符

位运算符用来对整数对应的二进制数位进行操作,"~""&""|""^"分别为取反、按位与、按位或、按位异或运算。

如果指定 $a = 60, b = 13$,两个变量对应的二进制数分别为:$a = 0011\ 1100, b = 0000\ 1101$。$a$、$b$ 两值的位运算如下。

```
a&b = 0000 1100
a|b = 0011 1101
```

```
a^B =0011 0001
~a =1100 0011
scala>val a =60;val b=13
a: Int =60
b: Int =13
scala>a&b
res4: Int =12
scala>~a
res5: Int =-61
```

1.3 拓展阅读——三次信息化浪潮的启示

信息化时代就是信息产生价值的时代。信息化是当今时代发展的大趋势,代表着先进生产力。IT 领域每隔 15 年就会迎来一次重大变革。

1981 年,全球第一台 PC 诞生,这标志着信息化进入第一次浪潮,也就是以数字化为主要特征的自动化阶段。在这个阶段,人们要解决的问题是信息处理,计算机开始被应用在人们的工作里,人们不再使用各种费时费力的纸质审批,而是采用电子化的方式处理业务。信息化可以记录所有环节、各个节点的数据,能做到随时可查、可追溯、可管理。

到了 1992 年,美国提出了"信息高速公路"概念,这标志着信息化进入了第二次浪潮,也就是以互联网应用为主要特征的网络化阶段。在这个阶段,大量的信息互相连接,互相交互,人们要解决的问题是信息传输,因此涌现出了海量的数据。到了 2006 年,云计算出现,这标志着海量数据的存储和处理速度得到大大加强。

信息化的第三次浪潮——以数据驱动的智能应用阶段,也被称为数据智能化阶段,也就是人们现在所处的这个阶段。在这个阶段,信息技术的不断低成本化与互联网及其延伸技术所带来的无处不在的信息技术应用、宽带移动在互联驱动下的人机物广泛连接、云计算模式驱动的数据大规模汇聚,种种因素导致了数据的多样性和规模的指数级增长,互联网中积累了规模巨大的多源异构数据资源,产生了"大数据现象"。大数据现象的出现以及数据应用需求的激增使针对大数据的处理和利用成为全球关注的热点和各国政府的战略选择,大数据蕴藏的巨大潜力被广泛认知,这一现状引发了新一轮信息化建设热潮。

我国紧紧抓住信息革命的历史机遇,将建设"数字中国"作为新时代国家信息化发展的总体战略,有力推进数字经济、数字社会、数字政府建设,深入开展数字领域国际合作,充分利用数字技术助力脱贫攻坚、保障社会运行,让人民群众在信息化发展中有更多获得感、幸福感和安全感,为实现脱贫攻坚圆满收官、开启全面建设社会主义现代化国家新征程、向第二个百年奋斗目标进军提供强大动力。

1.4 习 题

1. 概述 Scala 语言的特性。
2. Scala 中常量和变量的区别是什么?

第 2 章 Scala 字符串和数组

在 Scala 中,字符串类型实际上就是 Java 的 String 类型。本章主要介绍创建不可变字符串对象、编写运行 Scala 脚本、不可变字符串对象的常用方法、可变字符串对象创建及其常用方法、Scala 数组。

◆ 2.1 创建不可变字符串对象

在 Scala 中,字符串(String)对象就是用一对双引号(" ")括起来的字符序列。字符串是不可变对象,也就是不能被修改的对象,这就意味着如果修改字符串就会产生一个新的字符串对象。

创建字符串对象需要调用 String 类的构造方法,如下所示。

```
scala>val s =new String("Be swift to hear, slow to speak.")
                                                          //创建字符串对象
s: String =Be swift to hear, slow to speak.
```

也可以用一个存在的字符串对象创建字符串对象,如下所示。

```
scala>val s1=new String(s)
s1: String =Be swift to hear, slow to speak.
scala>println(s1)                    //输出 s1
Be swift to hear, slow to speak.
```

也可以将字符串赋值给一个变量,以此创建字符串对象,如下所示。

```
scala>var greeting ="Hello World!"           //创建字符串对象 greeting
greeting: String =Hello World!
```

◆ 2.2 编写及运行 Scala 脚本

把经常会被执行的 Scala 句子放在一个文件中,就构成了一个脚本文件。例如,把以下代码放在名为 test.scala 文件中,放在用户名为 cao jie 的 Windows 用户桌面。

```
println("Hello,Scala!")
println("Hello,Spark!")
println("Hello,Python!")
```

在 cmd 窗口中,切换到 test.scala 文件所在的路径(C:\Users\caojie\Desktop),即可使用以下命令执行此程序文件。

```
C:\Users\caojie\Desktop>scala test.scala        //执行程序
Hello,Scala!
Hello,Spark!
Hello,Python!
```

实际上,程序文件的扩展名也可以是 txt,也能输出同样的结果,如下所示。

```
C:\Users\caojie\Desktop>scala test.txt
Hello,Scala!
Hello,Spark!
Hello,Python!
```

Scala 脚本会将接收到的命令行参数保存在名为 args 的数组中。在 Scala 中,数组元素索引从零开始,用户可以在数组名后的括号里指定索引来访问数组元素。如数组 arrayName 的第一个元素是 arrayName(0)(这与 Java 使用 arrayName[0]方括号的形式访问数组元素不同)。把以下内容写到新文件 helloarg.txt 中。

```
println ( "Hello," +args(0)+"!")
```

然后可在命令行终端运行上述程序脚本文件,如下所示。

```
C:\Users\caojie\Desktop>scala helloarg.txt world
```

这条命令里,命令行参数 world 被传递给脚本,程序通过 args(0) 访问命令行参数。执行后会输出以下结果。

```
Hello,world!
```

◆ 2.3 不可变字符串对象的常用方法

下面给出了 String 对象的常用方法。

2.3.1 字符串的基本操作

1. "Char charAt(int index)"方法

该方法可以返回指定位置的字符,字符序列计数从 0 开始。"Char charAt(int index)"中的 Char 表示该方法执行结束后的返回值的数据类型是 Char,示例如下。

```
scala>"ABC".charAt(0)
res0: Char =A
```

2. "Int compareTo(String anotherString)"方法

该方法用于按字典顺序与参数 anotherString 指定的字符串比较大小。如果当前字符串对象与 anotherString 相同,则该方法返回值为 0;如果当前字符串对象大于 anotherString,则该方法返回正值;如果当前字符串对象小于 anotherString,则该方法返回负值。

```
scala>"ABC".compareTo("ABE")
res0: Int =-2
scala>"ABC".compareTo("ABC")
res1: Int =0
scala>"ABE".compareTo("ABC")
res2: Int =2
```

3. "Int compareToIgnoreCase(String anotherString)"方法

该方法用于按字典顺序比较两个字符串,不考虑大小写,示例如下。

```
scala>"ABC".compareToIgnoreCase("abc")
res8: Int =0
```

4. "String concat(String anotherString)"方法

该方法用于将 anotherString 字符串连接到调用方法的字符串对象的结尾,示例如下。

```
scala>val concatStr ="By doing".concat(" we learn.")
concatStr: String =By doing we learn.
```

5. "Boolean startsWith(String prefix)"方法

该方法用于测试字符串 String 是否以 prefix 指定的字符串为开始前缀,示例如下。

```
scala>"读书不觉已春深".startsWith("读书")
res9: Boolean =true
```

6. "Boolean endsWith(String suffix)"方法

该方法用于测试字符串 String 是否以指定的后缀 suffix 结束,示例如下。

```
scala>"Where there is life, there is hope". endsWith ("hope")
res10: Boolean =true
```

7. "Int indexOf(int ch)"方法

该方法用于返回指定字符在此字符串中第一次出现处的索引,输入的参数须是 ASCII 码值,示例如下。

```
scala>"ABC".indexOf (67)
res4: Int =2
```

8. "Int indexOf(String str)"方法

该方法用于返回指定子字符串在此字符串中第一次出现处的索引,示例如下。

```
scala>"ScalaPythonJava".indexOf ("Python")
res5: Int =5
```

9. "Int lastIndexOf(int ch)"方法

该方法用于返回指定字符在此字符串中最后一次出现处的索引,示例如下。

```
scala>"ScalaPythonJava".lastIndexOf(97)        //返回 a 字符最后一次出现处的
                                               //索引
res20: Int =14
```

10. "Int lastIndexOf(int ch, int fromIndex)"方法

该方法用于返回指定字符在此字符串中最后一次出现处的索引,从指定的索引处开始

进行反向搜索,示例如下。

```
scala>"ScalaPythonJava".lastIndexOf (97, 5)        //从索引5的位置处反向搜索'a'
res19: Int =4
```

11. "Int lastIndexOf(String str)"方法

该方法用于返回指定子字符串在此字符串中最后一次出现处的索引,示例如下。

```
scala>"ScalaPythonJava".lastIndexOf ("Python")
res21: Int =5
```

12. "Int lastIndexOf(String str,int fromIndex)"方法

该方法用于返回指定子字符串在此字符串中最后一次出现处的索引,从指定的索引处开始反向搜索,示例如下。

```
scala>"ScalaPythonJava".lastIndexOf ("a", 5)        //从索引5的位置处反向搜索"a"
res22: Int =4
```

13. "Int length()"方法

该方法用于返回字符串的长度,示例如下。

```
scala>"ScalaPythonJava".length()
res6: Int =15
```

14. "Boolean contains(String chars)"方法

该方法用于判断字符串中是否包含指定的字符或字符串,chars为要判断的字符或字符串,示例如下。

```
scala>"ScalaPythonJava".contains ("Python")
res2: Boolean =true
```

2.3.2 匹配与替换字符串

1. "Boolean matches(String regex)"方法

该方法用于判断字符串是否匹配给定的正则表达式,示例如下。

```
scala>"ScalaPythonJava".matches(".*Python.*")
res7: Boolean =true
```

2. "String replace(char oldChar,char newChar)"方法

该方法用于返回一个新的字符串,它是通过用newChar替换此字符串中出现的所有oldChar得到的,示例如下。

```
scala>"I love Python".replace("Python", "Scala")
res8: String =I love Scala
```

3. "String replaceAll(String regex,String replacement)"方法

该方法将使用给定的replacement替换字符串中与正则表达式regex相匹配的所有子字符串,示例如下。

```
scala>"ab123sdab4543das756as876asd".replaceAll("\\d+", "#num#")
res10: String =ab#num#sdab#num#das#num#as#num#asd
```

4. "String replaceFirst(String regex，String replacement)"方法

该方法将使用给定的replacement替换此字符串中与正则表达式regex相匹配的第一个字符串，示例如下。

```
scala>"ab123sdab4543das756as876asd".replaceFirst("\\d+", "#num#")
res11: String =ab#num#sdab4543das756as876asd
```

2.3.3 分割字符串

1. "String[] split(String regex)"方法

该方法可根据给定的正则表达式匹配拆分字符串。其中，String[]表示split(String regex)方法执行结束后的返回值的数据类型是String数组，示例如下。

```
scala>"I love Python".split(" ")
res11: Array[String] =Array(I, love, Python)
```

2. "String[] split(String regex，int limit)"方法

该方法可根据匹配给定的正则表达式来拆分字符串，其中，limit参数用于控制分割次数，如果limit>0，那么字符串最多被分割limit-1次，则分割得到数组长度最大是limit；如果limit=-1，则将会以最大分割次数分割；如果limit=0，则将会以最大分割次数分割，但是分割结果会舍弃末位的空字符串，示例如下。

```
scala>"@2@3@".split("@",2)
res12: Array[String] =Array("", 2@3@)
scala>"@2@3@".split("@",-1)
res13: Array[String] =Array("", 2, 3, "")
```

2.3.4 变换字符串

1. "Char[] toCharArray()"方法

该方法可将字符串转换为一个字符数组，示例如下。

```
scala>"Scala".toCharArray()
res14: Array[Char] =Array(S, c, a, l, a)
```

2. "String toLowerCase()"方法

该方法可使用默认语言环境的规则将字符串中的所有字符都转换为小写，示例如下。

```
scala>"Scala".toLowerCase()
res15: String =scala
```

3. "String toUpperCase()"方法

该方法可使用默认语言环境的规则将String中的所有字符都转换为大写，示例如下。

```
scala>"Scala".toUpperCase()
res12: String =SCALA
```

4. "CharSequence subSequence(int beginIndex，int endIndex)"方法

字符串对象可以使用subSequence(int beginIndex，int endIndex)方法返回该字符串的

一个字符序列,其中,beginIndex 为要获取的子序列的开头在该字符中的索引(子序列包括该索引处的字符);endIndex 为要获取的子序列在字符串中的结束索引(子序列不包括该索引处的字符),示例如下。

```
scala>"ScalaPythonJava".subSequence(0, 5)
res17: CharSequence =Scala
```

5. "String substring(int beginIndex, int endIndex)"方法

该方法可按指定的索引起点(包括该索引处的字符)和索引终点(不包括该索引处的字符)返回一个字符串的子字符串,其用法与 subSequence()方法类似,示例如下。

```
scala>"ScalaPythonJava".substring(0, 5)
res18: String =Scala
```

6. "String take(num)"方法

该方法可获取字符串前 num 个字符,示例如下。

```
scala>"hello".take(2)          //获取"hello"前两个字符
res1: String =he
```

7. "String takeRight(num)"方法

该方法可获取字符串最后 num 个字符,示例如下。

```
scala>"hello".takeRight(2)
res4: String =lo
```

8. "String trim()"方法

该方法可删除字符串的首尾空白符,示例如下。

```
scala>"  Scala  ".trim()
res16: String =Scala
```

9. "String reverse"属性

该方法可反转字符串,示例如下。

```
scala>"hello".reverse
res3: String =olleh
```

◆ 2.4 可变字符串对象的创建及其常用方法

2.4.1 创建可变字符串对象

String 对象是不可变的,如果需要创建一个可以被修改的字符串,则可以使用 StringBuilder 类,示例如下。

```
scala>val buf =new StringBuilder
buf: StringBuilder =
scala>buf +='a'              //用+=运算符追加字符类型至 StringBuilder 对象之后
res1: buf.type =a
scala>buf ++="bcdef"         //用++=运算符追加字符串类型至 StringBuilder 对象之后
```

```
res2: buf.type =abcdef
scala>buf.append("gh")              //也可以使用StringBuilder类的append()方法
res3: StringBuilder =abcdefgh
scala>println( "buf is : " +buf.toString )
buf is : abcdefgh
```

2.4.2 可变字符串对象的常用方法

不可变字符串对象的一些方法也适用于可变字符串对象,如 reverse()方法、takeRight()方法、charAt()方法、subString()方法等,如下所示。

```
scala>buf.reverse
res4: StringBuilder =hgfedcba
scala>buf.takeRight(2)
res5: StringBuilder =gh
scala>buf.charAt(0)
res6: Char =a
scala>buf.subString(0, 5)
res9: String =abcde
```

2.5 Scala 数组

数组是 Scala 中常用的一种数据结构,是一种存储若干相同类型元素的顺序数据集合。在 Scala 中数组有两种:定长数组和变长数组。

2.5.1 定长数组

在 Scala 中,使用 Array 可以声明一个定长数组,初始化时就有了固定的长度。用户只能修改定长数组某个元素的值,不能删除数组中的元素,也不能向这类数组中添加元素,因而其不支持 add、insert、remove 等操作。声明定长数组的语法格式如下。

```
var z:Array[String] =new Array[String](3)
```

或

```
var z =new Array[String](3)
```

上面的语句声明了一个长度为 3、数组元素为字符串类型的定长数组 z,并将其所有元素初始化为 null。用户可以用列举的方式为数组元素赋值,如下所示。

```
scala>var nums=new Array[Int](10)        //创建10个整数的数组,所有元素初始化为0
nums: Array[Int] =Array(0, 0, 0, 0, 0, 0, 0, 0, 0, 0)
scala>var b=Array("hello","Scala")       //创建长度为2的Array[String]数组
b: Array[String] =Array(hello, Scala)
```

b 长度为 2,其 Array[String]类型是推断出来的,如已提供初始值就不再需要 new 关键字了。

```
scala>b(1)                // 访问数组元素,使用()而不是[]来访问元素
res1: String =Scala
```

2.5.2 变长数组

在 Scala 中,使用 ArrayBuffer 声明的数组为变长数组。用户既可以修改变长数组某个位置的元素值,也可以增加或删除该数组的元素。使用 ArrayBuffer 创建变长数组之前,需要先导入 scala.collection.mutable.ArrayBuffer 包,示例如下。

```
scala>import scala.collection.mutable.ArrayBuffer        //导入 ArrayBuffer 包
scala>val arr1=ArrayBuffer[Int]()       //定义一个 Int 类型、长度为 0 的变长数组
arr1: scala.collection.mutable.ArrayBuffer[Int] =ArrayBuffer()
scala>arr1.length            //获取 arr1 的数组长度
res3: Int =0
scala>arr1 +=1               //在数组 arr1 尾端添加元素 1
res4: arr1.type =ArrayBuffer(1)
scala>arr1+=(7,9,3,5)        //在尾端一次添加多个元素,以括号括起来
res5: arr1.type =ArrayBuffer(1, 7, 9, 3, 5)
scala>arr1++=Array(15,8)     //可以用++=操作符追加任何集合
res7: arr1.type =ArrayBuffer(1, 7, 9, 3, 5, 15, 8)
scala>arr1.insert(1,2)       //在下标 1 之前插入 2
scala>println(arr1)          //输出 arr1
ArrayBuffer(1, 2, 7, 9, 3, 5, 15, 8)
scala>arr1.remove(1)         //移除下标 1 处的元素
res18: Int =2
scala>println(arr1)
ArrayBuffer(1, 7, 9, 3, 5, 15, 8)
scala>arr1.remove(2,3)       //移除下标 2(包括 2)之后的 3 个元素
scala>println(arr1)
ArrayBuffer(1, 7, 15, 8)
scala>arr1.trimEnd(2)        //移除数组最后 2 个元素
scala>arr1
res7: scala.collection.mutable.ArrayBuffer[Int] =ArrayBuffer(1, 7)
```

如果需要在 Array 和 ArrayBuffer 之间转换,那么可以分别调用 toBuffer()和 toArray()方法,示例如下。

```
scala>arr1.toArray
res24: Array[Int] =Array(1, 7, 15, 8)
```

2.5.3 数组的转换

用户可以按某种方式将一个数组转换为一个全新的数组,而原数组不变。

1. 使用"for(…) yield"循环创建一个新数组

```
scala>val a=Array(1,2,3,4)
a: Array[Int] =Array(1, 2, 3, 4)
scala>val result =for(elem <-a) yield 2 * elem
result: Array[Int] =Array(2, 4, 6, 8)
```

从 result 的结果可以看出,result 中的值由 yield 之后的表达式 2 * elem 产生,每次迭代为 result 产生一个值。

添加 if 语句可以处理那些满足特定条件的元素,示例如下。

```
scala>val result1 =for(elem <-a if elem %2 ==0) yield 2 * elem
result1: Array[Int] =Array(4, 8)
```

2. 使用数组对象的 filter()和 map()方法创建一个新数组

```
scala>val result2 =a.filter(_ %2 ==0) map { 2 * _ }
result2: Array[Int] =Array(4, 8)
```

2.5.4 数组对象的常用方法

数组对象具有许多操作数组对象的方法。

1. map()方法

map()方法可以用一个函数重新计算数组中的所有元素,然后返回一个相同数目元素的新数组,示例如下。

```
scala>var arr =Array(1,2,3,4)              //创建数组 arr
arr: Array[Int] =Array(1, 2, 3, 4)
```

下面调用数组对象的 map()方法对数组中的每个元素执行匿名函数 x => x * 5 的操作,即每个元素乘以 5,如下所示。

```
scala>arr.map(x =>x * 5)
res1: Array[Int] =Array(5, 10, 15, 20)
```

2. foreach()方法

foreach()方法与 map()方法的用法类似,其可以遍历数组中的元素,但是 foreach()没有返回值,示例如下。

```
scala>var arr =Array("Hello Beijing","Hello Shanghai")
arr: Array[String] =Array(Hello Beijing, Hello Shanghai)
scala>arr.foreach(x =>println(x))          //遍历输出数组中的元素
Hello Beijing
Hello Shanghai
scala>arr.foreach(x =>println(x+"!"))      //遍历输出数组中的元素
Hello Beijing!
Hello Shanghai!
scala>arr.foreach(println)                 //遍历输出数组中的元素
Hello Beijing
Hello Shanghai
```

3. min()、max()、sum()方法

这三个方法可以分别用于输出数组的最小元素、最大元素,以及所有元素之和,示例如下。

```
scala>var arr =Array(10,20,35,45)          //创建数组 arr
arr: Array[Int] =Array(10, 20, 35, 45)
scala>arr.max
res9: Int =45
scala>arr.min
res10: Int =10
scala>arr.sum
res11: Int =110
```

4. head()、tail()方法

head()、tail()方法分别用于查看数组第一个元素,以及除第一个元素外的其他元素,示例如下。

```
scala>var arr =Array(10,20,35,45)           //创建数组 arr
arr: Array[Int] =Array(10, 20, 35, 45)
scala>arr.head                              //查看数组第一个元素
res12: Int =10
scala>arr.tail                              //查看数组除第一个元素外的其他元素
res13: Array[Int] =Array(20, 35, 45)
```

5. sorted()、sortBy()、sortWith()等排序方法

(1) sorted()方法默认为升序排序,如果想要降序则需要再行反转,示例如下。

```
scala>val arr =Array(1,17,12, 9)            //创建数组 arr
arr: Array[Int] =Array(1, 17, 12, 9)
scala>arr.sorted                            //升序
res17: Array[Int] =Array(1, 9, 12, 17)
scala>arr.sorted.reverse                    //降序
res18: Array[Int] =Array(17, 12, 9, 1)
```

(2) sortBy()方法需要传入参数,表明要排序的数组元素的形式,示例如下。

```
scala>val arr =Array (1,17,12, 9)           //创建数组 arr
arr: Array[Int] =Array(1, 17, 12, 9)
scala>arr.sortBy(x =>x)                     //升序
res19: Array[Int] =Array(1, 9, 12, 17)
scala>arr.sortBy(x =>-x)                    //降序
res20: Array[Int] =Array(17, 12, 9, 1)
```

(3) sortWith((String,String)=>Boolean)方法需要传入一个匿名函数来说明排序规则,这个函数需要对两个参数相互比较,示例如下。

```
scala>var arr =Array("a","d","F","B","e")
arr: Array[String] =Array(a, d, F, B, e)
scala>arr.sortWith((x:String, y:String) =>x<y)
res5: Array[String] =Array(B, F, a, d, e)
scala>arr.sortWith((x, y) =>x<y)
res6: Array[String] =Array(B, F, a, d, e)
```

6. filter()过滤方法

filter(function)方法可通过 function 参数的函数对数组元素进行判断,移除未通过判断条件(即结果为 false)的数组元素,只保留使函数 function 的返回值为 true 的数组元素。例如,过滤移除数组 arr 中的奇数,得到只包含偶数的数组,示例如下。

```
scala>val arr =Array(1,4,17,12,9)           //创建数组 arr
arr: Array[Int] =Array(1, 4, 17, 12, 9)
scala>arr.filter(x=>x%2==0)
res0: Array[Int] =Array(4, 12)
```

7. flatten()方法

flatten()方法可以把嵌套的结构展开,或者说 flatten()方法可以把一个二维的数组展

开成一个一维的数组,示例如下。

```
scala>val arr =Array(Array(1,2),Array(3,4))        //创建二维数组
arr: Array[Array[Int]] =Array(Array(1, 2),Array(3, 4))
scala>arr.flatten
res1: Array[Int] =Array(1, 2, 3, 4)
```

8. flatMap()方法

flatMap()方法结合了 map()方法和 flatten()方法的功能,其能接收一个可以处理嵌套数组的函数,然后把返回结果连接起来,构成一个新的数组,示例如下。

```
scala>arr.flatMap(x =>x.map(_ * 10))
res0: Array[Int] =Array(10, 20, 30, 40)
scala>arr.flatMap(x=>x.map(y=>y*10))
res1: Array[Int] =Array(10, 20, 30, 40)
```

9. 显示数组内容

用户可以使用 mkString()方法显示数组的内容,它允许用户指定元素之间的分隔符,且该方法的另一个重载版本可以指定前缀和后缀,示例如下。

```
scala>val c =Array(1, 2, 3, 4, 5)
c: Array[Int] =Array(1, 2, 3, 4, 5)
scala>c.mkString("and")
res2: String =1and2and3and4and5
scala>c.mkString("<" , "," , ">")
res3: String =<1,2,3,4,5>
```

在很多情况下,使用 to * 方法(* 为数据类型名)可以方便地对值进行类型转换,当然,此类方法的 toString()也可以用来显示数组的内容,示例如下。

Int 到 String:

```
scala>10.toString
res5: String =10
```

String 到 Int:

```
scala>"10".toInt
res6: Int =10
scala>val d =Array(1, 2, 3, 4)
d: Array[Int] =Array(1, 2, 3, 4)
scala>d.toString                //对于定长数组,toString()方法的返回结果没什么意义
res25: String =[I@19c38153
scala>import scala.collection.mutable.ArrayBuffer        //导入 ArrayBuffer 包
import scala.collection.mutable.ArrayBuffer
scala>val e =ArrayBuffer(1,7,2, 9)
e: scala.collection.mutable.ArrayBuffer[Int] =ArrayBuffer(1, 7, 2, 9)
scala>val f=e.toString        //对于变长数组,toString()方法可报告数据类型,便于调试
f: String =ArrayBuffer(1, 7, 2, 9)
```

10. 统计数组中满足条件的元素个数

用户可以使用 count(condition)方法返回数组中满足 condition 条件为真(true)的元素个数,示例如下。

```
scala>val arr =Array(1, 3, 5, 9, 7, 2, 14, 11)
scala>arr.count(_>5)           //统计 arr 中大于 5 的元素个数
res2: Int =4
scala>arr.count(x=>x>5)
res8: Int =4
```

2.6 拓展阅读——两弹一星精神

1964 年 10 月 16 日,我国第一颗原子弹爆炸成功。罗布泊上空的巨响向世界庄严宣告:中国人民依靠自己的力量,实现了国防尖端科技的重大突破!

在"两弹一星"研制过程中形成的"两弹一星"精神影响深远——热爱祖国、无私奉献,自力更生、艰苦奋斗,大力协同、勇于登攀——这 24 个字,是"两弹一星"参研者创造的伟大精神财富,更是一代中国科技工作者精神世界的真实写照。

青海省海北藏族自治州海晏县金银滩草原,中国第一个核武器研制基地就建在这里,中国第一颗原子弹和氢弹诞生于此。这里海拔高,缺氧是常态,一年中有近半年时间处于寒冷状态,风沙还大,自然条件恶劣是很多人对这里的第一印象。

化名为"王京"的王淦昌,在这里工作了 17 年。在王淦昌的回忆中,从来没有对环境的抱怨,只有紧张和充实——他把所有的时间和精力都投入到研究中,只怕做得不够快、不够好。他与年轻人一样,废寝忘食,夜以继日,对每项技术、每个数据都一丝不苟。

不抱怨、不等待,所有的人都各司其职,想尽办法做研究。"两弹一星"元勋于敏曾回忆,原子弹、氢弹的理论研究需要大量计算,但当时国内只有一台每秒万次的电子管计算机。他领导的工作组里就人手一把计算尺,废寝忘食地算,用纸、笔和最简陋的工具算出了最优秀的结果。

2.7 习 题

1. 定长数组的特点是什么?
2. 定义一个长度为 10 的字符串数组。
3. 为数组的第 2 个元素赋值 Scala。
4. 定义一个包含以下元素的数组:10、Java、Hadoop、Spark。
5. 根据一个给定数组产生新的数组,将原有数组中的正数放在新产生数组的前面,将原有数组的负数放在新产生数组的后面,元素顺序保持不变。

第 3 章 Scala 控制结构

Scala 程序中的语句默认是按照书写顺序依次被执行的,这样的语句结构就是顺序结构。仅有顺序结构还是不够的,因为有时人们需要根据特定的情况有选择地执行某些语句,这时就需要一种选择结构的语句。另外,有时人们还需要在给定条件下重复执行某些语句,这时就需要循环结构的语句。有了顺序、选择和循环这三种基本的结构,就能构建复杂的程序了。本章主要介绍布尔表达式、选择结构、条件表达式、while 循环、for 循环、for 推导式、块表达式赋值、循环中的 break 和 continue 等。

3.1 布尔表达式

选择结构和循环结构都需要使用布尔表达式作为选择和循环的条件。布尔表达式是由表达式、关系运算符和逻辑运算符按一定的语法规则组成的式子。前文已介绍过 Scala 的关系运算符有＜(小于)、＜＝(小于或等于)、＝＝(等于)、＞(大于)、＞＝(大于或等于)、!＝(不等于),逻辑运算符有&&(逻辑与)、||(逻辑或)、!(逻辑非)。

由于布尔数据类型(Boolean)的数据值只有两个(true 和 false),所以一个布尔类型的变量的值只能是 true 或 false,布尔表达式的值也只能取 true 或 false。布尔表达式举例如下:

```
scala>var a =true
a: Boolean =true
scala>var b =false
b: Boolean =false
scala>a&&b
res10: Boolean =false
scala>a||b
res11: Boolean =true
```

3.2 选择结构

3.2.1 单向 if 选择语句

Scala 的 if 语句与其他语言的 if 语句相似,可以检测条件并根据其是否为真来决定是否执行对应的分支。if 语句由布尔表达式及之后的语句块组成,具体语法格式如下所示。

```
if(布尔表达式)
{
    语句块              //如果布尔表达式为 true 则执行该语句块
}
```

举例如下所示。

```
scala>:paste              //进入代码块编写模式(paste 模式)
// Entering paste mode (ctrl-D to finish)

  var x =10
  if( x <20 ){
      println("x <20");
  }
// Exiting paste mode, now interpreting
```

代码编写完成后可按 Ctrl+D 组合键退出 paste 模式并执行输入的代码,执行结果如下所示。

```
x <20
```

3.2.2 双向 if…else 选择语句

if…else 语句的语法格式如下所示:

```
if(布尔表达式){
    语句块 1            //如果布尔表达式为 true 则执行语句块 1
}else{
    语句块 2            //如果布尔表达式为 false 则执行语句块 2
}
```

举例如下所示。

```
scala>:paste
// Entering paste mode (ctrl-D to finish)
var x =30;
if (x <20 ){
  println("x 小于 20");
      }
else{
  println("x 大于或等于 20");
      }
// Exiting paste mode, now interpreting
```

退出 paste 模式并执行代码,结果如下所示。

```
x 大于 20
x: Int =30
```

3.2.3 嵌套 if…else 选择语句

if 语句后可以紧跟 else if…else 语句,在多个条件下判断语句的执行情况。嵌套 if…

else 语法格式如下。

```
if(布尔表达式 1){
    语句块 1          //如果布尔表达式 1 为 true 则执行语句块 1
}else if(布尔表达式 2){
    语句块 2          //如果布尔表达式 2 为 true 则执行语句块 2
}else if(布尔表达式 3){
    语句块 3          //如果布尔表达式 3 为 true 则执行语句块 3
}else {
    语句块 4          //如果以上条件都为 false 执行语句块 4
}
```

◆ 3.3 条件表达式

Scala 的 if…else 语法结构和 Java 一样。不过，在 Scala 中 if…else 表达式有值，这个值就是跟在 if 或 else 之后的表达式的值。在 Scala 中，条件表达式的用法举例如下所示。

```
if (x>0) 1 else -1
```

上述条件表达式的值是 1 或 -1，具体是哪一个取决于当前程序流中 x 的值。用户可以将条件表达式赋值给变量，示例如下。

```
val s = if (x>0) 1 else -1
```

这与如下语句的效果一样。

```
if (x>0) s=1 else s=-1
```

不过，两者相较而言第一种写法更好，因为它可以用来初始化一个常量，而在第二种写法当中，s 必须是变量，如下所示。

```
scala> val x = 3
x: Int = 3
scala> val y = if ( x>1) 1 else -1
y: Int = 1
```

◆ 3.4 while 循环

Scala 拥有与 Java 相同的 while 循环和 do…while 循环。while 循环的语法格式如下所示。

```
while(布尔表达式){
    循环体
}
```

while 循环举例如下所示。

```
scala>:paste
// Entering paste mode (ctrl-D to finish)
var i:Int = 0              //定义变量
while (i<5){
```

```
        print("hello" +i+ " ")
        i +=1
     }
// Exiting paste mode, now interpreting
```

代码编写完成后按 Ctrl+D 组合键退出 paste 模式并执行输入的代码,执行结果如下所示。

```
hello0 hello1 hello2 hello3 hello4
```

do…while 循环的用法也沿袭 Java,如下所示。

```
do{
    循环体
}
while(条件语句)
```

◆ 3.5　for 循环

Scala 的 for 循环的语法格式如下。

```
for(控制变量 <-可遍历序列){
    循环体}
```

这里的"<-"是 for 循环的组成部分。for 循环是一种遍历型的循环,它会依次遍历有序集合中的元素,每遍历一个元素就执行一次循环体,遍历完所有元素之后便退出循环。这种有序集合可以是数组、列表、字符串、元组、集、映射等。for 循环的使用方式主要有以下几种。

(1) 使用 for(x <- Range)的方式,用法如下。

```
for(x <-Range){
    循环体}
```

其中,Range 可以是一个数字区间,如 i to j,或者 i until j。左箭头"<-"用于为变量 x 赋值。i to j 表示的区间是[i, j],i until j 表示的区间是[i, j),两种形式举例如下。

```
scala>for (i <-1 to 3) {println(s"Day $i:")}
Day 1:
Day 2:
Day 3:
scala>for (i <-1 until 10) printf("%d ",i)
1 2 3 4 5 6 7 8 9
```

(2) 使用分号";"设置多个区间,它将迭代给定区间所有可能的值,示例如下。

```
scala>for( a <-1 to 2; b <-1 to 2){
        println( "a: " +a +" b: " +b) }
```

运行上述代码得到的输出结果如下。

```
a: 1 b: 1
```

```
a: 1 b: 2
a: 2 b: 1
a: 2 b: 2
scala>for( i <-1 to 5 if i%2 !=0;j <-1 to 5 if j%2 ==0 ) println( i +" * " +j +" =" +i * j)
1 * 2 =2
1 * 4 =4
3 * 2 =6
3 * 4 =12
5 * 2 =10
5 * 4 =20
```

（3）用 for 循环遍历数组、列表和集合，示例如下。

```
scala>val list1=List(3,5,2,1,7)              //创建列表
list1: List[Int] =List(3, 5, 2, 1, 7)
scala>for(x <-list1){print(" "+x) }
 3 5 2 1 7
```

（4）在 for 循环中使用过滤器，示例如下。

```
scala>for(x <-list1 if x%2==1){print(" "+x) }
 3 5 1 7
scala>var bArray=Array("宋爱梅","王志芳","李涛","贾燕青","刘振杰","刘涛")
scala>for(file <-bArray if file.endsWith("涛")){println(file) }
李涛
刘涛
```

用户可以在 for 循环中引入已在循环中使用的变量，示例如下。

```
scala>for(i<-1 to 3; from =4-i; j<-from to 4) print((10 * i+j).toString+" ")
13 14 22 23 24 31 32 33 34
```

【例 3-1】 通过索引使用 for 循环和 until 关键字遍历数组。

下面需要在交互模式下使用代码块一次运行多条语句。先输入":paste"并回车进入 paste 模式，然后粘贴（写入）代码块。

```
scala>:paste              //进入粘贴模式
// Entering paste mode (ctrl-D to finish)

var a =Array("hello","Scala")
for (i <-0 until a.length)
  println(a(i))

// Exiting paste mode, now interpreting
```

之后按 Ctrl＋D 组合键结束输入并运行代码块。

```
hello
Scala
```

如果想要在遍历元素时隔一个元素执行一下处理操作，则可以采用如下方式。

```
scala>val b=Array(1,2,3,4,5,6)
```

```
b:Array[Int]=Array(1,2,3,4,5,6)
scala>for (i <-0 until (b.length,2))
     | printf("%d ",i)
0 2 4
```

从数组的尾端开始倒序遍历,语法格式如下。

```
for(i <-(0 until b.length).reverse)
    循环体语句
```

示例如下。

```
scala>for (i <-(0 until b.length).reverse)
     | printf("%d ",i)
5 4 3 2 1 0
```

不使用数组下标,直接遍历数组元素的语法格式如下。

```
for(e <-b)
    循环体语句
```

示例如下。

```
scala>for(e <-b)
     | printf("%d ",e)
1 2 3 4 5 6
```

注意:变量 e 将先后被设为 b(0)、b(1),以此类推。

【例 3-2】 根据给定的整数数组创建一个新的数组,新数组中包括原数组中的全部值为正数的元素,并以原有顺序排列,之后的元素则是数组中的零或负值,这些元素也以原有顺序排列,如下所示。

```
scala>:paste
// Entering paste mode (ctrl-D to finish)
import scala.collection.mutable.ArrayBuffer //导入 ArrayBuffer 包
val arr =Array(1,3,-3,-5,-7,3,2)
val a =ArrayBuffer[Int]()
val b =ArrayBuffer[Int]()
arr.foreach(arg =>if(arg >0) a +=arg else b +=arg)
a ++=b
a.toArray
// Exiting paste mode, now interpreting
```

按 Ctrl+D 组合键退出 paste 模式并执行代码,结果将如下所示。

```
a: scala.collection.mutable.ArrayBuffer[Int]=ArrayBuffer(1, 3, 3, 2, -3, -5, -7)
b: scala.collection.mutable.ArrayBuffer[Int]=ArrayBuffer(-3, -5, -7)
```

3.6 for 推导式

for 推导式用来创建一个集合,其语法格式如下。

```
for () yield {}
```

从 for 推导式的语法格式可以看出，for 循环的循环体将以 yield 开始，每次迭代生成集合中的一个值，示例如下。

```
scala>val data =for( i <-1 to 5 ) yield {i}
data: IndexedSeq[Int] =Vector(1, 2, 3, 4, 5)
scala>print(data)
Vector(1, 2, 3, 4, 5)
scala>for(c<-"abcde";i<-0 to 1) yield c+i
res34: IndexedSeq[Int] =Vector(97, 98, 98, 99, 99, 100, 100, 101, 101, 102)
scala>for(c<-"abcde";i<-1 to 2) yield (c+i).toChar
res32: IndexedSeq[Char] =Vector(b, c, c, d, d, e, e, f, f, g)
scala>val data1=for(i<-1 to 5 if i%2 !=0;j <-10 until 11;sum=i+j) yield sum
data1: IndexedSeq[Int] =Vector(11, 13, 15)
scala>val names =Array("小丽", "唐诗涛", "刘涛", "杨丽涛", "杨雪涛", "杨鹏")
scala>val filteredNames=for(x <-names;if x.contains("涛") && !x.startsWith
("杨")) yield x
scala>filteredNames.foreach(println)
唐诗涛
刘涛
```

上面的"val filteredNames = for (x < — names; if x. contains ("涛") && ! x. startsWith("杨")) yield x"的表达式还可以写成下面的式子。

```
val filteredNames =for {x <-names
if x.contains("涛") && !x.startsWith("杨")
} yield x
```

即将圆括号中的内容写到花括号中，注意这时要用换行的方式隔开它们，而不是使用分号(;)。

3.7 块表达式的赋值

在 Java 中，用花括号({})括起来的语句序列被称为块语句。当需要在选择分支或循环中放置多个语句时，就需要使用块语句。

在 Scala 中，块语句包含一系列表达式，其结果也是一个表达式。块中最后一个表达式的值就是块的值。这个特性对于那些需要分多步完成的初始化常量的操作很有用。如下所示。

```
scala>val x0,y0=1
x0: Int =1
y0: Int =1
scala>val x=4;val y=5;
x: Int =4
y: Int =5
scala>import scala.math._            //Scala中，字符 _ 是通配符,类似Java中的 *
scala>val distance ={val dx=x -x0; val dy =y -y0; sqrt(dx * dx +dy * dy);}
distance: Double =5.0
```

以上代码中块语句的值由最后一个表达式"sqrt(dx * dx + dy * dy)"的值决定，变量 dx 和 dy 仅为计算所需要的中间值。

以 scala 开头的包,在引入或使用时 scala 可以被省略。

```
scala>import math._
scala>sqrt(2)
res0: Double =1.4142135623730951
```

3.8 循环中的 break 和 continue 语句

在 Scala 中,类似 Java 的 break、continue 关键字被移除了。如果一定要实现 Java 中 break 和 continue 关键字的功能,就需要使用 scala.util.control 包中 Break 类的 breakable 静态类和 break()方法,具体使用方法如下。

(1) 导入 Breaks 包 import scala.util.control.Breaks._。
(2) 使用 breakable 静态类将 for 表达式包起来。
(3) 在 for 表达式中需要退出循环的地方添加 break()方法。

【例 3-3】 使用 for 循环打印 1~100 的数字,如果数字到达 50 则退出 for 循环。

```
scala>:paste
// Entering paste mode (ctrl-D to finish)

import scala.util.control.Breaks._
breakable{
    for(i <-1 to 100) {
        if(i >=50) break()
        else print(i+",")
    }
}
// Exiting paste mode, now interpreting
```

按 Ctrl+D 组合键退出 paste 模式并执行代码,结果如下所示。

1,2,3,4,5,6,7,8,9,10,11,12,13,14,15,16,17,18,19,20,21,22,23,24,25,26,27,28,29, 30,31,32,33,34,35,36,37,38,39,40,41,42,43,44,45,46,47,48,49,

continue 功能的实现与 break 类似,但有一点不同:实现 break 功能是用 breakable 静态类将整个 for 表达式包起来,而实现 continue 功能只需要用 breakable 静态类将 for 表达式的循环体包起来就可以了,具体示例如下。

【例 3-4】 打印 1~100 的数字,使用 for 循环遍历这些数字,如果数字能整除 2,则将之跳过。

```
scala>:paste
// Entering paste mode (ctrl-D to finish)

import scala.util.control.Breaks._
for(i <-1 to 100 ) {
    breakable{
        if(i %2 ==0) break()
        else print(i+",")
    }
}
```

```
// Exiting paste mode, now interpreting
```
按Ctrl+D组合键退出paste模式并执行代码,结果如下所示。

1,3,5,7,9,11,13,15,17,19,21,23,25,27,29,31,33,35,37,39,41,43,45,47,49,51,53,
55,57,59,61,63,65,67,69,71,73,75,77,79,81,83,85,87,89,91,93,95,97,99,

3.9 习　　题

1. 有一个包含10个元素的数组,第一个元素的值是3,后面每个元素的值都是前面一个元素的两倍加1,打印这个数组,然后将数组中奇数元素和偶数元素位置互换。

2. 输入一个整数,将这个整数的所有约数放入一个数组,打印此数组。

3. 请写出一个for循环,用i表示循环的变量,通过Range生成0~20的数字,并循环打印出0~20这些数字中的奇数。

4. 请写出一个for循环,用i表示循环的变量,通过Range生成0~20的数字,并循环打印出0~20这些数字中的偶数(包括20)。

5. 请使用嵌套for循环打印九九乘法表。

第4章 Scala 列表、元组、集合和映射

本章主要介绍列表、元组、集合和映射四种数据类型。列表的所有元素都具有相同的数据类型,元组可以包含不同类型的元素,集合是没有重复的元素合集,映射是一系列"键-值"对的集合。

4.1 列　　表

4.1.1 创建不可变列表

Scala 中的列表(List)类似数组,列表的所有元素都具有相同的数据类型。与数组不同的是,List 列表的元素值一旦被定义了就不能再被改变,而如字符串数组 Array[String],虽然其所有元素的数据类型同样都是 String,且该数组在实例化之后长度也是固定的,但它的元素值却是可被改变的。

1. 创建 List 列表

创建 List 列表的方法如下所示。

```
scala>val course: List[String] =List("Scala", "Python") //创建字符串列表
course: List[String] =List(Scala, Python)
scala>val dim: List[List[Int]] =List(List(1,0), List(0,1))
                                                          //创建二维列表
dim: List[List[Int]] =List(List(1, 0), List(0, 1))
```

List 列表具有递归结构(也就是链接表结构),也就是说列表要么是 Nil(即空表),要么是一个 head 元素加上一个 tail,而 tail 又是一个列表,后者的结构如下所示。

```
scala>val nums: List[Int] =List(1, 2, 3, 4)  //创建整型 List 列表
nums: List[Int] =List(1, 2, 3, 4)
scala>nums.head                              //nums.head 的值是 1
res27: Int =1
scala>nums.tail                              // nums.tail 是 List(2, 3, 4)
res28: List[Int] =List(2, 3, 4)
```

2. 创建空 List 列表

创建两种空列表的方法如下所示。

```
scala>val L =Nil            //创建空列表
L: scala.collection.immutable.Nil.type =List()
scala>val L2 =List()        //创建空列表
L2: List[Nothing] =List()
```

3. 使用"::"操作符创建列表

"::"中缀操作符可将给定的头和尾创建为一个新的 List 列表,如下所示。

```
scala>val newList=1::List(3, 5)            //生成新列表 List(1,3,5)
newList: List[Int] =List(1, 3, 5)
```

也可以这样创建上面的列表 List(1,3,5)。

```
scala>1:: 3:: 5::Nil
res30: List[Int] =List(1, 3, 5)
```

> 注意:"::"是右结合的,即从末端开始构建列表,如下所示。

```
1::(3::(5::Nil))
scala>val L3 ="Spark" :: "Scala" :: "Python" :: Nil        //用字符串创建列表
L3: List[String] =List(Spark, Scala, Python)
```

4. 使用":::"操作符连接列表创建新列表

具体方法如下所示。

```
scala>val L4 =L3 ::: List("Hadoop", "Hbase")
L4: List[String] =List(Spark, Scala, Python, Hadoop, Hbase)
```

4.1.2 操作不可变列表

1. List 列表的基本操作

(1) 调用一个列表的 head 属性可以返回该列表的第一个元素,示例如下。

```
scala>var lista=List(1,2,3,4)
lista: List[Int] =List(1, 2, 3, 4)
scala>lista.head            //返回列表第一个元素
res31: Int =1
```

(2) last 属性可以取出列表最后一个元素,示例如下。

```
scala>lista.last
res33: Int =4
```

(3) 调用一个列表的 tail 属性可以返回除了第一元素之外的其他元素所组成的列表,示例如下。

```
scala>lista.tail
res32: List[Int] =List(2, 3, 4)
```

(4) init 属性可以返回一个列表,其包含除最后一个元素之外原列表的所有元素,示例如下。

```
scala>lista.init
res36: List[Int] =List(1, 2, 3)
```

(5) reverse 属性用于将列表的元素顺序反转,示例如下。

```
scala>lista.reverse
res35: List[Int] =List(4, 3, 2, 1)
```

(6) length 属性可以返回列表的长度,示例如下。

```
scala>lista.length
res37: Int =4
```

(7) sorted 属性用于为列表排序,示例如下。

```
scala>lista.sorted                                    //排序
res38: List[Int] =List(1, 2, 3, 4)
scala>lista.reverse.sorted
res5: List[Int] =List(1, 2, 3, 4)
```

(8) range 方法用于创建一组数值范围的列表,最简单的用法是 List.range(from, until),其可以创建从 from 值开始到 until(不包括 until)的所有数值组成的列表。如果该方法以 step 值作为第三参数,则其将产生从 from 开始的以间隔为 step 的数值组成的列表。step 值可以为正,也可以为负,示例如下。

```
scala>List.range(1,6)
res39: List[Int] =List(1, 2, 3, 4, 5)
scala>List.range(1,9,2)
res40: List[Int] =List(1, 3, 5, 7)
```

(9) isEmpty 属性可以判断列表是否为空,在列表为空时返回 true,否则返回 false,示例如下。

```
scala>lista.isEmpty
res10: Boolean =false
```

2. List 列表对象的常用方法

(1) "count(s => s.length == num)"可以用于统计列表中长度为 num 的字符串的个数,示例如下。

```
scala>L5.count(s =>s.length ==5)        //对 L5 中长度为 5 的字符串进行计数
res0: Int =3
```

(2) drop(num)可以返回一个去掉了列表前 num 个元素的新列表,示例如下。

```
scala>L5.drop(2)
res1: List[String] =List(Python, Hadoop, Hbase)
```

(3) dropRight(num)可以返回一个去掉列表后 num 个元素的新列表,示例如下。

```
scala>L5.dropRight(3)
res2: List[String] =List(Spark, Scala)
```

(4) exists(s =>s=="***")可以判断列表中是否包含值为"***"的字符串元素,示例如下。

```
scala>L5.exists(s =>s=="Spark")
res3: Boolean =true
scala>L5.exists(_=="Spark")
res9: Boolean =true
```

(5) forall(s => s.endsWith("k"))可以判断列表里的元素是否都以"k"为结尾,示例如下。

```
scala>L5.forall(s =>s.endsWith("k"))
res4: Boolean =false
```

(6) foreach(s => println(s))遍历打印列表元素。

```
scala>L5.foreach(s =>println(s))
Spark
...
scala>L5.foreach(print)
SparkScalaPythonHadoopHbase
scala>L5.foreach(s =>print(s))
SparkScalaPythonHadoopHbase
scala>L5.foreach(s =>print(s+" "))
Spark Scala Python Hadoop Hbase
```

(7) map(f)可以使用指定的函数 f 对列表中的每个元素进行函数计算，返回一个由函数计算结果组成的列表，示例如下。

```
scala>L5.map(s =>s +"$")           //对 L5 的元素都拼接$
res10: List[String] =List(Spark$, Scala$, Python$, Hadoop$, Hbase$)
```

(8) mkString("-")可以返回一个以分隔符"-"对列表的元素进行拼接而得到的字符串，示例如下。

```
scala>L5.mkString("-")
res11: String =Spark-Scala-Python-Hadoop-Hbase
scala>L5.mkString("{",",","}")            //格式化输出成 String
res19: String ={Spark,Scala,Python,Hadoop,Hbase}
```

(9) filterNot(s =>s.length==5)可以返回列表中长度不为 5 的元素所组成的一个新列表，示例如下。

```
scala>L5.filterNot(s =>s.length==5)      #返回列表中长度不为5的元素所组成的列表
res12: List[String] =List(Python, Hadoop)
scala>L5.filterNot(_.length ==5)         #返回列表中长度不为5的元素所组成的列表
res12: List[String] =List(Python, Hadoop)
```

(10) take(num)可以从列表左边取 num 个元素组成一个新列表，示例如下。

```
scala>L5.take(3)
res13: List[String] =List(Spark, Scala, Python)
```

(11) takeRight(num)可以从列表右边取 num 个元素组成一个新列表，示例如下。

```
scala>L5.takeRight(3)
res14: List[String] =List(Python, Hadoop, Hbase)
```

(12) sortBy(x => x)可以将列表元素按升序排序，示例如下。

```
scala>val list2=List(3,5,2,1,7)
list2: List[Int] =List(3, 5, 2, 1, 7)
scala>list2.sortBy(x =>x)              //升序排序
res21: List[Int] =List(1, 2, 3, 5, 7)
```

(13) sortBy(x=>-x)可以将列表元素降序排序,示例如下。

```
scala>list2.sortBy(x =>-x)        //降序排序
res22: List[Int]=List(7, 5, 3, 2, 1)
```

(14) sortWith(_<_)可以将列表元素升序排序,示例如下。

```
scala>list2.sortWith(_<_)         //升序排序
res23: List[Int]=List(1, 2, 3, 5, 7)
```

(15) sortWith(_>_)可以将列表元素降序排序,示例如下。

```
scala>list2.sortWith(_>_)         //降序排序
res24: List[Int]=List(7, 5, 3, 2, 1)
```

(16) 在列表末端和首端添加元素分别需要使用":+"操作符和"+:"操作符,示例如下。

```
scala>list2.:+(10)                //:+末端添加元素得到1个新列表
res25: List[Int]=List(3, 5, 2, 1, 7, 10)
scala>list2.+:(0)                 //+:首端添加元素得到1个新列表
res26: List[Int]=List(0, 3, 5, 2, 1, 7)
```

(17) toString()方法可以将列表转换为字符串,示例如下。

```
scala>List(1,2,3).toString()
res27: String =List(1, 2, 3)
```

4.1.3 可变列表

在 Scala 中,使用 ListBuffer 可以声明一个可变列表。对于可变列表,用户既可以修改某个位置的元素值,也可以增加或删除其包含的列表元素。在使用 ListBuffer 创建可变列表之前,需要先导入 scala.collection.mutable.ListBuffer 包。

1. 创建可变列表

相比列表 List,可变列表 ListBuffer 更加灵活,其创建方法如下所示。

```
scala>import scala.collection.mutable.ListBuffer       //导入包
import scala.collection.mutable.ListBuffer
scala>val LB1=ListBuffer(1,2,3,4,5,6)                  //创建可变列表
LB1: scala.collection.mutable.ListBuffer[Int]=ListBuffer(1, 2, 3, 4, 5, 6)
scala>val course =ListBuffer("Scala", "Python")        //创建可变列表
scala>println(course)                                  //输出列表
ListBuffer(Scala, Python)
```

2. ListBuffer 列表常用操作

(1) 用户可以按值删除列表元素,同时删除 1 个或多个元素,这需要使用"-="操作符,示例如下。

```
scala>LB1-=6                      //一次删除1个元素
res1: LB1.type =ListBuffer(1, 2, 3, 4, 5)
scala>LB1-=(3,4,5)                //一次删除3个元素
res2: LB1.type =ListBuffer(1, 2)
```

（2）用户也可以按列表索引位置删除元素，具体有 3 种方法，首先是删除某个索引位置上的元素，需使用 remove()方法，示例如下。

```
scala>LB1.remove(0)              //删除 0 位置处的元素，返回删除的元素
res3: Int =1
scala>println(LB1)
ListBuffer(2)
```

remove()方法也可以从指定开始位置删除指定数量的元素，示例如下。

```
scala>val x =ListBuffer(1,2,3,4,5,6,7,8,9)    //创建可变列表
scala>x.remove(2,3)                           //从指定开始位置 2 删除 3 个元素
scala>println(x)
ListBuffer(1, 2, 6, 7, 8, 9)
```

用户还可以用"--="操作符结合 seq()方法从指定的集合中删除元素，示例如下。

```
scala>x --=Seq(1,2,6)
res10: x.type =ListBuffer(7, 8, 9)
```

（3）增加元素，通常需要使用"+="操作符，如增加 1 个元素，示例如下。

```
scala>x +=10              //增加 1 个元素
res11: x.type =ListBuffer(7, 8, 9, 10)
```

若想增加 1 个列表中的元素，则需要使用"++="操作符，示例如下。

```
scala>x ++=List(11,12,13)         //把一个列表的元素都添加进去
res12: x.type =ListBuffer(7, 8, 9, 10, 11, 12, 13)
```

增加数组中的元素的方法与增加列表中的元素的方法类似，也可以使用"++="操作符，示例如下。

```
scala>x ++=Array('b','c')         //把一个数组的元素添加进去
res13: x.type =ListBuffer(7, 8, 9, 10, 11, 12, 13, 98, 99)
```

在指定位置处插入元素的方法是 insert()方法，其用法示例如下。

```
scala>x.insert(0,6)               //在 0 位置处插入元素 6
scala>println(x)
ListBuffer(6, 7, 8, 9, 10, 11, 12, 13, 98, 99)
```

（4）更新元素时可以直接根据其索引号操作，示例如下。

```
scala>x(0) =5 //更新元素
scala>print(x)
ListBuffer(5, 7, 8, 9, 10, 11, 12, 13, 98, 99)
```

4.2 元　　组

与列表一样，元组(Tuple)也是不可变的，但与列表不同的是元组可以包含不同数据类型的元素。创建元组时可用圆括号"()"将多个元素括起来，元素之间用逗号隔开。元组通常用于存放数据库中的一条记录。

举例说明,(1,"XiaoMing","男",23,"高新区")就是一个元组,该元组中包含 5 个元素,对应的类型分别为 Int、String、String、Int 和 String,将此元组实例化的方法如下所示。

```
scala>val person=(1,"XiaoMing","男",23,"高新区")        //创建一个元组
person: (Int, String, String, Int, String) =(1,XiaoMing,男,23,高新区)
```

使用下画线加下标的方式可以获取元组指定索引位置的元素,需要注意,元组中的元素下标是从 1 开始的,示例如下。

```
scala>person._1              //通过"._1"方法获取元组的第一个元素
res1: Int =1
scala>person._2              //通过"._2"方法获取元组的第二个元素
res2: String =XiaoMing
```

通常可以使用模式匹配来获取元组的组元,例如,现有如下一个元组。

```
val (first,second,third,fourth,fifth)=person
```

假设要将 first 设为 1,second 设为"XiaoMing",third 设为"男",fourth 设为 23,fifth 设为"高新区",那么可作如下处理。

```
scala>val (first,second,third,fourth,fifth)=person
first: Int =1
second: String =XiaoMing
third: String =男
fourth: Int =23
fifth: String =高新区
scala>print(first)
1
scala>print(fifth)
高新区
```

也可以使用下述方式创建元组,但一般不这么写,通常都是使用简写形式。

```
val t1=new Tuple3(元素 1, 元素 2, 元素 3)
```

元组对应的类型可以是 Tuple1、Tuple2、Tuple3 等等,只是这种定义方式需要提前固定元素的个数,有点麻烦。目前在 Scala 中元组的元素数上限是 22 个,如果需要组织更多元素,那么可以使用集合。

注意:Scala 不支持通过"val tp1 = ("abc")"的方式创建只有一个元素的元组,只允许通过"val tup1 = Tuple1.apply("abc")"实现此类功能,示例如下。

```
scala>val tp1 = ("abc")
tp1: String =abc
scala>val tup1 =Tuple1.apply("abc")
tup1: (String,) =(abc,)
```

4.2.1 元组的常用方法

1. 遍历元组

通过元组对象的 productIterator 属性和 foreach()方法可以遍历元组的各个元素,示例如下。

```
scala>person.productIterator.foreach{i =>println("遍历输出元组元素:" +i) }
遍历输出元组元素: 1
遍历输出元组元素: XiaoMing
遍历输出元组元素: 男
遍历输出元组元素: 23
遍历输出元组元素: 高新区
scala>person.productIterator.foreach(i =>println("遍历输出元组元素:" +i))
遍历输出元组元素: 1
遍历输出元组元素: XiaoMing
遍历输出元组元素: 男
遍历输出元组元素: 23
遍历输出元组元素: 高新区
```

也可通过元组对象的 productIterator 属性和 for 循环来遍历元组的各个元素,示例如下。

```
scala>for(i<-person.productIterator) println(i)
1
XiaoMing
男
23
高新区
```

2. 元组转为字符串

使用元组对象的 toString()方法可将元组的所有元素组合成一个字符串,示例如下。

```
scala>person.toString()
res5: String = (1,XiaoMing,男,23,高新区)
```

3. 元素交换

可以使用元组对象的 swap 属性来交换长度为 2 的元组的两个元素的位置,示例如下。

```
scala>val t1=(1,2)
t1: (Int, Int) = (1,2)
scala>t1.swap
res14: (Int, Int) = (2,1)
```

4.2.2 拉链操作

使用元组的原因之一是需要把多个值绑在一起,以便它们能够被一起处理,这通常可以用 zip()方法来完成,示例如下。

```
scala>val symbols =Array ("<","-",">")
symbols: Array[String] =Array(<, -, >)
scala>val counts =Array(2,10,2)
counts: Array[Int] =Array(2, 10, 2)
scala>val pairs =symbols.zip(counts)              //得到对偶数组,对偶是最简单的元组
pairs: Array[(String, Int)] =Array((<,2), (-,10), (>,2))
```

然后这些对偶数组就可以被一起处理了,如下所示。

```
scala>for ((s,n) <-pairs) print(s * n)
<<---------->>
```

注意:用 toMap()方法可以将对偶的集合转换成映射。如果已有一个键的集合以

一个与之平行对应的值的集合,那么可以用拉链操作将它们组合成一个映射,示例如下。

```
keys.zip(values).toMap
scala>pairs.toMap              //将对偶的集合转换成映射
res31: scala.collection.immutable.Map[String,Int]=Map(<->2, -->10, >->2)
```

◆ 4.3 集　　合

集合(Set)是若干不重复元素的合集,所有的元素都是唯一的。与列表不同,集合并不保留元素插入的顺序,默认情况下,集合是以哈希(Hash)的方式实现的,集合的元素是根据hashCode()方法的值组织的(Scala 和 Java 一样,每个对象都有 hashCode()方法)。Scala 中的集合分为可变集合和不可变集合两种。默认情况下,Scala 使用的是不可变集合,如果想使用可变集合,则需要引用 scala.collection.mutable.Set 包。

4.3.1 不可变集合

1. 创建不可变集合

创建一个集合时可使用集合的构造函数,示例如下。

```
scala>val immutableSet =Set("Scala", "Python", "Java")    //创建不可变集合
immutableSet: scala.collection.immutable.Set[String]=Set(Scala, Python, Java)
scala>val a=Set(1,1,2,3)                                  //创建不可变集合
a: scala.collection.immutable.Set[Int]=Set(1, 2, 3)
```

也可以使用集合的 range()方法定义一个元素的数值范围,示例如下。

```
scala>val bSet=Set.range(1,6)           //创建数值范围的集合
bSet: scala.collection.immutable.Set[Int]=HashSet(5, 1, 2, 3, 4)
```

2. 集合基本操作

(1) head 属性用于返回集合第一个元素,示例如下。

```
scala>bSet.head
res36: Int =5
```

(2) tail 属性用于返回除了第一个元素之外其他的元素所组成的一个新集合,示例如下。

```
scala>bSet.tail
res37: scala.collection.immutable.Set[Int] =HashSet(1, 2, 3, 4)
```

(3) ++运算符或 Set.++()方法可以连接两个集合,示例如下。

```
scala>val Set1 =Set("Scala", "Python")
scala>val Set2 =Set("C", "Java")
scala>var Set3 =Set1 ++Set2            //使用++运算符来连接两个集合
Set3: scala.collection.immutable.Set[String] =Set(Scala, Python, C, Java)
scala>println( "Set1.++(Set2): " +Set1.++(Set2))
Set1.++(Set2): Set(Scala, Python, C, Java)
```

(4) 查找集合中最大、最小元素以及集合元素求和,分别需要使用 max()、min()、

sum()等方法,示例如下。

```
scala>val numSet =Set(10,60,20,30,45)
numSet: scala.collection.immutable.Set[Int] =HashSet(10, 20, 60, 45, 30)
scala>println("Set(10,60,20,30,45)集合中的最小元素是: " +numSet.min)
Set(10,60,20,30,45)集合中的最小元素是: 10
scala>println("Set(10,60,20,30,45)集合中的最大元素是: " +numSet.max)
Set(10,60,20,30,45)集合中的最大元素是: 60
scala>println("Set(10,60,20,30,45)集合中的元素的和是: " +numSet.sum)
Set(10,60,20,30,45)集合中的元素的和是: 165
```

3. 集合对象的常用方法

(1) filter(指定条件)方法可以通过过滤得到符合指定条件的元素所组成的不可变集合,示例如下。

```
scala>val numSet1 =Set(1,3,5,7,60,30,45)              //创建集合
scala>print(numSet1)                                   //输出集合 numSet1
HashSet(5, 1, 60, 45, 7, 3, 30)
scala>numSet1.filter(_%2==1)                           //获取集合中的奇数
res43: scala.collection.immutable.Set[Int] =HashSet(5, 1, 45, 7, 3)
scala>numSet1.filter(e=>e%2==0)                        //获取集合中的偶数
res44: scala.collection.immutable.Set[Int] =HashSet(60, 30)
```

(2) map(f)方法可以用指定的函数 f 对集合中的每个元素进行计算,返回一个由函数计算结果的值组成的新集合,示例如下。

```
scala>val result=numSet1.map(_ * 10)
scala>print(result)
HashSet(10, 70, 50, 600, 450, 300, 30)
scala>val charSet =Set('a','b')                        //创建字符集
charSet: scala.collection.immutable.Set[Char] =Set(a, b)
scala>charSet.map(_.toUpper)                           //将小写转换成大写
res47: scala.collection.immutable.Set[Char] =Set(A, B)
scala>val charSet1=charSet.map(ch=>Set(ch,ch.toUpper)) //将小写转换成大写
scala>print(charSet1)
Set(Set(a, A), Set(b, B))
scala>charSet1.flatten                                 //通过 flatten 把嵌套的结构展开
res52: scala.collection.immutable.Set[Char] =Set(a, A, b, B)
```

(3) forall()方法可以对集合里面的每一个元素做判断,并输出最终判断结果,示例如下。

```
scala>numSet1.forall(e=>e>100)        //判断集合中的每个元素是否都大于 100
res53: Boolean =false
```

上述代码返回结果 false,表明集合中的元素不是每一个都大于 100,同理,如果改变 forall()方法的条件参数,则结果如下所示。

```
scala>numSet1.forall(e=>e<100)        //判断集合中的每个元素是否都小于 100
res54: Boolean =true
```

(4) foreach()方法可以对集合里的每一个元素做处理执行操作功能,示例如下。

```
scala>numSet1.foreach(e=>print(e+" "))
5 1 60 45 7 3 30
```

（5）＋(elem)方法可以为集合添加新元素 elem，并以一个新的集合作为处理结果返回，示例如下。

```
scala>val set=Set(1,2,3)
set: scala.collection.immutable.Set[Int]=Set(1, 2, 3)
scala>set.+(4)           //为集合添加新元素 4 并创建一个新的集合
res56: scala.collection.immutable.Set[Int]=Set(1, 2, 3, 4)
```

（6）－(elem)方法可以移除集合中的元素 elem，并创建一个新的集合作为处理结果返回，示例如下。

```
scala>set.-(1)           //移除集合中的元素 1 并创建一个新的集合
res58: scala.collection.immutable.Set[Int]=Set(2, 3)
```

（7）groupBy()方法可以对集合中的元素进行分组，得到的结果是一个 Map 对象（映射对象），示例如下。

```
scala>val set1=Set(1,2,3,4,5,6)
set1: scala.collection.immutable.Set[Int]=HashSet(5, 1, 6, 2, 3, 4)
scala>set1.groupBy(x=>x%2==0)
res3: scala.collection.immutable.Map[Boolean,scala.collection.immutable.Set
[Int]]=HashMap(false ->HashSet(5, 1, 3), true ->HashSet(6, 2, 4))
```

"set1.groupBy(x＝＞x％2＝＝0)"实现了根据 set1 集合中的数字奇偶性进行分组，groupBy 传入的参数是一个计算偶数的函数，得到的结果是一个包含两个"键-值"对的 Map 对象，false 键对应的值为奇数的集合，true 键对应的值为偶数的集合。

下面将给出利用 groupBy()方法实现学生集合男女分组的例子。

```
scala>val StudentSet=Set("李明,男,18","王丽,女,18","王明,男,19","刘涛,女,19")
scala>StudentSet.groupBy(x=>x.split(",")(1))
res5: scala.collection.immutable.Map[String,scala.collection.immutable.Set
[String]]=HashMap(男 ->Set(李明,男,18, 王明,男,19), 女 ->Set(王丽,女,18, 刘涛,女,
19))
```

"StudentSet.groupBy(x＝＞x.split(",")(1))"方法对 StudentSet 集合中的数据进行了男女分组，在得到的结果中，键为"男"的值有两条记录，键为"女"的值有两条记录。

4.3.2 可变集合

如果想使用可变集合，则需要引用 scala.collection.mutable.Set 包，然后即可使用集合的构造函数创建可变集合，示例如下。

```
scala>import scala.collection.mutable.Set       //引入可变集合包
import scala.collection.mutable.Set
scala>val mutableSet =Set(1,7,3,5,2)            //创建可变集合
mutableSet: scala.collection.mutable.Set[Int]=HashSet(1, 2, 3, 5, 7)
scala>mutableSet.add(4)                         //添加元素 4
res4: Boolean =true
scala>mutableSet.remove(1)                      //去除元素 1
res6: Boolean =true
scala>print(mutableSet)
HashSet(2, 3, 4, 5, 7)
```

> **注意**：虽然可变集合和不可变集合都有添加或删除元素的操作，但是这两者有一个非常大的差别。对不可变集合进行操作都会产生一个新的集合，原来的集合并没有改变。而对可变集合进行操作，改变的是该集合本身。

4.4 映 射

在 Scala 中，映射（Map）是一系列"键-值"对的集合，这种集合内的所有值都可以通过键来获取，并且映射中的键都是唯一的。映射也叫哈希表（Hash tables）。

映射有两种类型：可变映射与不可变映射，默认创建的都是不可变映射，不可变映射不支持更新键值，也不支持增加键值。如果要创建可变映射，则需要导入 scala.collection.mutable.Map 包。

4.4.1 创建不可变映射

1. 创建映射

（1）使用"->"操作符可以创建两个值之间的映射关系，若干映射关系就构成了映射，如在 a -> b 中，a 是键（key），b 是值（value），示例如下。

```
scala>val NameGrades=Map("LiHua"->89,"LiuTao"->91,"YangLi"->88)  //创建映射
scala>print(NameGrades)
Map(LiHua -> 89, LiuTao -> 91, YangLi -> 88)
```

另外可使用()查找某个键对应的值，如果集合不包含指定的键，则 Scala 会抛出异常，如下所示。

```
scala>NameGrades("LiHua")  //获取键 LiHua 对应的值
res10: Int =89
```

（2）使用(k,v)的方式也可以创建映射，其中，k 为键，v 为值，示例如下。

```
scala>val standard =Map(("优秀","85—100"),("良好","75—84"))
scala>print(standard)
Map(优秀 ->85—100, 良好 ->75—84)
```

2. 映射基本操作

映射有 3 个基本操作：keys 可返回映射所有的键（key）；values 可返回映射所有的值（value）；isEmpty 可在映射为空时返回 true，示例如下。

```
scala>NameGrades.keys            //返回 NameGrades 所有的键
res2: Iterable[String] =Set(LiHua, LiuTao, YangLi)
scala>NameGrades.values          //返回 NameGrades 所有的值
res3: Iterable[Int] =Iterable(89, 91, 88)
```

3. 添加元素

用"+"操作符可以为映射添加 1 个或多个元素，示例如下。

```
scala>val result =NameGrades +("TangLi"->86,"LiuQiang"->95)
scala>print(result)
HashMap(YangLi ->88, LiuQiang ->95, LiHua ->89, LiuTao ->91, TangLi ->86)
```

4. 删除元素

用"-"操作符可以删除映射中的1个或多个元素,示例如下。

```
scala>val result1 =NameGrades -"TangLi" -"LiuQiang"
scala>print(result1)
Map(LiHua ->89, LiuTao ->91, YangLi ->88)
```

5. 利用 for 循环遍历映射的所有元素

与数组、集合、元组类似,映射也可以接受 for 循环的遍历,示例如下。

```
scala>for((k,v) <-NameGrades) println(s"key: $k, value: $v")
key: LiHua, value: 89
key: LiuTao, value: 91
key: YangLi, value: 88
```

6. 映射合并

合并两个映射时,可以使用++运算符或 Map.++()方法,在合并时 Scala 会移除重复的 key,示例如下。

```
scala>val ASC1 =Map("A" ->65,"B" ->66, "C" ->67)
scala>val ASC2 =Map("C" ->67,"D" ->68,"E" ->69)
scala>var ASC =ASC1 ++ASC2
scala>print("ASC1 ++ASC2: " +ASC)           //输出 ASC 映射
ASC1 ++ASC2: HashMap(E ->69, A ->65, B ->66, C ->67, D ->68)
scala>var result =ASC1.++(ASC2)             //合并映射
scala>print(result)
HashMap(E ->69, A ->65, B ->66, C ->67, D ->68)
```

4.4.2 不可变映射的常用方法

1. get(key)方法

该方法可以根据 key 的值,以其为键在映射中查找对应的值并返回,示例如下。

```
scala>val NameGrades=Map("LiHua"->89,"LiuTao"->91,"YangLi"->88)    //创建映射
scala>NameGrades.get("LiuTao")
res11: Option[Int] =Some(91)
```

2. iterator 属性

该属性可以在映射的所有"键-值"对上创建一个新的迭代器,示例如下。

```
scala>ASC1.iterator
res0: Iterator[(String, Int)] =<iterator>
scala>ASC1.iterator.foreach(println)
(A,65)
(B,66)
(C,67)
```

3. contains(key)

该方法可以判断映射上是否存在指定的键(即 key 键),如果映射中存在指定键,返回 true,否则返回 false。

```
scala>NameGrades.contains("LiHua")
res10: Boolean =true
```

4. min()、max()、last()方法

这3个方法分别可以输出映射中最小、最大以及最后一个元素，示例如下。

```
scala>NameGrades.min
res17: (String, Int) =(LiHua,89)
scala>NameGrades.max
res18: (String, Int) =(YangLi,88)
scala>NameGrades.last
res19: (String, Int) =(YangLi,88)
```

5. foreach()方法

该方法可以用指定的函数遍历映射中的所有元素，示例如下。

```
scala>NameGrades.foreach(x =>println(s"key: ${x._1},value: ${x._2}"))
key: LiHua,value: 89
key: LiuTao,value: 91
key: YangLi,value: 88
scala>NameGrades.foreach{case(k,v) =>printf("Name is %s and Grade is %s\n",k,v)}
Name is LiHua and Grade is 89
Name is LiuTao and Grade is 91
Name is YangLi and Grade is 88
```

6. mkString()方法

该方法可以字符串的形式输出映射中的所有元素，示例如下。

```
scala>NameGrades.mkString
res20: String =LiHua ->89LiuTao ->91YangLi ->88
```

4.4.3 可变映射

默认情况下使用Map()构造函数创建的都是不可变映射，不可变映射中的元素是无法更新的，也无法增加新的元素。如果要更新映射的元素，就需要定义一个可变的映射，此时需要引入scala.collection.mutable.Map包，具体如下。

```
scala>import scala.collection.mutable.Map               //导入可变映射包
import scala.collection.mutable.Map
scala>val NameScores=Map("LiLi"->89,"LiuYun"->91,"YangXue"->88)
NameScores: scala.collection.mutable.Map[String,Int] =HashMap(YangXue -> 88, LiuYun -> 91, LiLi ->89)
scala>NameScores("LiLi") = 92                           //更新已有元素的值
scala>NameScores("TangShi") =95                         //添加新元素
scala>print(NameScores)                                 //输出变化了的映射
HashMap(TangShi ->95, YangXue ->88, LiuYun ->91, LiLi ->92)
```

添加、更新和删除元素如下。

（1）通过给键指定值的方式可以为可变映射添加元素，示例如下。

```
scala>NameScores("MaMing")=90          //添加新元素
```

(2) 通过"＋＝"操作符可以为可变映射添加一个或者多个元素,示例如下。

```
scala>NameScores +=(("WangLi",89),("WangHua",86))
scala>print(NameScores) //输出变化了的映射
HashMap(WangLi -> 89, TangShi -> 95, WangHua -> 86, LiuYun -> 91, MaMing -> 90,
YangXue ->88, LiLi ->92)
```

(3) 用"＋＋＝"操作符可以将一个包含键值数据的列表添加到可变映射中,示例如下。

```
scala>NameScores ++=List(("WangQiang",80),("YuHong",90))
res30: NameScores.type =HashMap(WangLi->89,TangShi->95,WangHua->86, LiuYun-
>91,WangQiang->80,MaMing->90,YangXue->88,YuHong->90,LiLi->92)
```

(4) 用"－＝"操作符可以将指定键的元素从映射中删除,示例如下。

```
scala>NameScores -="YangXue"                    //删除一个元素
res31: NameScores.type =HashMap(WangLi ->89, TangShi ->95, WangHua ->86, LiuYun
->91, WangQiang ->80, MaMing ->90, YuHong ->90, LiLi ->92)
scala>NameScores -=("WangQiang","YuHong")        //删除两个元素
res32: NameScores.type =HashMap(WangLi ->89, TangShi ->95, WangHua ->86, LiuYun
->91, MaMing ->90, LiLi ->92)
```

(5) 用"－－＝"操作符可以从指定集合的元素中取值与映射的键做匹配,并从映射中删除这些匹配的元素,示例如下。

```
scala>NameScores --=List("MaMing","LiLi")
res33: NameScores.type =HashMap(WangLi ->89, TangShi ->95, WangHua ->86, LiuYun
->91)
```

4.5 习 题

1. 设置一个映射,其中包含若干装备以及它们的价格。然后根据这个映射构建另一个新映射,采用同一组键,但是在价格上打九折。

2. 定义一个不可变集合 a,保存以下元素:1,2,3,6,5,4。

3. 统计共同好友。

在下面的数据中:每个字母代表一个人,统计任意一个人和其他人的共同好友。

A：B,C,D,F,E,O
B：A,C,E,K
C：F,A,D,I
D：A,E,F,L
E：B,C,D,M,L
F：A,B,C,D,E,O,M
G：A,C,D,E,F

第5章 Scala 函数

函数是组织好的、可重复使用的、用来实现单一或相关联功能的代码段,其能提高应用的模块性和代码的重复利用率。本章主要介绍定义函数的方法、匿名函数和高阶函数。

◆ 5.1 定义函数

Scala 声明函数的语法格式如下所示。

```
def 函数名([参数列表]):[函数的返回值类型]={
    函数体
    return[返回值表达式]
}
```

在 Scala 中,用户可以使用 def 关键字定义函数,定义函数时需要注意以下几个事项。

(1) 以 def 关键字开头,表示定义函数。

(2) def 之后是函数名,这个名字由用户自行指定,def 和函数名中间以空格分隔。

(3) 函数名后跟圆括号,圆括号之后是一个冒号":"[函数的返回值类型],再后面就是一个等号"=",最后是函数体以及 return 语句。圆括号内的是函数参数,被称为形式参数,简称形参,参数是可选的,函数可以没有参数。参数名后面应紧跟着冒号和参数类型,Scala 要求必须指明参数类型。如果有多个参数,那么参数之间应用逗号隔开。只要函数不是递归的,就不需要指定函数返回值类型。

(4) 函数体的作用是指定函数应当完成什么操作,其由若干语句组成,如果最后没有 return 语句,那么函数体中最后一个表达式的值就是函数的返回值。用户也可以像 Java 那样使用 return 来带回返回值,不过在 Scala 中这种做法并不常见。

注意:Scala 允许函数的嵌套定义,即在一个函数定义里再定义另外一个函数。

定义函数举例如下。

1. 定义有返回值的函数

(1) 标准形式(包含函数形参、返回值类型、return 语句)示例如下。

```
def addInt(a: Int, b: Int): Int ={
    var total: Int =a +b
    return total
}
```

圆括号里是形参,圆括号后面的冒号之后是函数返回值的数据类型,花括号里是函数体。

(2) 定义函数时可以省略函数返回值类型和 return 语句,示例如下。

```
def addInt(a: Int, b: Int) ={
    a +b
}
```

当函数末尾的表达式值有效且可以作为函数返回值时,可以隐式地定义返回值类型,Scala 会自动判断。同时 return 也可以省略。

Scala 会自动返回函数体中最后一个表达式的值并判断类型。在 Scala 中赋值语句返回的是空值,所以,如果想将某个表达式作为返回值使用,应确保其值有效。

(3) 省略花括号。

当函数体只有一行语句时,可以省略花括号。上面的函数可以再简写成以下形式。

```
def addInt(a: Int, b: Int) =a +b
```

2. 定义无返回值的函数

(1) 显式标识无返回值的函数,示例如下。

```
def retrunNone(a: Int,b: Int): Unit ={
    print(a +b)
}
```

Unit 关键字表示该函数无返回值。

(2) 省略 Unit。与有返回值类似,这里也可以省略 Unit 关键字,让 Scala 推断这个函数无返回值。那么它是怎么知道的呢?就是省略等号。当定义函数中没有等号时,无论函数内部有没有返回值,Scala 都认为这个函数无返回值,示例如下。

```
def retrunNone(a: Int,b: Int){
    a +b
}
scala>retrunNone(1,2)         //执行后没有返回值
```

3. 调用函数

Scala 提供了多种不同的函数调用方式,以下是调用函数的标准格式。

```
functionName(参数列表)
```

【例 5-1】 编写一个函数,将整数数组中相邻的元素置换,例如,将 Array(1,2,3,4,5) 置换为 Array(2,1,4,3,5),示例如下。

```
scala>: paste
// Entering paste mode (ctrl-D to finish)
def reorderArray(arr: Array[Int]): Array[Int]={
  val t =arr.toBuffer
```

```
    for(i <- 1 until (t.length,2);tmp =t(i);j =i -1){
      t(i) =t(j)
      t(j) =tmp
    }
    t.toArray
  }
  println(reorderArray(Array(1,2,3,4,5)).mkString(","))
  // Exiting paste mode, now interpreting
```

按 Ctrl＋D 组合键退出 paste 模式并执行代码，结果如下。

```
2,1,4,3,5
```

【例 5-2】 给定一个整数数组，以其为基础创建一个新的数组，新数组中包括原数组中的全部正值，以原有顺序排列，之后的元素是原数组中的零或负值，也以原有顺序排列，示例如下。

```
scala>: paste
// Entering paste mode (ctrl-D to finish)
val a =Array(1,3,-3,-5,-7,3,2)
def reorderArray(arr: Array[Int]) ={
    val b =arr.filter(_ >0)
    val c =arr.filter(_ <=0)
    val newarr =b ++c
    print(newarr.toBuffer.toString())
}
reorderArray(a)
// Exiting paste mode, now interpreting
```

按 Ctrl＋D 组合键退出 paste 模式并执行代码，结果如下。

```
ArrayBuffer(1, 3, 3, 2, -3, -5, -7)
```

【例 5-3】 编写函数"largest(fun:(Int)=＞Int,inputs:Seq[Int])"，输出在给定输入序列中给定函数的最大值。举例来说，"largest(x=＞10x－x×x,1 to 10)"应该返回 25，示例如下。

```
scala>def largest(fun: (Int)=>Int, inputs: Seq[Int]) =inputs.map(fun(_)).max
largest: (fun: Int =>Int, inputs: Seq[Int])Int
scala>println(largest(x =>10 * x -x * x, 1 to 10))
25
```

5.2 匿名函数

Scala 匿名函数是由箭头操作符"=＞"定义的，箭头的左边是参数列表，箭头的右边是表达式，表达式的值即为匿名函数的返回值，示例如下。

```
scala>def f1(a: Int,b: Int)={a+b}          //声明一个普通函数
f1: (a: Int, b: Int)Int
scala>(a: Int,b: Int)=>a+b                 //声明了一个匿名函数
res14: (Int, Int) =>Int =$$Lambda$858/371976262@503358e6
```

"=>"操作符指明这个函数把左边的整数 a、b 转变成了右边的 a+b。所以,这个函数可以把任意整数 a、b 映射为 a+b,其调用方式如下。

```
scala>((a: Int,b: Int)=>a+b)(1,2)          //声明匿名函数并调用
res15: Int =3
scala>val f2=(a: Int,b: Int)=>a+b          //声明了一个匿名函数,并赋值给一个变量
f2: (Int, Int) =>Int =$$Lambda$861/1399992133@6c8f2e4e
scala>f2(1,2)                              //调用匿名函数
res16: Int =3
```

如果想让匿名函数包含多条语句,则可以用花括号包住函数体,一行放一条语句,这样就组成了代码块。当函数被调用时,所有的语句将被执行,而函数的返回值就是最后一行表达式所产生的值,示例如下。

```
scala>: paste
// Entering paste mode (ctrl-D to finish)

val f3=(x: Int)=>{
    println("Who")
    println("am")
    println("I")
    x+100
}

// Exiting paste mode, now interpreting
```

按 Ctrl+D 组合键退出 paste 模式并执行代码,结果如下。

```
scala>val y=f3(1)
Who
am
I
y: Int =101
scala>y
res3: Int =101
```

此外,也可以把多条语句写在同一行中,语句之间用";"隔开,示例如下。

```
scala>val f4=(x: Int)=>{println("Who");println("am");println("I");x+100}
f4: Int =>Int =$$Lambda$802/1847252568@486dd616
scala>val w=f4(10)
Who
am
I
w: Int =110
scala>print(w)
110
```

◆ 5.3 高阶函数

高阶函数是指使用其他函数作为参数或者返回一个函数作为结果的函数,示例如下。

```
scala>def f3(a: Int,b: Int,f: (Int,Int)=>Int)={f(a,b)}        //定义一个高阶函数
```

```
f3: (a: Int, b: Int, f: (Int, Int) =>Int)Int
scala>f3(2,3,(a: Int,b: Int)=>{a * b})                    //调用高阶函数
res17: Int =6
scala>f3(2,3,(a: Int,b: Int)=>{a+b})                      //调用高阶函数
res18: Int =5
```

如果想让匿名函数体中的语句更简洁,则可以把下画线"_"当作函数表达式中的自变量占位符,前提是每个参数在函数表达式内仅出现一次,举例如下。

```
scala>val a =Array(1,3,5,7,9,10)
a: Array[Int] =Array(1, 3, 5, 7, 9, 10)
scala>a.filter(_>5)
res5: Array[Int] =Array(7, 9, 10)
```

这里可以把下画线看作表达式里需要被"填入"的"空白",这个空白在每次函数被调用时用函数的参数填入。a.filter()方法会把_>5 里的下画线"_"首先用1替换,就如1>5,然后用3替换,如3>5,这样直到 a 的最后一个值替换处理为止。_>5 与 x=>x>5 的功能相同,演示如下所示。

```
scala>a.filter(x=>x>5)
res6: Array[Int] =Array(7, 9, 10)
```

当有多个下画线时,第1个下画线代表函数的第1个参数,第2个下画线代表函数的第2个参数,……,以此类推。

5.4 习 题

1. 编写 WordCount()函数,统计传入的字符串中单词的个数。
2. 编写一个函数 minmax(values:Array[Int]),返回数组中最小值和最大值的对偶。
3. 编写一个函数 indexes()。根据给定字符串,创建一个包含所有字符下标的映射。举例来说:indexes("acbbibbiddi")应返回一个映射,让"a"对应集{0},"b"对应集{2,3,5,6},以此类推。

第6章 Scala 面向对象编程

面向对象程序设计(object oriented programming,OOP)是把计算机程序视为一组对象的集合,计算机程序的执行就是一系列消息在各个对象之间传递以及与这些消息相关的处理。Scala 是一个函数式编程语言,也是一个面向对象编程语言,而且 Scala 是纯粹的面向对象的语言,即在 Scala 中,一切皆为对象。本章主要介绍类与对象、构造器、Scala 的 value 与 "value_="方法、object 单例对象、App 特性、样例类、模式匹配。

6.1 类与对象

Scala 是一种面向对象语言,其重要的两个概念是类和对象。在现实世界中,对象就是某种人们可以感知、触摸和操纵的有形的物体,代表现实世界中可以被明确辨识的实体,如一个人、一台电视机。对象往往有独特的标识、状态和行为。

类是对象的抽象,是构建对象的模板,而对象是类的具体实例。类是抽象的,不占用内存,而对象是具体的,占用一定的存储空间。一旦定义了类,就可以用关键字 new 根据类这个模板创建对象。

在 Scala 中,需要通过 class 关键字定义类,语法格式如下所示。

```
[修饰符] class 类名 {
    类体                    //此处定义类的属性(也称字段)和方法
}
```

定义类时需要注意以下几点。

(1) 类名用来代表创建的具体类,Scala 建议类名的第一个字母要大写,如果需要使用几个单词来构成一个类的名称,则每个单词的第一个字母都要大写。Scala 定义类时,修饰符默认为 public,一个 Scala 源文件可以包含多个类,默认修饰符都是 public。

(2) 类体定义类的属性(也称字段)和方法,其笼统地被称为类的数据成员和方法成员。属性用 val 或 var 所声明的变量表示,属性的值表示类具体实例的状态。

定义属性同定义变量类似,示例如下。

```
[访问修饰符] var 属性名称[:类型]=属性值
```

类中定义的字段未显式地指定任何访问修饰符时,默认就是 public 修饰的,在类的内部和外部均可被访问;当被定义成 private 时,只能被定义在同一个类里的方法访问,所有更新属性值的代码都被锁定在类里。为了数据的安全性,Scala 需要和 Java 一样将字段设置为 private 修饰,然后定义两个方法来对其进行读取和修改。

在 Scala 中声明一个属性时,属性类型可以省略,但必须显式地初始化,根据初始化数据的类型,Scala 可以自动推断属性的类型。如果在定义属性时暂时未赋值,那么也可以使用符号_(下画线)暂时让系统分配默认值,这时 Scala 会要求必须给定属性数据类型。

(3) 类体中的方法也用 def 定义的函数表示,其用来表示类的行为,方法内包含了可执行的代码。字段表示对象的状态,而方法则需要使用这些字段值执行对象的运算工作。当类被实例化时,运行时环境会预留一些内存来保留对象的状态(即变量的内容)。

下面给出定义商场柜台类的示例。

```
class Counter {
  private var privateValue = 0
  var value = privateValue

  def getPrivateValue(): Int = {
    privateValue
  }

  def setPrivateValue(privateValue: Int): Unit = {
    if (privateValue > 0) this.privateValue = privateValue
  }

  def increment(step: Int): Unit = {
    value += step
  }

  def current(): Int = {
    value
  }
}
```

(4) 创建对象与调用方法。有了类的定义,就可以使用 new 关键字进行类的实例化以之创建一个对象,并通过对象访问对象的属性和方法,示例如下。

```
scala>val myCounter =new Counter()           //类的实例化
myCounter: Counter =Counter@55877274
scala>myCounter.setPrivateValue(5)           //通过对象调用方法
scala>myCounter.increment(3)
scala>myCounter.current                      //调用无参方法时,可以将括号省略
res2: Int =3
```

6.2 构造器

Scala 类的定义主体就是类的构造器(构造函数,也即类实例化时对类的字段初始化的方法)。定义构造器时需要在类名之后用圆括号列出构造器的参数列表。构造器的参数可以使用 var 和 val 关键字,Scala 内部会自动将这些参数创建为类的私有字段,其值就是类实

例化时传入的参数值,并且提供对应的访问方法。如果不需要构造器的参数成为类的字段,则不为其添加关键字 var 和 val 即可。主构造函数在进行类的实例化时会被调用,将会执行类定义中的所有语句。当需要在构造实例对象的过程中配置某个变量时,这个特性特别有用。

定义一个没有类体的、带参数的构造器示例如下。

```
class Counter1(var name: String)          //(…)中的 name 就是主构造函数的参数
```

使用构造器,并且处理其参数,示例如下。

```
scala>class Counter1(var name: String)
defined class Counter1
scala>var myCounter1 =new Counter1("WangLi")
myCounter1: Counter1 =Counter1@10ec4721
scala>println(myCounter1.name)            //访问 name 字段值
WangLi
scala>myCounter1.name ="YangXue"          //对 name 字段重新赋值
mutated myCounter1.name
scala>println(myCounter1.name)
YangXue
```

下面将定义一个 Point 类来计算点移动后的坐标,首先进入 paste 模式,代码如下所示。

```
scala>: paste
// Entering paste mode (ctrl-D to finish)
```

然后,定义类并编写构造函数,示例如下。

```
class Point(xc: Int, yc: Int) {
    //(…)中的 xc、yc 就是主构造函数的参数
    var x: Int =xc                        //定义可读写属性
    var y: Int =yc                        //定义可读写属性
    println("var x 中的 x: " +x)
    println("var y 中的 y: " +y)
    def move(dx: Int, dy: Int) : Unit ={  //定义方法
        x =x +dx
        y =y +dy
        println ("x 的坐标点: " +x);
        println ("y 的坐标点: " +y);
    }
}
```

按 Ctrl+D 组合键退出 paste 模式并执行代码,结果如下所示。

```
// Exiting paste mode, now interpreting
defined class Point
scala>val point=new Point(2,3)            //生成一个实例对象
var x 中的 x: 2
var y 中的 y: 3
point: Point1 =Point1@2f59cb6f
scala>point.move(3,3)                     //调用对象的方法
x 的坐标点: 5
y 的坐标点: 6
```

注意:Scala 允许类的嵌套定义,即允许在一个类定义里再定义另外一个类。

6.3 Scala 的 value 与 "value_=" 方法

在用 Java 时,人们经常把一些字段定义为 private 类型用于封装实体,这样使外界无法访问它们。如果外界需要访问或者修改该字段,则只能通过该字段提供的 getter() 和 setter() 方法来实现。Scala 中没有 getter() 和 setter() 方法,只能用 value 和 "value_=" 来分别代替 getter() 和 setter() 方法,以下是具体的实现,首先进入 paste 模式。

```
scala>: paste
// Entering paste mode (ctrl-D to finish)
```

然后,定义类及 private 类型的字段,通过 value 和 "value_=" 方法实现读写操作,如下所示。

```
class Person1{
  private var privateAge: Int=0                              //私有字段 privateAge
  def age=privateAge                                         //读操作
  def age_=(newValue: Int): Unit ={                          //修改操作
    if(newValue>privateAge) privateAge=newValue              //不能变年轻
  }
}
// Exiting paste mode, now interpreting
```

按 Ctrl+D 组合键退出 paste 模式并执行代码,结果如下。

```
scala>val person=new Person1
scala>person.age
res23: Int =0
scala>person.age=18
mutated person.age
scala>person.age
res24: Int =18
scala>person.age=16                    //试图减小年龄
mutated person.age
scala>person.age                       //输出结果表明 person.age=16 修改年龄没有成功
res25: Int =18
```

其实 Scala 会对每个字段自动生成 getter() 和 setter() 方法。

(1) 如果字段是私有的,则自动生成的 getter() 和 setter() 方法也是私有的。也就是说,当定义一个字段为私有时,自动生成的 getter() 和 setter() 方法已不能被外界使用了。也就是说人们不能在外界使用"实例对象.字段"的方式来访问或者修改该字段了。

人们可以通过自己改写的 getter() 和 setter() 方法来完成对私有变量的访问和修改,如上述。

(2) 如果字段是常量,则只有 getter() 方法生成。当人们需要 getter() 和 setter() 的时候,可以定义字段为变量。

(3) 如果不需要任何 getter() 或 setter() 方法,则可以将字段声明如下。

```
private[this]: private[this] var value =0
                        //类似某个对象.value 这样的访问将不被允许
```

6.4　object 单例对象

Java 有静态类、静态变量、静态方法，但 Scala 没有这些，而是提供 object 单例对象来达到同样的效果。object 声明的单例对象的变量和方法都默认是静态的。单例对象中的变量和方法可通过单例对象名直接调用。定义单例对象与定义类相似，单例对象除了用 object 关键字替换了 class 关键字以外，其定义语法看上去与类定义一致，其中定义的变量是静态变量，定义的方法为静态方法。object 与 class 的联系与区别如下。

(1) class 类可以传参数，传参依赖默认的构造函数，而 object 对象无构造函数，不可以传参数。

(2) 使用 class 时，需要用 new 关键字实例化对象；使用 object 对象时，不用 new 关键字实例化对象。

(3) 如果在同一个文件中，object 对象名和 class 类的名称相同，则这个对象就是这个类的伴生对象，这个类就是这个对象的伴生类。类和它的伴生对象必须在同一个源文件里定义，它们可以互相访问对方的私有成员（以 private 修饰的成员）。

(4) 程序入口 main() 方法必须定义在单例对象中，其会在单例对象第一次访问时初始化，并执行全部代码块。

想要编写能够独立运行的 Scala 程序，就必须创建有 main() 方法（仅带一个参数 args: Array[String]且方法类型为 Unit）的 object 单例对象，该 main() 方法是程序执行的开始。任何拥有 main() 方法的单例对象都可以用来作为程序的入口点，下面将给出单例对象具体使用示例。

```
import java.io._
class Person (val namec: String, val agec: Int) {
    var name: String =namec
    var age: Int =agec
    def printPerson : Unit ={
      println ("name " +name)
      println ("age " +age)
  }
}

object Test {
    def main(args: Array[String]) : Unit ={
      val person =new Person ("ZhangSan", 20)
      printPerson1
      def printPerson1 : Unit ={
          println("name: " +person.name)
          println("age: " +person.age)
      }
    }
}
```

将上述代码写入 Test.scala 文件中，放到一个文件夹下后打开 cmd，将路径切换到 Test.scala 所在的文件夹，即可使用以下命令编译和执行此 Test.scala 程序文件：

```
>scalac Test.scala
>scala Test
name: ZhangSan
age: 20
```

Scala 和 Java 之间有一点不同：Java 需要把公共类放在以这个类命名的源文件中,如 Student 类要放在 Student.java 文件里；Scala 对于源文件的命名则没有硬性规定,然而通常情况下推荐的风格仍然是像在 Java 里那样按照所包含的类名来命名文件,这样程序员就可以比较容易地根据文件名找到类,本例中对文件 Test.scala 也使用这一原则命名。

再给出一个单例对象的举例如下。

```
object Personobject {
    var name: String ="WangQiang"
    var age: Int =19
    def printPerson (): Unit ={
        println("name: " +name)
        println("age: " +age)
    }
}
```

有了 Personobject 单例对象,就可以直接通过单例对象名调用它定义的方法,就像一个普通的类的实例调用其成员方法一样,被调用的方法就相当于 Java 中的静态方法,示例如下。

```
scala>Personobject.name
res2: String =WangQiang
scala>Personobject.printPerson()
name: WangQiang
age: 19
```

【例 6-1】 一个数如果恰好等于它的因子之和,这个数就被称为"完数",例如,6＝1＋2＋3。编程找出 1000 以内的所有完数,用 Scala 实现,代码如下。

```
object test {
  def main(args: Array[String]): Unit ={
    var sum =0
    for (x <-1 to 1000) {
        for (y <-1 to x) {
            if (x % y ==0) sum +=y
        }
        if (sum -x ==x) println(x)
        sum =0
    }
  }
}
```

运行上述程序代码,得到的输出结果如下。

```
6
28
496
```

【例 6-2】 输出斐波那契数列的前 n 项。斐波那契数列以兔子繁殖为例而引入,故又被称为"兔子数列",指的是这样一个数列:1,1,2,3,5,8,13,21,34,……,可通过递归的方法定义:$F(1)=1, F(2)=1, F(n)=F(n-1)+F(n-2)(n \geqslant 3, n \in N^*)$。Scala 编程实现前 10 个数,代码如下。

```
object test {
  def main(args: Array[String]): Unit ={
    var i=0;
    for( i<-1 to 10 )
        print(fin(i)+" ");
  }
  def fin(n: Int): Int ={
    if (n<=2)
        return 1;
    var b=fin(n-1)+fin(n-2);
    return b;
  }
}
```

运行上述代码,得到的输出结果如下。

1 1 2 3 5 8 13 21 34 55

6.5 App 特 性

要运行一个 Scala 程序文件,必须提供一个单例对象的名称。这个单例对象需要包含一个 main()方法,该方法可以接受一个 Array[String]作为参数,函数类型为 Unit。

Scala 提供了 App 特性,使用该特性可以不用编写 main()方法,把需要写在 main()方法中的代码直接写在单例对象的花括号中,从而减少一些输入工作,然后就可以像其他应用程序一样编译和运行。在 object 单例对象后边加上 extends App 就可利用 App 特性,具体示例如下。

```
object Personobject extends App {
    var name: String ="WangQiang"
    var age: Int =19
    println("name: " +name)
    println("age: " +age)
}
```

将上述代码写在名为 Personobject.scala 文件中,在命令行窗口中切换到程序文件所在的路径,执行如下命令就可运行程序文件。

```
>scala Personobject.scala
name: WangQiang
age: 19
```

6.6 样 例 类

在 Scala 中,使用 case 关键字定义的类被称为样例类,样例类是种特殊的类,它可以用来快速定义一个用于按某种数据格式保存数据的类。定义样例类的语法格式如下。

```
case class 样例类名([var/val] 成员变量名 1: 类型 1, 成员变量名 2: 类型 2, 成员变量名 3:
类型 3)
```

样例类具有以下特点。

（1）不需要使用 new 关键字就能创建样例类的对象，当然，也可使用 new 关键字，示例如下。

```
scala>case class People(name: String, age: Int)      //定义样例类
defined class People
scala>val p =People("LiFei", 22)                     //实例化样例类,创建样例类的
                                                     //对象
p: People =People(LiFei,22)
```

（2）可以通过模式匹配来获取样例类对象的属性，即样例类可用于模式匹配，示例如下。

```
scala>p match { case People(x, y) =>println(x, y) }
(LiFei,22)
```

（3）定义样例类时，样例类构造参数列表中的所有成员变量名都隐式地获得了 val 前缀，实现了构造参数的 getter()方法；当定义样例类时，样例类参数列表中的参数声明为 var 类型时（不建议将构造参数声明为 var），程序将为该类型的构造参数实现 setter()和 getter()方法，示例如下。

```
scala>p.name                                //构造参数为 val 的情况(默认)
res1: String =LiFei
scala>p.name ="LiTao"       //报错,因为构造参数被声明为 val,没有实现 setter()方法
         ^
    error: reassignment to val
scala>case class People(var name: String)   //参数被声明为 var 类型
defined class People
scala>val p =People( "LiFei")
p: People =People(LiFei)
scala>p.name ="LiTao"
mutated p.name
scala>p.name
res3: String =LiTao                         //修改成功,并没有报错
```

（4）样例类默认自带 toString()、equals()、copy()和 hashCode()等方法，示例如下。

```
scala>p.toString
res4: String =People(LiTao)
```

【例 6-3】 定义一个 Person 样例类，其成员包含姓名和年龄成员变量，代码如下。

```
object Test {
  case class Person(name: String, age: Int)        // 定义样例类
  def main(args: Array[String]) : Unit ={
    val alice =new Person("YangXue", 22)
    val bob =new Person("LiuTao", 32)
    val charlie =new Person("FengMan", 26)

    for (person <-List(alice, bob, charlie)) {
```

```
        person match {                                      //模式匹配
            case Person("YangXue", 22) =>println("Hi YangXue!")
            case Person("LiuTao", 32) =>println("Hi LiuTao!")
            case Person(name, age) =>println("Age: " +age +", name: " +name +"?")
        }
      }
    }
}
```

运行上述程序代码,得到的输出结果如下。

```
Hi YangXue!
Hi LiuTao!
Age: 26, name: FengMan?
```

6.7 模 式 匹 配

Scala 的模式匹配类似 Java 中的 switch…case 语法,即对一个值进行条件判断,然后针对不同的条件进行处理。Scala 没有 Java 中的 switch…case 语法结构,相对应地,Scala 提供了更加强大的 match…case 语法结构来替代 switch…case 语法结构,match…case 也被称为模式匹配。

Java 的 switch…case 语法只能对值进行匹配,Scala 的模式匹配 match…case 语句除了可以对值进行匹配之外,还可以对类型进行匹配、对 Array 和 List 组合的元素进行匹配、对 case class 进行匹配、甚至对有值或无值(Option)进行匹配。

match…case 的语法格式如下。

```
变量 match {
case 模式 1 =>     相应的处理 1
case 模式 2 =>     相应的处理 2
...
}
```

语句说明如下所示。

(1) 一个模式匹配将包含一系列备选项,每个备选项都开始于 case 关键字,都包含了一个模式及相应的处理。箭头符号"=>"隔开了模式和相应的处理语句。

(2) 如果模式为下画线,则代表了若变量未满足以上所有情况时的默认处理方式。

(3) match…case 语句中,只要有一个 case 分支条件被满足并处理了,就不会继续判断下一个 case 分支了,而 Java 的 switch…case 语句则需要用 break 中断处理。

6.7.1 匹配字符串

前文已介绍过,在 Scala 交互式编程环境下,执行":paste"后将进入 paste 模式,在该模式下用户可以粘贴 Scala 代码块,在代码编写完成后可通过按 Ctrl+D 组合键退出 paste 模式并执行代码块。用此方式编写代码,示例如下。

```
scala>import util.Random
scala>val arr =Array("Python","Scala","Spark")
```

```
scala>val index =Random.nextInt(3)           //随机得到 0、1、2 中的整数
index: Int =1
scala>val value =arr(index)
value: String =Scala
scala>                                        //模式匹配
scala>value match{
     |     case "Python" =>println("匹配的是 Python")
     |     case "Scala" =>println("匹配的是 Scala")
     |     case "Spark" =>println("匹配的是 Spark")
     |     case  _ =>println("null")          //表示前面都不匹配,执行该输出语句
     | }
```

执行上述代码得到的输出结果如下。

```
匹配的是 Scala
```

6.7.2 对数组和列表的元素进行模式匹配

1. 对数组的元素进行模式匹配

对 Array 进行模式匹配,可以分别匹配带有指定元素的数组、指定个数元素的数组、以某元素开头的数组。

【例 6-4】 对数组的元素进行模式匹配,代码如下。

```
scala>var Arr1=Array("good","better","best")                //创建一个数组
Arr1: Array[String] =Array(good, better, best)
scala>: paste
// Entering paste mode (ctrl-D to finish)

Arr1 match {
    case Array(x) =>println(x)                              //匹配一个元素
    case Array(x,y)=>println("有两个元素")                    //匹配两个元素
    case Array(x,y,z) =>println("Hi "+x+" and "+y+" and "+z) //匹配三个元素
    case _=>println("有很多元素")
     }

// Exiting paste mode, now interpreting
```

运行上述程序代码,得到的输出结果如下。

```
Hi good and better and best
```

2. 对列表的元素进行模式匹配

【例 6-5】 对列表的元素进行模式匹配举例,示例如下。

```
scala>val lst =List("Scala","Python")                        //创建一个列表
lst: List[String] =List(Scala, Python)
scala>: paste
// Entering paste mode (ctrl-D to finish)

lst match {
    case List(x) =>println(x)
    case List(x,y) =>println("有两个元素: "+x+","+y)
```

```
    case _ =>println("Who are you?")
    }
// Exiting paste mode, now interpreting
```

运行上述程序代码,得到的输出结果如下。

```
有两个元素:Scala,Python
```

6.7.3 匹配类型

Scala 模式匹配可以直接对类型匹配。

【例 6-6】 类型匹配举例,代码如下。

```
scala>val x: Any ="Scala"
x: Any =Scala
scala>:paste
// Entering paste mode (ctrl-D to finish)

x match{
    case i: Int =>println("输入的值类型为 Int 类型,值为: "+i)
    case j: String =>println("输入的值类型为 String 类型,值为: "+j)
    case _ =>println("输入类型未知")
}
// Exiting paste mode, now interpreting
```

运行上述程序代码,得到的输出结果如下。

```
输入的值类型为 String 类型,值为: Scala
```

6.7.4 在模式匹配中使用 if 守卫

在进行 case 匹配值时,只匹配一个值,可以在值后面再加一个 if 守卫,进行双重过滤,代码如下。

```
scala>val score ="不及格"
scala>val name ="杨"
scala>:paste
// Entering paste mode (ctrl-D to finish)
score match{
  case "优秀"=>println("优秀")
  case "良好"=>println("良好")
  case "中等"=>println("中等")
  case "及格"=>println("及格")
  case "不及格" if name=="杨" =>println(name+",请再接再厉")
  case _ =>println("不及格")
}
// Exiting paste mode, now interpreting
```

运行上述程序代码,得到的输出结果如下。

```
杨,请再接再厉
```

6.7.5 使用样例类进行模式匹配

Scala 支持使用 case class 声明样例类，并根据输入的样例类的类型来进行匹配。case class 只需要定义字段 field，并且由 Scala 编译时自动提供 getter()和 setter()方法。case class 的主构造函数接收的参数通常不需要使用 var 或 val 修饰，Scala 会自动使用 val 修饰（但是如果使用 var 修饰，那么类型就是 var）。

【例 6-7】 使用样例类进行学校门禁模式匹配，代码如下。

```
class Person
case class Teacher(name: String,subject: String) extends Person
case class Student(name: String,age: Int) extends Person
case class Worker(name: String,work: String) extends Person
case class Stranger() extends Person

object test {
  def main(args: Array[String]): Unit={
    def entranceGuard(p: Person): Unit={
      p match{
        case Teacher(name,subject) => println(s"Hello,$name,您教的科目是$subject")
        case Student(name,age) => println(s"Hello,$name,您的年龄是$age")
        case Worker(x, y) if y=="cleanner" => println(s"Hello,$x,您的工作是$y,可以暂时离开1小时")
        case Worker(name,work) => println(s"Hello,$name,您的工作是$work")
        case Stranger() => println("stranger,you can not into school")
      }
    }
    entranceGuard(Worker("杨","cleanner"))
  }
}
```

运行上述程序文件，得到的输出结果如下。

```
Hello,杨,您的工作是cleanner,可以暂时离开1小时
```

6.8 习　　题

1. 创建一个 demo1 的单例对象，在 demo1 中定义一个 Student 类，在该类中声明三个成员变量，包括 String 类型的 name、Int 类型的 age 和 String 类型的 address，以及一个成员方法 hello(s:String)，在方法中打印出 s。

2. 创建一个 demo2 的单例对象，在 demo2 中实现以下功能。

创建一个含有(1,2,3,4,5,6,7,8,9,10)的 List。

将 List 中的每一个元素乘以 10 后生成一个新的集合。

将 List 中的偶数取出来生成一个新的集合 list1。

将List中的奇数取出来生成一个新的集合list2。

计算list1中所有数的和。

计算list2中所有数数组的乘积。

将list1的数据降序排列。

将list2中的数据翻转。

第 7 章 Spark 大数据处理框架

Hadoop MapReduce 是基于磁盘计算的,在计算的过程中需要不断从磁盘存取数据,因此其计算模型延迟高,无法胜任实时运算的需求。而 Spark 吸取教训,采取了基于内存计算的模式,中间计算结果也被存于内存中,计算效率大大提升。本章主要介绍 Spark 概述、Spark 运行机制、Spark 的安装及配置、基于 Scala 的 Spark 交互式编程模式、基于 Python 的 Spark 交互式编程模式。

7.1 Spark 概述

Spark 最初是由美国加州大学伯克利分校 AMP 实验室开发的基于内存计算的大数据并行计算框架,在 2013 年 6 月进入 Apache 成为孵化项目,8 个月后成为 Apache 顶级项目。Spark 以其先进的设计理念迅速成为社区的热门项目,其生态圈包含了 Spark SQL、Spark Streaming、GraphX 和 MLLib 等组件,这些组件可以相互调用,可以非常容易地组成处理大数据的完整流程。Spark 的这种特性大大减轻了过去大数据处理时对各种平台分别管理、维护依赖关系的负担。

7.1.1 Spark 的产生背景

在大数据处理领域,业内已经广泛使用分布式编程模型在众多机器搭建的集群上处理日益增长的数据,典型的批处理模型如 Hadoop 中的 MapReduce 等。但 MapReduce 框架存在以下局限性。

(1) 其仅支持 Map 和 Reduce 两种操作。此模型的数据处理流程中的每一步都需要一个 Map 阶段和一个 Reduce 阶段,如果要利用这一解决方案,需要将所有用例都转换成 MapReduce 模式。

(2) 处理效率低。Map 中间结果需要写磁盘,Reduce 中间结果需要写 HDFS,多个 MapReduce 之间需要通过 HDFS 交换数据,任务调度和启动开销大。

(3) 在 MapReduce 中,只有所有的 Map 任务执行结束后 Reduce 任务才能开始计算,异步性差,资源利用率低。

(4) Map 和 Reduce 均需要排序,但是有的任务处理完全不需要排序(如求最大值、最小值等),所以就降低了性能。

(5) 不适合做迭代计算(如机器学习、图计算等)、交互式处理(如数据挖掘)和流式处理(如日志分析)。

而 Spark 可以基于内存也可以基于磁盘做迭代计算。Spark 所处理的数据可以来自任何一种存储介质，如关系数据库、本地文件系统、分布式存储等。Spark 装载需要处理的数据至内存，并将这些数据集抽象为 RDD(弹性分布数据集)对象。然后采用一系列 RDD 操作处理，然后将处理好的结果以 RDD 的形式输出到内存，以数据流的方式持久化写入其他存储介质。

7.1.2 Spark 的优点

Spark 计算框架在处理数据时，会将所有的中间数据都保存在内存中，从而减少磁盘读写操作，提高了框架计算效率。Spark 具有以下几个显著的优点。

1. 运行速度快

根据 Apache Spark 官方描述，Spark 基于磁盘做迭代计算比 MapReduce 快 10 余倍；基于内存的迭代计算则比基于磁盘做迭代计算的 MapReduce 快 100 倍以上。Spark 实现了高效的 DAG 执行引擎，可以通过内存计算高效地处理数据流。

2. 易用性好

Spark 支持 Java、Python、Scala 等语言编程，支持交互式的 Python 和 Scala 的 shell。

3. 通用性强

Spark 提供了统一的大数据处理解决方案，可用于批处理、交互式查询(通过 Spark SQL 组件)、实时流处理(通过 Spark Streaming 组件)、机器学习(通过 Spark MLlib、Spark ML 组件) 和图计算(通过 Spark GraphX 组件)，这些不同类型的处理都可以在同一个应用中无缝使用。

4. 兼容性好

Spark 可以非常方便地与其他的开源大数据处理产品融合，如 Spark 可以使用 Hadoop 的 YARN 作为资源管理和调度器。Spark 也可以不依赖于第三方的资源管理和调度器，它内置了 Standalone 资源管理器，可以轻松设置集群。除此之外，Spark 还能够读取 HDFS、Cassandra、HBase、S3 和 Techyon 中的数据。

7.1.3 Spark 应用场景

Spark 的应用场景主要有以下几个。

(1) Spark 是基于内存的迭代计算框架，适用于需要多次操作特定数据集的应用场合。需要反复操作的次数越多，所需读取的数据量越大，Spark 优势越明显；数据量小计算密集度较大的场合，Spark 优势不太明显。

(2) 由于 RDD 的特性，Spark 不适用那种异步细粒度更新状态的应用，如 Web 服务的存储或者是增量的 Web 爬虫和索引。

(3) 数据量不是特别大，但是要求实时统计分析的需求。

7.1.4 Spark 生态系统

Spark 是一个大数据并行计算框架，是对广泛使用的 MapReduce 计算模型的扩展。Spark 有着自己的生态系统，如图 7-1 所示，但同时兼容 HDFS、Hive 等分布式存储系统，可以完美融入 Hadoop 的生态圈中，代替 MapReduce 执行更为高效的分布式计算。Spark 生态系统以 Spark Core 为核心，能够从 HDFS、Amazon S3 和 HBase 等数据源读取数据，利用 Standalone、YARN 和 Mesos 等资源调度管理器完成应用程序处理。这些应用程序可以来自 Spark 的不同组件，如 Spark Streaming 的实时流处理应用、Spark SQL 的交互式查询、Spark MLlib 的机器学习、Spark GraphX 的图处理和 SparkR 的数学计算等。

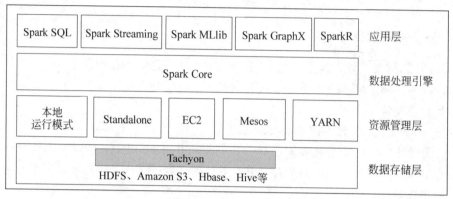

图 7-1 Spark 生态系统

下面对 Spark 生态组件进行一一介绍。

（1）Spark Core：Spark 生态系统的核心组件，是一个分布式大数据处理框架，其提供了多种运行模式，不但可以使用自身的运行模式处理任务（如本地运行模式、Standalone），而且可以使用第三方资源调度框架来处理任务（如 YARN、MESOS 等）。Spark Core 提供了有向无环图（DAG）的分布式并行计算框架，并提供内存机制来支持多次迭代计算或者数据共享，大大减少了迭代计算之间读取数据的开销，这能使需要进行多次迭代的数据挖掘和分析性能有极大提升。Spark Core 包含对弹性分布式数据集（resilient distributed datasets，RDD）的 API 定义，RDD 是一个只读的分区记录集合，可被并行操作，其每个分区都是一个数据集片段。

（2）Spark SQL：用来操作结构化数据的核心组件，能够统一处理关系表和 RDD。通过 Spark SQL，用户可以直接查询 Hive、HBase 等多种外部数据源中的数据。Spark SQL 还支持开发者将 SQL 语句融入 Spark 应用程序开发过程中，使用户可以在单个应用中同时进行 SQL 查询和复杂的数据分析。

（3）Spark Streaming：Spark 提供的用于处理流式数据的计算框架，具有可伸缩、高吞吐量、容错能力强等特点。Spark Streaming 可以从 Kafka、Flume、Kinesis、Twitter、TCP Sockets 等多种数据源中获取数据。Spark Streaming 的核心原理是将流数据分解成一系列短小的批处理作业，每个短小的批处理作业都可以使用 Spark Core 快速处理，处理的结果既可以保存在文件系统和数据库中，也可以实时展示。

（4）Spark MLlib：MLlib（machine learning library）是 Spark 提供的可扩展的机器学习库。MLlib 中包含了一些通用的学习算法和工具，包括分类、回归、聚类、协同过滤算法等，还提供了降维、模型评估、数据导入等额外的功能。

（5）Spark GraphX：Spark 提供的分布式图处理框架，拥有简洁易用的图计算和图挖掘算法的 API 接口，极大地方便了人们对图的分布式处理需求，能在海量数据上运行复杂的图算法。另外,GraphX 通过扩展 RDD 引入了图抽象数据结构弹性分布式属性图(Resilient Distributed Property Graph,一种点和边都带属性的有向多重图)。

7.2 Spark 的运行机制

7.2.1 Spark 的基本概念

在具体讲解 Spark 运行架构之前,首先介绍几个重要的概念。

1. 弹性分布式数据集(resilient distributed datasets,RDD)

RDD,即只读分区记录的集合,是 Spark 对所处理数据的基本抽象。Spark 中的计算可以简单抽象为对 RDD 的创建、转换和返回操作结果的过程。

在 Spark 中,创建 RDD 有多种方法,包括加载外部物理存储(如 HDFS)中的数据集、由其他 RDD 创建以及从并行化驱动程序中已经存在的数据集合创建等。RDD 在创建后不可被改变,只可以对其执行下面的转换和执行操作。

1) 转换(Transformation)操作

对已有的 RDD 中的数据进行转换操作产生新的 RDD,在这个过程中有时会产生中间 RDD。Spark 对转换操作采用惰性计算机制,遇到转换操作时并不会立即转换,而是要等到需要行动操作时才一起运行。

2) 行动(Action)操作

对已有的 RDD 中的数据运行计算产生结果,将结果返回 Driver 驱动程序或写入外部物理存储。在行动操作过程中同样有可能生成中间 RDD。

2. 分区(Partition)

Spark RDD 是一种分布式的数据集,由于数据量很大,因此要把它切分成多个分区分别存储在不同的结点上。对 RDD 进行操作时,Spark 将会对每个分区分别启动一个任务进行处理,增加处理数据的并行度,加快数据处理。

在分布式系统中,通信的代价是巨大的,Spark 程序可以通过控制 RDD 分区的方式减少网络通信的开销。

3. Spark 应用(Application)

Spark 应用指的是用户使用 Spark API 编写的应用程序,其 main()函数为应用程序的入口。这种应用通过 Spark API 创建 RDD,对 RDD 进行操作。

4. 驱动程序(Driver)和执行器(Executor)

Spark 在执行每个应用的过程中会启动驱动程序和执行器两种 JVM 进程。

驱动程序执行用户应用中的 main()函数,创建 SparkContext,准备 Spark 应用的运行环境,划分 RDD 并生成有向无环图 DAG,如图 7-2 所示。驱动程序也负责提交作业,并将作业转化为任务,在各个执行器进程间协调任务的调度。

执行器是应用运行在 Worker 结点上的一个进程如图 7-3 所示,该进程负责运行某些任务,并将结果返回给驱动程序,同时为需要缓存的 RDD 提供存储功能。每个应用都有各自独立的一批执行器。

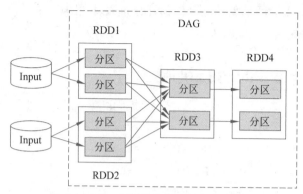

图 7-2　RDD 之间依赖关系的有向无环图　　　图 7-3　执行器（Executor）

5．作业（Job）

在一个应用中，每个行动（Action）操作都触发生成一个作业（Job）。Spark 对 RDD 采用惰性求解机制，对 RDD 的创建和转换并不会立即运行，只有在遇到行动操作时才会生成一个作业，然后统一调度运行。一个作业包含 n 个转换（Transformation）操作和 1 个行动（Action）操作。一个作业会被拆分为多组任务，每组任务被称为阶段（Stage），或者被称为任务集（TaskSet）。

6．洗牌（Shuffle）

有一部分转换操作或行动操作会让 RDD 产生宽依赖，这样 RDD 操作过程就像是对父 RDD 中所有分区的记录进行了"洗牌"（Shuffle），数据被打散重组，如转换操作的 join，执行操作的 reduce 等都会产生洗牌。

7．阶段（Stage）

用户提交的应用程序的计算过程将被表示为一个由 RDD 构成的 DAG，如果 RDD 在转换时需要做洗牌，那么这个洗牌的过程就将这个 DAG 分为了不同的阶段（Stage）。由于洗牌操作的存在，不同的阶段是不能并行计算的，因为后面阶段的计算需要前面阶段的洗牌的结果。在对作业中的所有操作划分阶段时，一般会按照倒序进行，即从行动操作开始，遇到窄依赖操作则将之划分到同一个执行阶段，遇到宽依赖操作则将之划分一个新的执行阶段，且新的阶段为之前阶段的父阶段，然后以此类推递归执行。阶段之间根据依赖关系构成了一个大粒度的 DAG。

8．任务（Task）

作业在每个阶段内都会按照 RDD 的分区数量，创建多个任务（Task）。每个阶段内多个并发的任务执行逻辑完全相同，只是作用于不同的分区。任务是运行在执行器上的工作单元，是单个分区数据集上的最小处理流程单元。

9．工作结点（WorkerNode）

Spark 的工作结点用于运行提交的作业。在 YARN 部署模式下工作由结点管理器代替。工作结点的作用：通过注册机制向资源管理器（Cluster Manager）汇报自身的 CPU 和内存等资源；在主结点的指示下创建启动执行器，将资源和任务分配给执行器，由执行器负责运行某些任务；同步资源信息、执行器状态信息给资源管理器。

10．资源管理器（Cluster Manager）

Spark 以自带的 Standalone、Hadoop 的 YARN 等为资源管理器调度作业完成 Spark

应用程序的计算。Standalone 是 Spark 原生的资源管理器，由主管负责资源的分配。对于 YARN，由 YARN 中的 ResearchManager 负责资源的分配。

7.2.2　Spark 的运行架构

Spark 的运行架构如图 7-4 所示，主要包括集群资源管理器（Cluster Manager）、运行作业任务的工作结点（Worker Node）、Spark 应用的驱动程序（Driver Program，或简称为 Driver）和每个工作结点上负责具体任务的执行器（Executor）。

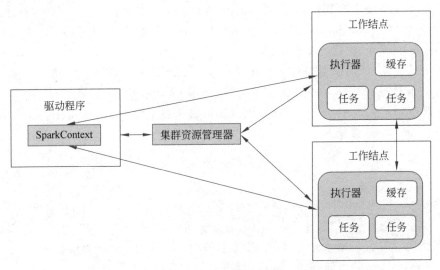

图 7-4　Spark 的运行架构

驱动程序负责执行应用中的 main() 函数，准备应用的运行环境，创建 SparkContext（应用上下文，控制整个生命周期）对象，进而用它来创建 RDD，提交作业，并将作业转化为多组任务，在各个执行器进程间协调任务的调度执行。此外，SparkContext 对象还负责和 集群资源管理器进行通信、申请资源、分配任务和监控运行等。

集群资源管理器负责申请和管理在工作结点上运行应用所需的资源，集群资源管理器的具体实现方式包括 Spark 自带的集群资源管理器、Mesos 的集群资源管理器和 Hadoop YARN 的集群资源管理器。

执行器是应用运行在工作结点上的一个进程，负责运行应用的某些任务，并将结果返回给驱动程序，同时为需要缓存的 RDD 提供存储功能。每个应用都有各自独立的一批执行器。

工作结点上的不同执行器服务于不同的应用，它们之间是不共享数据的。与 MapReduce 计算框架相比，Spark 采用执行器具有如下两大优势。

（1）执行器利用多线程来执行具体任务，相比 MapReduce 的进程模型，执行器使用的资源和启动开销要小很多。

（2）执行器中有一个块管理器存储模块，块管理器会将内存和磁盘共同作为存储设备，当需要多轮迭代计算时，可以将中间结果存储到这个存储模块里，供下次需要时直接使用，而不需要再从磁盘中读取，从而有效减少 I/O 开销。在交互式查询场景下，可以预先将数据缓存到块管理器存储模块上，从而提高读写 I/O 性能。

◆ 7.3 Spark 的安装及配置

Spark 运行模式可分为单机模式、伪分布式模式和完全分布式模式。下面只给出单机模式和伪分布模式的配置过程。

7.3.1 下载 Spark 安装文件

在已经安装了版本为 hadoop-2.7.7.tar.gz 的 Hadoop 后，登录 Linux 系统，打开浏览器，访问 Spark 官网下载 spark-3.2.0-bin-hadoop2.7.tgz 版本的程序文件，下载到"/home/hadoop/下载"目录下。

下载完安装文件以后，需要对文件进行解压。按照 Linux 系统使用的默认规范，用户安装的软件一般都是存放在 /usr/local 目录下。使用 hadoop 用户（之前创建了一个 hadoop 用户）登录 Linux 系统，打开一个终端，执行如下命令将下载的 spark-3.2.0-bin-hadoop2.7.tgz 解压到 /usr/local 目录下。

```
$ sudo tar -zxf ~/下载/spark-3.2.0-bin-hadoop2.7.tgz -C /usr/local/
                                                                        #解压
$ cd /usr/local
$ sudo mv ./spark-3.2.0-bin-hadoop2.7 ./spark                           #更改文件名
$ sudo chown -R hadoop: hadoop ./spark                                  #修改文件权限
```

上面最后一条命令用来把 ./spark 以及它的所有子文件/目录的所有者改成 hadoop:hadoop，其中 hadoop 是当前登录 Linux 系统的用户名。

7.3.2 单机模式配置

单机模式就是在单机上运行 Spark。解压缩安装文件以后，还需要修改 Spark 的配置文件 spark-env.sh。复制 Spark 安装目录下 conf 子目录下的模板文件 spark-env.sh.template 并将之命名为 spark-env.sh，然后编辑此文件，命令如下。

```
$ cd /usr/local/spark
$ cp ./conf/spark-env.sh.template ./conf/spark-env.sh    #复制生成 spark-
                                                         #env.sh 文件
```

然后使用 gedit 编辑器打开 spark-env.sh 文件进行编辑，在该文件的第一行添加配置信息，具体命令如下。

```
$ gedit /usr/local/spark/conf/spark-env.sh     #用 gedit 编辑器打开 spark-env.
                                               #sh 文件
```

在 spark-env.sh 文件的第一行添加以下配置信息。

```
export SPARK_DIST_CLASSPATH=$(/usr/local/hadoop/bin/hadoop classpath)
```

有了上面的配置信息以后，Spark 就可以把数据存储到 Hadoop 分布式文件系统 HDFS 中，也可以从 HDFS 中读取数据。如果没有配置上面的信息，Spark 就只能读写本地数据，无法读写 HDFS 中的数据。

然后，通过如下命令，修改环境变量。

```
$ gedit ~/.bashrc
```

在 .bashrc 文件中添加如下内容。

```
export JAVA_HOME=/opt/jvm/jdk1.8.0_181
export HADOOP_HOME=/usr/local/hadoop
export SPARK_HOME=/usr/local/spark
export PYTHONPATH=$SPARK_HOME/python:$SPARK_HOME/python/lib/py4j-0.10.9.2-src.zip:$PYTHONPATH
export PYSPARK_PYTHON=python3
export PATH=$HADOOP_HOME/bin:$SPARK_HOME/bin:$PATH
```

PYTHONPATH 环境变量的作用是在 Python3 中引入 pyspark 库，PYSPARK_PYTHON 变量的作用主要是设置 pyspark 运行的 Python 版本。PYTHONPATH 这一行有个 py4j-0.10.9.2-src.zip，这个 zip 文件的版本号一定要和"/usr/local/spark/python/lib"目录下的 py4j-0.10.9.2-src.zip 文件保持版本一致。

执行如下命令让配置生效。

```
$ source ~/.bashrc
```

完成上述步骤后，就可以实现 Hadoop（伪分布式模式）和 Spark（单机模式）相互协作，由 Hadoop 的 HDFS、HBase 等组件负责数据的存储和管理，由 Spark 负责数据计算。

以上配置完成后就可以直接使用 Spark 了，不需要像 Hadoop 那样运行启动命令。通过运行 Spark 自带的求 π 的近似值实例，可以验证 Spark 是否安装成功，命令如下。

```
$ cd /usr/local/spark/bin              #进入 Spark 安装包的 bin 目录
$ ./run-example SparkPi                #运行求 π 的近似值实例
```

在执行上述命令时会输出很多屏幕信息，不容易让人找到最终的输出结果，为了从大量的输出信息中快速找到想要的执行结果，可以通过 grep 命令对其进行过滤，如下所示。

```
$ ./run-example SparkPi 2>&1 | grep "Pi is roughly"
```

过滤后的运行结果如图 7-5 所示，其可以得出 π 的近似值。

```
hadoop@Master:/usr/local/spark/bin$ ./run-example SparkPi 2>&1 | grep "Pi is roughly"
Pi is roughly 3.1380356901784507
```

图 7-5 使用 grep 命令过滤后的运行结果

为了能够让 Spark 操作 HDFS 中的数据，需要先启动伪分布式模式的 HDFS。打开一个 Linux 终端，在终端中输入如下命令启动 HDFS。

```
$ gedit ~/.bashrc
$ cd /usr/local/hadoop
$ ./sbin/start-dfs.sh
```

启动完成 HDFS 后，可以通过 jps 命令来判断其是否成功启动，如下所示。

```
jps
3875 NameNode
4022 DataNode
4344 Jps
```

```
4236 SecondaryNameNode
```

若显示类似上述信息,则说明 HDFS 已成功启动,然后,Spark 就可以读写 HDFS 中的数据了。不再使用 HDFS 时,可以使用如下命令关闭 HDFS。

```
$ ./sbin/stop-dfs.sh
```

7.3.3 伪分布式模式配置

Spark 伪分布式模式下,一台服务器上既有 Master 进程,又有 Worker 进程。Spark 伪分布式模式环境可在 Hadoop 伪分布式模式的基础上搭建。下面介绍如何配置伪分布式模式环境。

1. 解压 Spark 安装包

下载完安装文件以后,将 Spark 安装包解压到 /usr/local 目录下。使用 hadoop 用户登录 Linux 系统,打开一个终端,执行如下命令将下载的 spark-3.2.0-bin-hadoop2.7.tgz 解压到 /usr/local 目录下。

```
$ sudo tar -zxf ~/下载/spark-3.2.0-bin-hadoop2.7.tgz -C /usr/local/     #解压
$ cd /usr/local
$ sudo mv ./spark-3.2.0-bin-hadoop2.7 ./spark                            #更改文件名
$ sudo chown -R hadoop:hadoop ./spark            #hadoop 是当前登录 Linux 系统的用户名
```

2. 复制模板文件

复制 Spark 安装目录下 conf 子目录下的模板文件 spark-env.sh.template 为 spark-env.sh,然后编辑此文件,命令如下。

```
$ cd /usr/local/spark
$ cp ./conf/spark-env.sh.template ./conf/spark-env.sh
                                                    #复制生成 spark-env.sh 文件
```

然后使用 gedit 编辑器打开 spark-env.sh 文件进行编辑,具体命令如下。

```
$ gedit /usr/local/spark/conf/spark-env.sh      #用 gedit 编辑器打开 spark-env.sh 文件
```

在该文件的末尾添加以下配置信息。

```
export JAVA_HOME=/opt/jvm/jdk1.8.0_181
export HADOOP_HOME=/usr/local/hadoop
export HADOOP_CONF_DIR=/usr/local/hadoop/etc/hadoop
export SPARK_MASTER_IP=Master
export SPARK_LOCAL_IP=Master
```

然后保存并关闭文件,这里添加的参数解释如表 7-1 所示。

表 7-1 参数解释

参　　数	解　　释
JAVA_HOME	Java 的安装路径
HADOOP_HOME	Hadoop 的安装路径

续表

参　　数	解　　释
HADOOP_CONF_DIR	Hadoop 配置文件的路径
SPARK_MASTER_IP	Spark 主结点的 IP 或服务器名
SPARK_LOCAL_IP	Spark 本地的 IP 或服务器名

3. 切换到 /sbin 目录下启动集群

启动 Spark 伪分布式模式之前应先启动 Hadoop 环境,执行下面命令启动 Hadoop。

```
$ cd /usr/local/hadoop
$ ./sbin/start-dfs.sh
```

切换到 /sbin 目录下执行如下命令启动 Spark 伪分布式模式。

```
$ cd /usr/local/spark/sbin
$ ./start-all.sh          #启动命令,停止命令为 ./stop-all.sh
$ jps                     #查看进程
3875 NameNode
4022 DataNode
15082 Master
15243 Jps
15196 Worker
4236 SecondaryNameNode
```

通过上面的 jps 命令查看进程,输出的结果既有 Master 进程又有 Worker 进程,说明 Spark 伪分布式模式启动成功。

注意:如果 Spark 不使用 HDFS,那么就不用启动 Hadoop,此时也可以正常使用 Spark。如果在使用 Spark 的过程中需要用到 HDFS,则一定要先启动 Hadoop。

4. 验证 Spark 是否安装成功

通过运行 Spark 自带的求 π 的近似值实例可以验证 Spark 是否安装成功,命令如下。

```
$ cd /usr/local/spark/bin          #进入 Spark 安装包的 bin 目录
```

运行求 π 的近似值实例,并搭配 grep 命令过滤计算结果。

```
$ ./run-example SparkPi 2>&1 | grep "Pi is roughly"
Pi is roughly 3.14088
```

注意:由于计算 π 的近似值采用的是随机数,所以每次计算结果会有差异。

◆ 7.4 基于 Scala 的 Spark 交互式编程模式

Spark shell 是 Spark 提供的一种类似于 shell 的交互式编程环境。Spark 支持 Scala 和 Python 两种编程语言。由于 Spark 框架本身是使用 Scala 语言开发的,使用 Scala 语言更贴近 Spark 的内部实现,所以,使用 spark-shell 命令会默认进入 Scala 的交互式编程环境。

在 Spark 的安装目录下执行 ./bin/spark-shell 命令,就可以进入 Scala 的交互式编程环境。

```
$ cd /usr/local/spark
$ ./bin/spark-shell
```

Spark shell 启动后的界面如图 7-6 所示，从中可以看到 Spark 的版本为 3.2.0，Spark 内嵌的 Scala 版本为 2.12.15，Java 版本为 1.8.0_181。

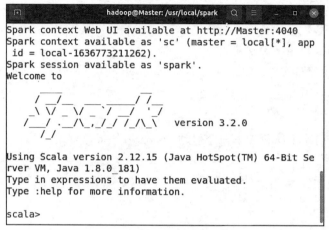

图 7-6　Spark shell 启动后的界面

启动 Spark shell 后，会自动进入 scala> 命令提示符状态，从中可以看到 Spark shell 在启动的过程中会初始化 SparkContext 为 sc，以及初始化 SparkSession 为 spark。SparkSession 是在 Spark 2.0 中引入的，它替换了旧的 SQLContext，简化了对不同上下文的访问。通过访问 SparkSession，用户可以自动访问 SparkContext，同时保留旧的 SQLContext 是为了向后兼容。有了 SparkSession，用户就可以处理 DataFrame 和 Dataset 数据对象了。SQLContext 适用于 Spark 1.x 版本，是通往 SparkSQL 的入口。

现在就可以在里面输入 Scala 代码进行调试了。例如，下面在 scala 命令提示符 scala> 后面输入一个表达式 6 * 2+8，然后按 Enter 键，就会立即得到结果。

```
scala> 6 * 2+8
res0: Int =20
```

在此处可以执行 ":quit" 语句退出 Spark shell，如下所示。

```
scala>: quit
```

或者，直接按下 Ctrl+D 组合键也可以退出 Spark shell。

◆ 7.5　基于 Python 的 Spark 交互式编程模式

Spark 为了支持 Python，在社区发布了一个工具 PySpark，PySpark 是 Spark 为 Python 开发者提供的 API，用户进入 PySpark shell 就可以使用 PySpark 了。

1. 使用 PySpark 编写 Python 代码

如果按照前面的步骤将 /usr/local/spark/bin 目录加入到环境变量 PATH 中，那么此时就可直接使用如下命令启动 PySpark 交互式编程环境。

```
$ pyspark
```

启动 PySpark 交互式编程环境后，就会进入 Python 命令提示符界面，如图 7-7 所示。

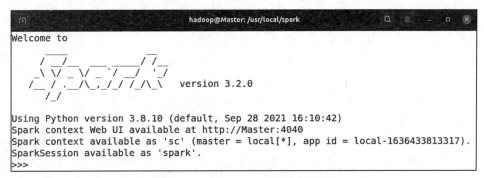

图 7-7　PySpark shell 启动后的界面

从图 7-7 中可以看出 PySpark 当前使用 Python 版本为 3.8.10 版本。

进入 PySpark 的交互式编程环境，输入一条语句后按 Enter 键，PySpark 会立即执行语句并返回结果，具体实例如下。

```
>>>print("Hello PySpark")
Hello PySpark
```

如果没有将 /usr/local/spark/bin 目录加入到环境变量 PATH 中，则可按如下命令启动 PySpark。

```
$ cd /usr/local/spark
$ ./bin/pyspark
```

执行 quit() 命令就可以退出 PySpark 的交互式编程环境。

2. 为 PySpark 安装 pip 工具和一些常用的数据分析库

如果没有安装 Python 扩展库的工具 pip，那么可以打开一个终端，使用下述命令安装 pip 工具。

```
$ sudo apt-get install python3-pip
```

安装 NumPy 的命令如下。

```
$ python3 pip install numpy
```

之后，启动 PySpark，就可以使用 NumPy 了。

使用如下命令可以安装 Matplotlib 绘图库。

```
pip3 install matplotlib
```

◆ 7.6　拓展阅读——源自 Spark 诞生的启示

Spark 拥有 Hadoop MapReduce 所具有的优点，在作业中输出结果可以保存在内存中，从而不再需要读写 HDFS。因此，Spark 的性能以及运算速度高于 MapReduce。Spark 诞生的启示是：人无完人,取人之长,补己之短。

  清代诗人顾嗣协在首《杂兴》诗中写道："骏马能历险,犁田不如牛。坚车能载重,渡河不如舟。舍长以就短,智者难为谋。生才贵适用,慎勿多苛求。"

  孔子曰："三人行,必有我师焉,择其善者而从之,其不善者而改之。"我们每个人都应该具备这样的认知,在我们的身边,每个人都可能成为我们的老师。

  对待这些人身上的闪光点,我们要保持谦逊的态度,去认真观察,去尝试学习。对于别人身上的缺点,我们要对照自身,有则改之无则加勉。

  不能因为别人某些地方不如我们就觉得无论做什么事情他们都不如我们,骄傲自满只会让人退步,只有谦逊的学习的态度才能让我们变得更加优秀。

  有一句古诗说得好："梅须逊雪三分白,雪却输梅一段香"(宋·卢梅坡)。尺有所短,寸有所长,每个人都有自己的长处和短处,我们要学会正视自己的不足,学会学习别人的长处,相互学习,取长补短,共同进步。

7.7 习　　题

1. 列举 MapReduce 框架的局限性。
2. 简述 Spark 生态系统。
3. 简述 Spark 应用执行的基本流程。

第 8 章 Spark RDD 编程

RDD(resilient distributed datasets,弹性分布式数据集)是 Spark 的核心概念,其本质上是一个只读的分区记录集合,每个分区都是一个数据集片段。Spark 基于 Scala 语言提供了对 RDD 的转换操作和执行操作,通过这些操作实现复杂的应用。本章主要介绍创建 RDD 的方式、RDD 的转换操作、RDD 的执行操作、RDD 之间的依赖关系、RDD 的持久化,项目实战为 Spark RDD 实现词频统计和分析学生考试成绩。

8.1 创建 RDD 的方式

传统的 MapReduce 虽然具有自动容错、平衡负载和可拓展性等优点,但是其最大缺点是在迭代计算式时要进行大量的磁盘 I/O 操作,而 RDD 正是为解决这一缺点而出现的。

Spark 数据处理引擎 Spark Core 是建立在统一的抽象 RDD 之上的,这使得 Spark 的 Spark Streaming、Spark SQL、Spark MLlib、Spark GraphX 等应用组件可以无缝集成,能够在同一个应用程序中协同完成大数据处理。RDD 是 Spark 对具体数据对象的一种抽象(封装),其中的 R(resilient,弹性)表示借助 RDD 谱系图 DAG 容错,能够重新计算由于结点故障而丢失或损坏的分区。一个 RDD 的不同分区可以保存到集群中的不同结点上,对 RDD 进行操作就相当于对 RDD 的每个分区进行操作。RDD 中的数据对象可以是 Python、Java、Scala 中任意类型的对象,甚至可以是用户自定义的对象。Spark 中的所有操作都是基于 RDD 的,一个 Spark 应用可以看作是一个由"RDD 创建"到"一系列 RDD 操作",再到"RDD 存储"的过程。图 8-1 展示了 RDD 的分区及分区与工作结点(Worker Node)的分布关系,图中的 RDD 数据集被切分成 4 个分区。

创建 RDD 有两种方式:通过 Spark 应用程序中的数据集来创建;使用本地及 HDFS、HBase 等外部存储系统上的文件创建。

下面使用 Spark shell 讲解常用的创建 RDD 的方式。

8.1.1 使用程序中的数据集创建 RDD

用户可通过调用 SparkContext 对象的 parallelize()方法并行化程序中的数据集来创建 RDD。使用程序中的数据集合创建 RDD,可以在实际部署到集群运行

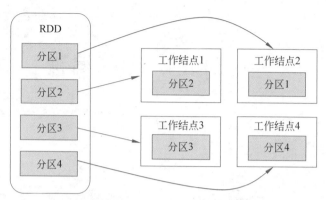

图 8-1　RDD 的分区及分区与工作结点的分布关系

之前使用集合构造测试数据来测试 Spark 应用，代码如下。

```
scala>val arr =Array(1,2,3,4,5, 6)            //创建一个数组对象 arr
arr: Array[Int] =Array(1, 2, 3, 4, 5, 6)
scala>val rdd = sc.parallelize(arr)           //并行化 arr 这个数据集来创建 RDD
rdd: org.apache.spark.rdd.RDD[Int] =ParallelCollectionRDD[2]
```

从返回信息可以看出，上述代码创建的 RDD 中存储的是 Int 类型的数据。实际上，RDD 也是一个数据集合，与 Array 对象不同的是，RDD 集合中的数据可能分布于多台服务器上，但操作时可以被放在一起使用，示例如下。

```
scala>val sum =rdd.reduce(_ + _)              //实现 rdd 中的数据求和
sum: Int =21
```

在调用 parallelize() 方法时，可以设置一个参数指定将一个数据集合切分成多少个分区，例如，parallelize(arr, 3) 指定 RDD 的分区数是 3。Spark 会为每一个分区运行一个 Task 任务处理。Spark 建议用户为集群中的每个 CPU 创建 2~4 个分区，其默认会根据集群的情况来设置分区的数量。

此外，在 Scala 编程模式下，Spark 还提供了 makeRDD() 方法来创建 RDD，其使用方法与 parallelize() 方法类似。在调用 parallelize() 方法时，若不指定分区数，则 Spark 将使用系统设定的分区数，而调用 makeRDD() 方法时，Spark 将会根据数据集合对象的不同创建最佳分区，示例如下。

```
scala>val seq =List(("I believe in human beings", List("uncertainty","fear",
"hunger")), ("the human being", List ( "Scala", "Python", "Java")), ("Hello
World", List("Red", "Blue", "Black")))
scala>val rddP =sc.parallelize(seq)           //使用 parallelize()创建 RDD
scala>rddP.partitions.size                    //查询 rddP 的分区数
res18: Int =1
scala>val rddM =sc.makeRDD(seq)               //使用 makeRDD ()创建 RDD
scala>rddM.partitions.size                    //查询 rddM 的分区数
res19: Int =3
```

8.1.2　使用文本文件创建 RDD

Spark 支持使用 Hadoop 支持的各种存储系统中的文件创建 RDD，如 HDFS、HBase 以及本地文件。调用 SparkContext 对象的 textFile() 方法读取位置中的文件即可创建 RDD。textFile() 方法支持使用目录、文本文件、压缩文件以及通配符匹配的文件创建 RDD。

Spark 支持的常见文件格式如表 8-1 所示。

表 8-1 Spark 支持的常见文件格式

文件格式名称	是否结构化	描述
文本文件	否	普通的文本文件，每一行为一条记录
JSON	半结构化	一种使用较广的半结构化数据格式
CSV	是	文件每行都有固定数目的字段，字段间用逗号隔开
SequenceFile	是	一种用于"键-值"对数据的 Hadoop 文件格式

在将一个文本文件读取为 RDD 时，文本文件的每一行都会成为 RDD 的一个元素。Spark 也可将目录下的多个文本文件读取为 RDD，RDD 中的每个元素均将对应一个文本文件。

例如，假设在 HDFS 上有一个文件 /user/hadoop/input/data.txt，其文件内容如下。

```
I believe in human beings, but my faith is without sentimentality. I know that
in environments of uncertainty, fear, and hunger, the human being is dwarfed and
shaped without his being aware of it, just as the plant struggling under a stone
does not know its own condition.
```

在读取 HDFS 中的 /user/hadoop/input/data.txt 文件创建 RDD 之前，需要先启动 Hadoop 系统，命令如下。

```
$ cd /usr/local/hadoop
$ ./sbin/start-dfs.sh               #启动 Hadoop
#读取 HDFS 上的文件创建 RDD
scala>val rdd =sc.textFile("/user/hadoop/input/data.txt")
rdd: org.apache.spark.rdd.RDD[String] = /user/hadoop/input/data.txt MapPartitionsRDD
[2]
//统计 data.txt 文件包含的字符个数
scala>val wordCount =rdd.map(line =>line.length).reduce( _ + _ )
scala>wordCount                     //输出统计结果
res3: Int =273
```

从 Linux 本地读取文件也是使用 sc.textFile("路径") 方法，但需要在路径前面加上 "file:" 标识符以表示这是从 Linux 本地文件系统读取。如果在 Linux 本地文件系统上存在一个文件 /home/hadoop/data.txt，其内容和上面的 HDFS 的文件 /user/hadoop/input/data.txt 的内容完全一样，那么可以用以下命令读取并创建一个 RDD，统计文件中的字符个数。

```
scala>val rdd =sc.textFile("file:/home/hadoop/data.txt")  //读取本地文件创建 RDD
scala>val wordCount =rdd.map(line =>line.length).reduce( _ + _ )
                                              //统计字符个数
scala>wordCount                               //输出统计结果
res3: Int =273
```

textFile() 方法也可以读取目录，将目录作为参数，则 Spark 会将目录中的每个文件视为 RDD 中的一个元素。若 /home/hadoop/input 目录中有文件 text1.txt 和文件 text2.txt，text1.txt 中的内容为 Hello Spark，text2.txt 中的内容为 Hello Scala，则对其读取并统计处理的命令如下。

```
scala>val rddw1 =sc.textFile("file:/home/hadoop/input")
rddw1: org.apache.spark.rdd.RDD[String] =file:/home/hadoop/input MapPartitionsRDD
scala>val wordCount =rddw1.map(line =>line.length).reduce( _ + _ )
                                                              //统计字符个数
scala>wordCount                                               //输出统计结果
res0: Int =22
```

SparkContext 对象的 wholeTextFiles() 方法也可用来读取给定目录中的所有文件，且支持用户在输入路径中使用通配符（如 part-*.txt）。wholeTextFiles() 方法会返回若干个"键-值"对 RDD，每个"键-值"对的键是目录中一个文件的文件名，值是该文件名所表示的文件的内容，示例如下。

```
scala>val rddw2 =sc. wholeTextFiles ("file:/home/hadoop/input")
                                                              //读取本地文件夹
rddw2: org. apache. spark. rdd. RDD [( String, String )] = file:/home/hadoop/
input MapPartitionsRDD
scala>val wordCount =rddw2.values.map(line =>line.length).reduce( _ + _ )
                                                              //统计字符个数
scala>wordCount
res1: Int =24
```

8.1.3 使用 JSON 文件创建 RDD

JSON（JavaScript object notation，JavaScript 对象标记法）是一种轻量级的数据交换格式，是一种存储和交换数据的语法，是通过 JavaScript 对象标记法书写的文本内容。

在 JSON 结构中，一切皆对象。任何 Spark 支持的数据类型都可以通过 JSON 来表示，如字符串、数字、对象、数组等。但是对象和数组是比较特殊且常用的两种类型。对象在 JSON 中是使用花括号包裹的，数据结构为{key1:value1, key2:value2,…}这样的"键-值"对形式。在面向对象的语言中，key 为对象的属性，value 为对应的值。JSON 数据的键名可以使用整数和字符串来表示，值的类型可以是任意类型。

JSON 数组由方括号括起来的一组值构成，如["Java", "Python", "VB",…]所示。JSON 数组是一种比较特殊的数据类型，数组内也可以像对象那样使用"键-值"对。

JSON 格式的五条规则包括：并列的数据之间用逗号","分隔；映射（"键-值"对）用冒号":"表示；并列数据的集合（数组）用方括号"[]"表示；映射（"键-值"对）的集合（一个对象）用花括号表示；元素值的类型可以是字符串、数字、对象、数组等。

在 Windows 系统下，用户可以使用记事本或其他任何类型的文本编辑器打开 JSON 文件以查看内容；在 Linux 系统下，用户可以使用 vim 编辑器打开和查看 JSON 文件。

一个表示中国部分省市的 JSON 数据示例如下所示。

```
{
    "name": "中国",
    "province": [{
```

```
            "name": "河南",
            "cities": {
                "city": ["郑州","洛阳"]
            }
        }, {
            "name": "广东",
            "cities": {
                "city": ["广州","深圳"]
            }
        }, {
            "name": "陕西",
            "cities": {
                "city": ["西安","咸阳"]
            }
        }]
}
```

下面再给出一个 JSON 文件示例数据。

```
{
    "code": 0,
    "msg": "",
    "count": 2,
    "data": [
    {
        "id": "101",
        "username": "ZhangSan",
        "city": "XiaMen",
    }, {
        "id": "102",
        "username": "LiMing",
        "city": "ZhengZhou",
    }]
}
```

创建 JSON 文件的一种典型方法是新建一个扩展名为 txt 的文本文件；在文件中写入 JSON 数据，保存；将文件扩展名.txt 修改成 json 就可以得到一个 JSON 文件了。

假设在本地文件系统/home/hadoop/目录下有一个 student.json 文件，内容如下。

```
{"学号": "106","姓名": "李明","数据结构": "92"}
{"学号": "242","姓名": "李乐","数据结构": "96"}
{"学号": "107","姓名": "冯涛","数据结构": "84"}
```

从文件内容可看出每个{…}结构都保存了一个对象，即一条记录，这个 JSON 文件包含了若干个对象。

读取 JSON 文件创建 RDD 的最简单方法是将 JSON 文件作为文本文件读取，示例如下。

```
scala>val jsonStr =sc.textFile("file:/home/hadoop/student.json")
scala>jsonStr.foreach(println)
{"学号": "106","姓名": "李明","数据结构": "92"}
{"学号": "242","姓名": "李乐","数据结构": "96"}
{"学号": "107","姓名": "冯涛","数据结构": "84"}
```

Scala 中有一个自带的 JSON 库 scala.util.parsing.json.JSON，其可以实现对 JSON 数据的解析。调用 JSON.parseFull(jsonString：String)函数可以对输入的 JSON 字符串进行解析，如果解析成功则其会返回一个 Some(map：Map[String,Any])，失败则返回 None。

下面来解析 student.json 文件的内容。

```
scala>import scala.util.parsing.json.JSON
scala>val jsonStr =sc.textFile("file:/home/hadoop/student.json")
jsonStr: org.apache.spark.rdd.RDD[String] = file:/home/hadoop/student.json
MapPartitionsRDD[3]
scala>val result =jsonStr.map(s =>JSON.parseFull(s))
                                  //逐个对 JSON 中的对象进行解析
scala>result.foreach(println)
Some(Map(学号 ->106, 姓名 ->李明, 数据结构 ->92))
Some(Map(学号 ->242, 姓名 ->李乐, 数据结构 ->96))
Some(Map(学号 ->107, 姓名 ->冯涛, 数据结构 ->84))
```

此外，用户还可使用样例类解析 JSON 中的对象，即将 JSON 中的对象读入含有数据结构的样例类中，然后根据样例类的格式解析 JSON 中的对象，具体示例如下。

```
//隐式转换必须要导入正确的包
scala>import org.json4s._
scala>import org.json4s.jackson.JsonMethods._
scala>val jsonRDD =sc.textFile("file:/home/hadoop/student.json")
scala>case class Student(学号: String, 姓名: String, 数据结构: String)
defined class Student
//定义隐式参数 formats,是 parse 和 extract 方法转换数据所依赖的参数
scala>implicit val formats =DefaultFormats
formats: org.json4s.DefaultFormats.type =org.json4s.DefaultFormats$@57f778e9
scala>val format_json =jsonRDD.collect.map{x=>parse(x).extract[Student]}
format_json: Array[Student] =Array(Student(106,李明,92), Student(242,李乐,96),
Student(107,冯涛,84))
scala>format_json.foreach(println)
Student(106,李明,92)
Student(242,李乐,96)
Student(107,冯涛,84)
```

8.1.4 使用 CSV 文件创建 RDD

CSV(comma separated values,逗号分隔值)文件是一种用来存储表格数据(数字和文本)的纯文本格式文件，文档的内容是由","分隔的一列列的数据构成，它可以被导入各种电子表格和数据库中。纯文本意味着该文件是一个字符序列，在 CSV 文件中，列与列之间以逗号分隔。CSV 文件可以由任意数目的记录组成，记录间以某种换行符分隔，一行就是一条记录。用户可使用 Microsoft Word、记事本、Microsoft Excel 等软件打开 CSV 文件。

创建 CSV 文件的方法有很多，最常用的方法是用电子表格创建，如 Microsoft Excel。在 Microsoft Excel 中，执行"文件"→"另存为"命令，然后在"保存类型"下拉选择框中选择"CSV (逗号分隔)(＊.csv)"，单击"保存"按钮即可创建一个 CSV 格式的文件。

如果 CSV 文件的所有数据字段均没有包含换行符，那么用户可以使用 textFile()方法读取并解析数据。例如，在/home/hadoop/sparkdata 目录下保存了一个名为 grade.csv 的 CSV 文件，文件内容如下。

```
101,LiNing,95
102,LiuTao,90
103,WangFei,96
```

使用 textFile() 方法读取 grade.csv 文件创建 RDD,示例如下。

```
scala>import java.io.StringReader
scala>import au.com.bytecode.opencsv.CSVReader
scala>val gradeRDD=sc.textFile("file:/home/hadoop/sparkdata/grade.csv")
                                                            //创建 RDD
scala> val result = gradeRDD.map { line = > val reader = new CSVReader(new
StringReader(line));reader.readNext()}                      //解析数据
scala>result.collect().foreach(x =>println(x(0), x(1), x(2)))
(101,LiNing,95)
(102,LiuTao,90)
(103,WangFei,96)
```

◆ 8.2 RDD 的转换操作

所谓 RDD 的转换操作,即从相关数据源获取数据形成初始 RDD,根据应用需求调用 RDD 对象的操作方法(算子)对初始 RDD 进行操作,进而生成一个新的 RDD。

转换操作可以对 RDD 中的数据进行计算并将之转换为新的 RDD。这种转换操作是惰性求值的,只是记录下了转换的轨迹而不会立即转换,直到遇到行动操作才会与行动操作一起运行。

下面给出 RDD 对象常用的转换操作方法。

8.2.1 映射操作

映射操作方法主要有 map()、flatMap()、mapValues()、flatMapValues()和 mapPartitions()。

1. map(func)映射转换操作

map(func)可以对一个 RDD 中的每个元素执行 func 函数计算以得出新元素,这些新元素组成的 RDD 将被作为 map(func)的返回结果,示例如下。

```
scala>val rdd1=sc.parallelize(List(1, 2, 3, 4))
scala>val result=rdd1.map(x=>x+2)      //用 map()对 rdd1 中的每个数进行加 2 操作
```

上述代码向 map()方法传入了一个匿名函数 x=>x+2,其中,x 为函数的参数名称,其也可以被替换为其他字符,如 y;x+2 为函数解析式,用来实现函数变化。Spark 会将 RDD 中的每个元素传入该函数的参数中,得到函数的函数值,并将所有函数值组成一个新 RDD。

下面将通过 collect()行动操作将 map()转换生成的 RDD 转化为 Array 数组,同时查看 RDD 中数据的效果,示例如下。

```
scala>result.collect()
res1: Array[Int] =Array(3, 4, 5, 6)     // result.collect()返回的结果
```

又例如,用 map()方法对 RDD 中的所有数求平方,示例如下。

```
scala>val input =sc.parallelize(List(1, 2, 3, 4))
scala>val result =input.map(x =>x * x)
//使用 mkString()方法以分隔符";"间隔数据显示 result 中的数据
scala>println(result.collect().mkString(";"))
1;4;9;16
```

map(func)方法可以将一个普通的 RDD 转换为一个"键-值"对的 RDD,供只能操作"键-值"对类型的 RDD 操作使用。例如,对一个由英语单词组成的文本行,提取其中的第一个单词作为 key,将整个句子作为 value 建立"键-值"对 RDD,具体实现如下。

```
scala> val wordsRDD =sc.parallelize(List("Who is that", "What are you doing", "Here you are"))
scala> val PairRDD =wordsRDD.map(x=>(x.split(" ")(0), x))
PairRDD: org.apache.spark.rdd.RDD[(String, String)] =MapPartitionsRDD[6] at map at <console>: 24
scala>PairRDD.foreach(println)
(Who,Who is that)
(What,What are you doing)
(Here,Here you are)
```

2. flatMap(func)映射转换操作

flatMap(func)方法大体类似于 map(func)方法,两者区别在于,flatMap(func)方法中的 func 函数参数会返回 0 到多个元素,flatMap(func)会将这些元素合并,生成一个 RDD 作为 flatMap(func)方法的返回值,示例如下。

```
scala>val rdd1 =sc.parallelize(List(1, 2, 3, 4, 5, 6))
scala>val rdd2 =rdd1.map(_ * 2)        // rdd1 中的每个数乘以 2
scala>rdd2.collect()                   // collect()以数组的形式返回 rdd2
res1: Array[Int] =Array(2, 4, 6, 8, 10, 12)
scala>val rdd3 =rdd2.flatMap(x =>x to 9)
scala>rdd3.collect()
res4: Array[Int] =Array(2, 3, 4, 5, 6, 7, 8, 9, 4, 5, 6, 7, 8, 9, 6, 7, 8, 9, 8, 9)
```

flatMap()方法的一个重要用途是把输入的字符串切分为单词,示例如下。

```
scala>def tokenize(ws: String) ={ws.split(" ")}         //定义函数
tokenize: (ws: String)Array[String]
scala>var lines =sc.parallelize(Array("coffee panda","happy panda","happiest panda party"))
scala>lines.map(tokenize).collect()
res7: Array[Array[String]] =Array(Array(coffee, panda), Array(happy, panda), Array(happiest, panda, party))
scala>lines.flatMap(tokenize).foreach(println)
coffee
panda
happy
panda
happiest
panda
party
```

3. mapValues(func)转换操作

mapValues(func)方法可以为"键-值"对(key,value)组成的 RDD 对象中的每个 value 都应用函数参数 func,结果返回为新的 RDD,但是,其中的 key 不会发生变化。"键-值"对 RDD 是指 RDD 中的每个元素都是(key,value)二元组,key 被称为键,value 被称为值,示例如下。

```
scala>val rdd=sc.parallelize(List("One today is worth two tomorrows","Better late than never", "Nothing is impossible for a willing heart"))
scala>val words=rdd.flatMap(ws=>ws.split(" "))
scala>words.collect()
res12: Array[String] =Array(One, today, is, worth, two, tomorrows, Better, late, than, never, Nothing, is, impossible, for, a, willing, heart)
scala>val pairRdd =words.map(x=>(x,1))           //转换为"键-值"对 RDD
scala>pairRdd.collect()
res13: Array[(String, Int)] =Array((One,1), (today,1), (is,1), (worth,1), (two,1), (tomorrows,1), (Better,1), (late,1), (than,1), (never,1), (Nothing,1), (is,1), (impossible,1), (for,1), (a,1), (willing,1), (heart,1))
scala>pairRdd.mapValues(x=>x+1).foreach(println)      //对每个 value 进行加 1
(One,2)
(today,2)
(is,2)
(worth,2)
(two,2)
(tomorrows,2)
(Better,2)
(late,2)
(than,2)
(never,2)
(Nothing,2)
(is,2)
(impossible,2)
(for,2)
(a,2)
(willing,2)
(heart,2)
```

下面将再给出一个 mapValues()应用示例。

```
scala>val rdd11 =sc.parallelize(1 to 9, 3)
scala>rdd11.collect()
res5: Array[Int] =Array(1, 2, 3, 4, 5, 6, 7, 8, 9)
scala>val result =rdd11.map(item =>(item %4, item)).mapValues(v =>v +10)
scala>println(result.collect().toBuffer)
ArrayBuffer((1,11), (2,12), (3,13), (0,14), (1,15), (2,16), (3,17), (0,18), (1,19))
```

4. flatMapValues(func)

该方法的作用同转换操作 flatMap(func)方法,但 flatMapValues()方法是针对"键-值"对(key,value)中的 value 值进行 flatMap 操作,示例如下。

```
scala>val a =sc.parallelize(List((1,2),(3,4)))
scala>val b =a.flatMapValues(x=>1 to x)
```

```
scala>b.foreach(println)
(1,1)
(1,2)
(3,1)
(3,2)
(3,3)
(3,4)
```

5. mapPartitions(func)映射转换操作

mapPartitions(func)方法可以对每个分区数据执行指定函数,示例如下。

```
scala>val rdd =sc.parallelize(Array(1, 2, 3, 4),2)
scala>rdd.glom().collect()          //查看每个分区中的数据
res30: Array[Array[Int]] =Array(Array(1, 2), Array(3, 4))
scala>import scala.collection.mutable.ArrayBuffer
scala>: paste
// Entering paste mode (ctrl-D to finish)

rdd.mapPartitions(elements=>{
       var result =new ArrayBuffer[Int]()
       elements.foreach(element=>{
       result.+=(element)
       })
       result.iterator
   }).foreach(println)

// Exiting paste mode, now interpreting
```

按Ctrl+D组合键退出paste模式并执行以上代码,结果如下。

```
1
2
3
4
```

8.2.2 过滤和去重操作

1. filter(func)过滤转换操作

filter(func)方法可以使用过滤函数func过滤RDD中的元素,作为filter()方法的参数,func函数的返回值为Boolean类型,所以filter(func)方法将返回由func函数计算后返回值为true的元素组成的新RDD,示例如下。

```
scala>val rdd4=sc.parallelize(List(1,2,2,3,4,3,5,7,9))
scala>rdd4.filter(x=>x>4).collect()      //对rdd4进行过滤,得到大于4的数据
res1: Array[Int] =Array(5, 7, 9)
```

例如,创建4名学生考试数据信息的RDD,使每名学生考试数据信息都包括姓名、考试科目、考试成绩,字符之间用空格连接。使用filter(func)方法可以找出成绩为100的学生的姓名和考试科目。

(1) 创建学生RDD,代码如下。

```
scala>val students = sc.parallelize(List("XiaoHuaScala85","LiTao Scala 100","LiMingPython95","WangFeiJava100"))
```

（2）将 students 的数据存储为 3 元组，代码如下。

```
scala>val studentsTup=students.map{x=>val splits=x.split(" "); (splits(0),
splits(1),splits(2).toInt)}
//成绩转换为 Int 类型
scala>studentsTup.collect()
res2: Array[(String, String, Int)] = Array((XiaoHua,Scala,85), (LiTao,Scala,
100), (LiMing,Python,95), (WangFei,Java,100))
```

（3）过滤出成绩为 100 的学生的姓名和考试科目，代码如下。

```
scala>studentsTup.filter(_._3==100).map{x=>(x._1, x._2)}.collect().foreach
(println)
(LiTao,Scala)
(WangFei,Java)
```

2. distinct（[numPartitions]）去重转换操作

distinct（[numPartitions]）方法可以对 RDD 中的数据进行去重操作，返回一个新的、不包含重复元素的 RDD。其中，可选参数 numPartitions 用来设置操作的并行任务数量，默认情况下，Spark 只会分配 8 个并行任务来操作，示例如下。

```
scala>val Rdd=sc.parallelize(List(1,2,1,5,3,5,4,8,6,4))
scala>val distinctRdd=Rdd.distinct()
scala>distinctRdd.collect()
res6: Array[Int]=Array(4, 1, 6, 3, 8, 5, 2)
```

从返回结果 Array(4，1，6，3，8，5，2)中可以看出，此时 RDD 中的数据已经去重。

8.2.3 排序操作

1. sortByKey（ascending，[numPartitions]）排序转换操作

sortByKey（ascending，numPartitions）方法可以使（key，value）"键-值"对类型的 RDD 中的数据按照键 key 排序，返回一个按照 key 排序后的（key，value）组成的 RDD。参数 ascending 用来指定是升序还是降序，默认值是 true，即按升序排序。可选参数 numPartitions 用来设置操作时的并行任务数量，示例如下。

```
scala>val rdd1=sc.parallelize(List(("WangLi", 1), ("LiHua", 3), ("LiuFei", 2),
("XuFeng", 1)))
scala>val rdd2=rdd1.sortByKey()
scala>rdd2.collect()
res39: Array[(String, Int)]=Array((LiHua,3), (LiuFei,2), (WangLi,1), (XuFeng,
1))
```

2. sortBy（func，[ascending：Boolean = true]，[numPartitions]）转换操作

sortBy()方法可以使用 func 函数参数先对数据进行处理，按照处理后的数据排序（默认为升序）。sortBy()方法还可以指定是按键 Key 还是按值 Value 排序。

第一个参数 func 是一个函数，sortBy()方法将按 func 对 RDD 中每个元素计算的结果对 RDD 中的元素进行排序。

第二个参数是 ascending，其决定排序后 RDD 中的元素是升序还是降序。默认是 true，按升序排列；若为 false，则按降序排列。

第三个参数是 numPartitions，该参数决定排序后 RDD 的分区个数，默认排序后的分区个数和排序之前的个数相等。

例如，创建 4 种商品数据信息的 RDD，每种商品信息都包括名称、单价、数量，字段之间用空格连接。

```
scala>val goods =sc.parallelize(List("radio 30 50","soap 3 60","cup 6 50","bowl 4 80"))
```

1）按键 key 进行排序，其效果等同于 sortByKey()

首先将 goods 的数据存储为 3 元组然后排序，代码如下。

```
scala>val goodsTup =goods.map{x =>val splits =x.split(" "); (splits(0), splits(1).toDouble, splits(2).toInt)}
scala>goodsTup.sortBy(_._1).foreach(println)        //按商品名称进行排序
(bowl,4.0,80)
(cup,6.0,50)
(radio,30.0,50)
(soap,3.0,60)
```

说明："_._1"中的第一个下画线"_"表示 RDD 的任一元素（这里为一个 3 元组），"_1"表示元组的第一元素。

2）按值 value 进行排序

按照商品单价降序排序，示例如下。

```
scala>goodsTup.sortBy (x=>x._2, false).foreach(println)
(radio,30.0,50)
(cup,6.0,50)
(bowl,4.0,80)
(soap,3.0,60)
```

按照商品数量升序排序，示例如下。

```
scala>goodsTup.sortBy (_._3).foreach(println)
(radio,30.0,50)
(cup,6.0,50)
(soap,3.0,60)
(bowl,4.0,80)
```

按照商品数量与 7 的余数升序排序，示例如下。

```
scala>goodsTup.sortBy (x=>x._3%7).foreach(println)
(radio,30.0,50)
(cup,6.0,50)
(bowl,4.0,80)
(soap,3.0,60)
```

3）通过 Tuple 方式，按照数组的元素进行排序

示例代码如下所示。

```
scala>goodsTup.sortBy(x =>(-x._2,-x._3)).foreach(println)
(radio,30.0,50)
(cup,6.0,50)
```

```
(bowl,4.0,80)
(soap,3.0,60)
```

8.2.4 分组聚合操作

1. groupBy()分组操作

groupBy(<func>)方法可以返回一个按指定条件(用函数表示)对元素进行分组的RDD,其参数 <func> 可以是有名称的函数,也可以是匿名函数,示例如下。

```
scala>val rdd=sc.parallelize(Array(1, 2, 3, 4, 5, 6, 7, 8))
scala>val res=rdd.groupBy(x=>x%2)
res: org.apache.spark.rdd.RDD[(Int, Iterable[Int])]=ShuffledRDD[53]
scala>res.collect.foreach(println)
(0,CompactBuffer(2, 4, 6, 8))
(1,CompactBuffer(1, 3, 5, 7))
```

2. groupByKey()单个"键-值"对分组操作

"键-值"对形式的RDD[key,value]调用groupByKey()方法后,其包含的元素将被按照相同的key进行分组,返回RDD[key,Iterable[value]]形式的RDD,示例如下。

```
scala>val scoreDetails =sc.parallelize(List(("Ding",97), ("Ding",87), ("Yang",
75), ("Wang",95), ("Wang",88)))
scoreDetails: org.apache.spark.rdd.RDD[(String, Int)] =ParallelCollectionRDD
[1]
//按名字分组(name,(score1,score2))
scala>val groupByKeyRDD=scoreDetails.groupByKey()
groupByKeyRDD: org.apache.spark.rdd.RDD[(String, Iterable[Int])]
scala>groupByKeyRDD.collect.foreach(println)
(Yang,CompactBuffer(75))
(Ding,CompactBuffer(97, 87))
(Wang,CompactBuffer(95, 88))
```

再给出一个groupByKey()使用举例,如下所示。

```
scala>val words =Array("Spark", "Scala", "Scala", "Python", "Python", "Python")
words: Array[String] =Array(Spark, Scala, Scala, Python, Python, Python)
scala>val wordPairsRDD =sc.parallelize(words).map(word =>(word, 1))
scala>wordPairsRDD.groupByKey().map(x=>(x._1,x._2.sum)).collect
res53: Array[(String, Int)] =Array((Spark,1), (Python,3), (Scala,2))
```

3. cogroup()多个"键-值"对分组操作

groupByKey()方法可以对单个"键-值"对形式的RDD的数据进行分组,若需要对多个"键-值"对形式的RDD的数据进行分组,可使用cogroup()方法。

RDD1.cogroup(RDD2)方法可以将RDD1和RDD2按照相同的key进行分组,得到元素形式为(key,(Iterable[value1],Iterable[value2]))的RDD。

cogroup()方法也可以多个RDD进行分组,例如,RDD1.cogroup(RDD2,RDD3,…RDDN)方法可以得到元素形式为(key,(Iterable[value1],Iterable[value2],Iterable [value3],…,Iterable[valueN]))的 RDD,示例如下。

```
scala>val scoreDetail1=sc.parallelize(List(("Ding",77),("Yang",78),("Wang",80)))
scala>val scoreDetail2=sc.parallelize(List(("Ding",88),("Liu",85),("Wang",90)))
scala>val scoreDetail3=sc.parallelize(List(("Ding",99),("Ding",41),("Yang",89),("Xu",86)))
scala>val Rdd1cogroupRdd2=scoreDetail1.cogroup(scoreDetail2)
Rdd1cogroupRdd2: org.apache.spark.rdd.RDD[(String, (Iterable[Int], Iterable[Int]))]
scala>Rdd1cogroupRdd2.collect.foreach(println)
(Liu,(CompactBuffer(),CompactBuffer(85)))
(Yang,(CompactBuffer(78),CompactBuffer()))
(Ding,(CompactBuffer(77),CompactBuffer(88)))
(Wang,(CompactBuffer(80),CompactBuffer(90)))
scala>val Rdd1coRdd2coRdd3=scoreDetail1.cogroup(scoreDetail2,scoreDetail3)
Rdd1coRdd2coRdd3: org.apache.spark.rdd.RDD[(String, (Iterable[Int], Iterable[Int], Iterable[Int]))]
scala>Rdd1coRdd2coRdd3.collect.foreach(println)
(Liu,(CompactBuffer(),CompactBuffer(85),CompactBuffer()))
(Xu,(CompactBuffer(),CompactBuffer(),CompactBuffer(86)))
(Yang,(CompactBuffer(78),CompactBuffer(),CompactBuffer(89)))
(Ding,(CompactBuffer(77),CompactBuffer(88),CompactBuffer(99, 41)))
(Wang,(CompactBuffer(80),CompactBuffer(90),CompactBuffer()))
```

4. groupWith(other,*others)分组聚合操作

groupWith(otherRDD,*others)方法可以把多个 RDD 按 key 进行分组,输出(key,迭代器)形式的数据。经该方法分组后的数据是有顺序的,每个 key 对应的 value 是按列出 RDD 的顺序排放的,如果参数 RDD 没有这个 key,则对应位置将取空值,示例如下。

```
>>>val w=sc.parallelize(Array(("a","w"), ("b","w")))
>>>val x=sc.parallelize(Array(("a","x"), ("b","x")))
>>>val y=sc.parallelize(Array(("a","y")))
>>>val z=sc.parallelize(Array(("b","z")))
scala>w.groupWith(x, y, z).collect()
res50: Array[(String, (Iterable[String], Iterable[String], Iterable[String], Iterable[String]))] = Array((a, (CompactBuffer(w), CompactBuffer(x), CompactBuffer(y),CompactBuffer())), (b,(CompactBuffer(w),CompactBuffer(x),CompactBuffer(),CompactBuffer(z))))
//迭代输出每个分组
w.groupWith(x, y, z).collect().toList.foreach(println)
>>>[(x, tuple(map(list, y))) for x, y in list(w.groupWith(x, y, z).collect())]
[('b', (['w'], ['x'], [], ['z'])), ('a', (['w'], ['x'], ['y'], []))]
```

5. reduceByKey(func,[numPartitions])分组聚合转换操作

reduceByKey(func,[numPartitions])方法可以对一个由"键-值"对(key,value)组成的 RDD 进行分组聚合操作,对 key 相同的值 value,其可使用指定的 reduce 函数 func 将之聚合到一起。

```
//创建"键-值"对 RDD
scala>val rddMap=sc.parallelize(1 to 12, 4).map(item =>(item%4, item))
scala>rddMap.collect
res8: Array[(Int, Int)] =Array((1,1), (2,2), (3,3), (0,4), (1,5), (2,6), (3,7),
(0,8), (1,9), (2,10), (3,11), (0,12))
scala>val rdd13 =rddMap.reduceByKey((x, y) =>x +y)
scala>rdd13.collect
res9: Array[(Int, Int)] =Array((0,24), (1,15), (2,18), (3,21))
scala>rddMap.reduceByKey((x, y) =>x * y).collect()
res14: Array[(Int, Int)] =Array((0,384), (1,45), (2,120), (3,231))
```

6. combineByKey()聚合转换操作

combineByKey(createCombiner：V => C,mergeValue：(C, V) => C,mergeCombiners：(C, C) => C,numPartitions：Int)方法可以对 RDD 中的数据按照 Key 进行聚合操作,即合并相同键的值。聚合操作的逻辑是由提供给 combineByKey()方法的用户定义的函数实现的。该方法把"键-值"对(K,V)类型的 RDD 转换为"键-值"对(K,C)类型的 RDD,三个参数含义如下。

createCombiner()函数。在遍历(K,V)时,若 combineByKey()方法是第一次遇到值为 K 的键,则其将对该(K,V)键值对调用 createCombiner()函数,将 V 转换为 C(聚合对象类型),C 会作为键 K 的累加器的初始值。

mergeValue()函数。在遍历(K,V)时,若 combineByKey()方法不是第一次遇到值为 K 的键,则其将对该(K,V)"键-值"对调用 mergeValue()函数将 V 累加到聚合对象 C 中(mergeValue()函数的类型是(C, V) =>C,参数中的 C 为遍历到此处的聚合对象),然后对 V 进行聚合得到新的聚合对象值。

mergeCombiners()函数。combineByKey()是在分布式环境中执行的,RDD 的每个分区单独进行聚合操作,最后需要对各个分区进行最后的聚合。mergeCombiners()函数的类型是(C,C) =>C,每个参数都是分区聚合得到的聚合对象。

具体示例如下所示。

```
scala>val rdd11 =sc.parallelize(1 to 9, 3)
scala>val rdd14 =rdd11.map(item =>(item%3, item)).mapValues(v =>v.toDouble).
combineByKey((v: Double) =>(v, 1), (c: (Double, Int), v: Double) =>(c._1 +v, c._2
+1), (c1: (Double, Int), c2: (Double, Int)) =>(c1._1 +c2._1, c1._2 +c2._2))
scala>rdd14.collect()
res15: Array[(Int, (Double, Int))] =Array((0,(18.0,3)), (1,(12.0,3)), (2,(15.0,
3)))
```

8.2.5 集合操作

1. union(otherDataset)合并操作

union(otherDataset)方法可以对源 RDD 和参数 RDD 求并集,然后返回一个新的 RDD,该方法不会进行去重操作,但是两个 RDD 中每个元素中的值的个数和类型需要保持一致,示例如下。

```
scala>val rdd6 =sc.parallelize(List(1,3,4,5))
scala>val rdd7 =sc.parallelize(List(2,3,4))
```

```
scala>val result =rdd6.union(rdd7)
scala>result.collect()
res13: Array[Int] =Array(1, 3, 4, 5, 2, 3, 4)
```

2. intersection(otherRDD)交集且去重操作

intersection(otherRDD)方法可以对源 RDD 和参数 RDD 求交集后返回一个新的 RDD,且去重,示例如下。

```
scala>val rdda =sc.parallelize(List(1,3,3,4,4,5))
scala>val rddb =sc.parallelize(List(2,3,4,3,4,6))
scala>val result =rdda.intersection(rddb)
scala>result.collect()
res2: Array[Int] =Array(4, 3)
```

3. subtract(otherRDD)差集操作

subtract(otherRDD)方法相当于进行集合的差集操作,即 RDD 去除其与参数 otherRDD 相同的元素,示例如下。

```
scala>val rdd6 =sc.parallelize(List(1,3,4,5))
scala>val rdd8 =sc.parallelize(1 to 5).subtract(rdd6)
scala>println(rdd8.collect().toBuffer)
ArrayBuffer(2)
```

4. cartesian(otherRDD)笛卡儿积操作

cartesian(otherRDD)方法可以对两个 RDD 进行笛卡儿积操作,示例如下。

```
scala>val rdd9 =sc.parallelize(List(1, 2, 3))
scala>val rdd10 =sc.parallelize(List(4, 5, 6))
scala>val result =rdd9.cartesian(rdd10)         //进行笛卡儿积操作
scala>result.collect()
res8: Array[(Int, Int)] =Array((1,4), (1,5), (1,6), (2,4), (2,5), (2,6), (3,4),
(3,5), (3,6))
```

8.2.6 抽样操作

1. sample(withReplacement,fraction,seed)抽样

sample(withReplacement,fraction,seed)方法能够以指定的抽样种子 seed 从 RDD 的数据中抽取比例为 fraction 的数据,withReplacement 参数表示抽出的数据是否需要被放回,true 为放回的抽样,false 为未放回的抽样,相同的 seed 得到的随机序列将是一样的,示例如下。

```
scala>val SampleRDD=sc.parallelize(1 to 1000)
scala>SampleRDD.sample(false,0.01,1).collect().foreach(x=>print(x+" "))
                                                              //输出取样
110 137 196 231 283 456 483 721 783 944 972
```

2. sampleByKey(withReplacement = false,fractions,seed)分层抽样

分层抽样就是根据不同的特征将数据分成不同的组,然后按特定条件从不同的组中获取样本,并重新组成新的数组。

sampleByKey(withReplacement = false,fractions,seed)方法可以作用于一个"键-

值"对数组,其中键 key 表示分类,value 可以是任意数。fractions 参数是映射数据类型的数据,其中的 key 为数据源中的 key,value 为对应 key 的抽取比例,示例如下。

```
scala>val data = sc.makeRDD(Array( ("A","A1"), ("A","A2"), ("A","A3"), ("A",
"A4"), ("A","A5"), ("A","A6"), ("B","B1"), ("B","B2"), ("B","B3"), ("B","B4"),
("B","B5")))
scala>val fractions : Map[String, Double]=Map("A"->0.5,"B"->0.4)
fractions: Map[String,Double] =Map(A ->0.5, B ->0.4)
scala> val approxSample = data.sampleByKey(withReplacement = false, fractions,
1)
scala>approxSample.foreach(println)
(A,A3)
(A,A4)
(B,B1)
(B,B2)
(B,B3)
```

8.2.7 连接操作

1. join(otherDataset,[numPartitions])连接操作

join()方法可以对两个"键-值"对数据的 RDD 进行内连接,将两个 RDD 中键相同的 (K,V)和(K,W)进行连接,返回(K,(V,W))"键-值"对。注意,该方法只返回两个 RDD 都存在的键的连接结果,示例如下。

```
scala>val pairRDD1 = sc.parallelize(List( ("Scala",2), ("Scala", 3), ("Java",
4),("Python", 8)))
scala>val pairRDD2 = sc.parallelize(List( ("Scala",3), ("Java", 5), ("HBase",
4),( "Java", 10)))
scala>val pairRDD3 =pairRDD1.join(pairRDD2)
scala>pairRDD3.collect()
res17: Array[(String, (Int, Int))] =Array((Java,(4,5)), (Java,(4,10)), (Scala,
(2,3)), (Scala,(3,3)))
```

2. leftOuterJoin()左外连接操作

leftOuterJoin()方法可用来对两个"键-值"对的 RDD 进行左外连接,并保留第一个 RDD 的所有键。在 leftOuterJoin()方法的左连接中,如果右边 RDD 中有对应的键,连接结果将被显示为 some 类型;如果没有,则为 None 值,示例如下。

```
scala>val left_Join =pairRDD1.leftOuterJoin (pairRDD2)
scala>left_Join.collect()
res18: Array[(String, (Int, Option[Int]))] =Array((Python,(8,None)), (Java,(4,
Some(5))), (Java,(4,Some(10))), (Scala,(2,Some(3))), (Scala,(3,Some(3))))
```

3. rightOuterJoin()右外连接操作

rightOuterJoin()方法可用来对两个"键-值"对的 RDD 进行右外连接,并确保第二个 RDD 的键必须存在,即保留第二个 RDD 的所有键。

4. fullOuterJoin()全外连接操作

fullOuterJoin()方法实现的是一种全外连接,其会保留两个连接的 RDD 中所有键的连接结果,示例如下。

```
scala>val full_Join =pairRDD1.fullOuterJoin (pairRDD2)
scala>full_Join.collect()
res20: Array[(String, (Option[Int], Option[Int]))] = Array((Python,(Some(8),
None)), (Java,(Some(4),Some(5))), (Java,(Some(4),Some(10))), (Scala,(Some(2),
Some(3))), (Scala,(Some(3),Some(3))), (HBase,(None,Some(4))))
```

8.2.8 打包操作

zip(otherDataset)方法可以将两个 RDD 打包成(K,V)"键-值"对形式的 RDD,该方法要求两个 RDD 的分区数量以及每个分区中元素的数量都相同,示例如下。

```
scala>val rdd1=sc.parallelize(Array(1,2,3),3)
scala>val rdd2=sc.parallelize(Array("a","b","c"),3)
scala>val zipRDD=rdd1.zip(rdd2)
scala>zipRDD.collect
res3: Array[(Int, String)] =Array((1,a), (2,b), (3,c))
```

8.2.9 获取"键-值"对 RDD 的键和值

对一个"键-值"对的 RDD,调用 keys 属性可以返回一个仅包含键的 RDD,调用 values 属性可以返回一个仅包含值的 RDD,示例如下。

```
scala>val list =List("Hadoop","Spark","Hive")
list: List[String] =List(Hadoop, Spark, Hive)
scala>val rdd =sc.parallelize(list)
scala>val pairRdd =rdd.map(x =>(x,1))
scala>pairRdd.keys.foreach(println)
Hadoop
Spark
Hive
scala>pairRdd.values.foreach(println)
1
1
1
```

8.2.10 重新分区操作

1. coalesce(numPartitions: Int)重新分区操作

在分布式集群里,网络通信的成本很高,减少网络传输量可以极大地提升性能。MapReduce 框架的性能开支主要在 I/O 和网络传输,因为要大量读写文件,I/O 是不可避免的,但可以通过优化网络传输而降低网络传输的开销,如把大文件压缩变为小文件等。

Spark 对网络传输进行了优化,把 RDD 进行分区(分片),还把这些分区放在集群的多个计算结点上并行处理。如把 RDD 分成 100 个分区,平均分布到 10 个结点上,平均一个结点 10 个分区,当进行求和型的计算时,先进行每个分区的求和,然后再把分区求和得到的结果传输到主程序进行全局求和,这样就可以降低求和计算对网络传输的开销。

coalesce(numPartitions: Int, shuffle: Boolean = false)方法的作用是默认使用 HashPartitioner(哈希分区)方式对 RDD 进行重新分区,返回一个新的 RDD,且该 RDD 的

分区个数等于 numPartitions 参数值。

该方法的参数说明如下。

numPartitions：拟要生成的新 RDD 的分区个数。

shuffle：是否进行随机重排，默认为 false，此时重设分区个数只能比 RDD 原有分区数小；如果 shuffle 为 true，则重设的分区数不受原有 RDD 分区数的限制。

该方法的示例如下所示。

```
scala>val rdd=sc.parallelize(1 to 16,4)      //创建 RDD,分区数量为 4
scala>rdd.partitions.size                     //查看 RDD 分区个数
res0: Int =4
scala>val coalRDD=rdd.coalesce(5)             //重新分区,分区数量为 5
scala>coalRDD.partitions.size                 //查看 RDD 分区个数
res2: Int =4
scala>val coalRDD1 =rdd.coalesce(5, true)     //重新分区,shuffle 为 true
scala>coalRDD1.partitions.size                //查看 RDD 分区个数
res3: Int =5
```

2. repartition(numPartitions：Int)重新分区转换操作

repartition(numPartitions：Int)方法其实就是 coalesce()方法的第二个参数 shuffle 为 true 的简单实现，示例如下。

```
scala>val rdd=sc.parallelize(1 to 16,8)
scala>rdd.partitions.size                     //查看 RDD 的分区数
res19: Int =8
scala>val rerdd =rdd.repartition(2)           //转换成 2 个分区的 RDD
scala>rerdd.partitions.size                   //查看 rerdd 的分区个数
res20: Int =2
scala>rerdd.getNumPartitions                  //查看 rerdd 的分区个数
res44: Int =2
```

◆ 8.3 RDD 的行动操作

行动操作是向驱动器程序返回结果或把结果写入外部系统的操作，其会触发实际的计算。行动操作接受 RDD，但是返回非 RDD，即输出一个结果值，并把结果值返回到驱动器程序中。如果读者对一个特定的函数是属于转换操作还是行动操作感到困惑，可以看看它的返回值类型：转换操作返回的是 RDD，而行动操作返回的是其他的数据类型。

下面给出 RDD 对象的常用的行动操作方法。

8.3.1 统计操作

1. sum()求和

sum()方法可以返回 RDD 对象中数据的和，示例如下。

```
scala>val rdd=sc.parallelize(1 to 100)
scala>rdd.sum()
res0: Double =5050.0
```

2. max()求最大值和 min()求最小值

max()方法可以返回 RDD 对象中数据的最大值，min()方法可以返回 RDD 对象中数据的最小值，两个方法的示例分别如下。

```
scala>rdd.max()
res1: Int =100
scala>rdd.min()
res4: Int =1
```

3. mean()求平均值

mean()方法可以返回 RDD 对象中数据的平均值，示例如下。

```
scala>rdd.mean()
res5: Double =50.5
```

4. stdev()求标准差

stdev()方法可以返回 RDD 对象中数据的标准差，示例如下。

```
scala>rdd.stdev()
res6: Double =28.86607004772212
```

5. stats()统计

stats()方法可以返回 RDD 对象数据的统计信息，如个数、平均值、离散度、最大值、最小值等，示例如下。

```
scala>rdd.stats()
res7: org.apache.spark.util.StatCounter = (count: 100, mean: 50.500000, stdev: 28.866070, max: 100.000000, min: 1.000000)
```

6. count()求数据个数

count()方法可以返回 RDD 中数据的个数，示例如下。

```
scala>rdd.count()
res8: Long =100
```

7. countByValue()求数据出现的次数

countByValue()方法可以返回 RDD 中各数据值出现的次数，示例如下。

```
scala>val rdd1 =sc.parallelize(Array(1, 1, 2, 2, 2, 3, 3, 3, 3))
scala>rdd1.countByValue()
res9: scala.collection.Map[Int,Long] =Map(1 ->2, 3 ->4, 2 ->3)
```

8. countByKey()求 key 相同的"键-值"对数量

countByKey()方法可以返回"键-值"对(key,value)类型的 RDD 中 key 相同的"键-值"对数量，示例如下。

```
scala>val KVRdd =sc.parallelize(List(("Scala",2), ("Scala", 3), ("Scala", 4), ("C", 8), ("C", 5)))
scala>KVRdd.countByKey()
res11: scala.collection.Map[String,Long] =Map(Scala ->3, C ->2)
```

8.3.2 取数据操作

1. collect()返回 RDD 中的所有元素

collect()方法能够以 Array 数组的形式返回 RDD 中的所有元素,示例如下。

```
scala>val rddInt =sc.makeRDD(List(3,2,8,4,5,6,2,5,1))  //创建 RDD
scala>rddInt.collect()
res15: Array[Int] =Array(3, 2, 8, 4, 5, 6, 2, 5, 1)
```

2. first()返回 RDD 的第 1 个元素

示例如下所示。

```
scala>val rdd =sc.makeRDD(List( "Scala","Python","Spark", "Hadoop"))
rdd: org.apache.spark.rdd.RDD[String] =ParallelCollectionRDD[1]
scala>rdd.first()
res2: String =Scala
```

3. take(n)返回 RDD 的前 n 个元素

take()方法可以用于获取 RDD 中下标从 0 到 $n-1$ 的元素,不排序,示例如下。

```
scala>rddInt.take(3)
res16: Array[Int] =Array(3, 2, 8)
```

4. top(n)返回一个 RDD 的前 n 个元素

top(n)方法能够以数组的形式返回 RDD 中按照指定排序(默认降序)方式排序后的最前面的 n 个元素,示例如下。

```
scala>rddInt.top(3)
res17: Array[Int] =Array(8, 6, 5)
scala>implicit val myOrd =implicitly[Ordering[Int]].reverse
myOrd: scala.math.Ordering[Int] =scala.math.Ordering$ Reverse@ 7743c317
scala>rddInt.top(3)
res19: Array[Int] =Array(1, 2, 2)
```

5. takeOrdered(n)返回一个 RDD 的前 n 个元素

takeOrdered(n)方法和 top(n)方法类似,只不过其以和 top 相反的顺序返回元素,示例如下。

```
scala>rddInt.takeOrdered(3)
res18: Array[Int] =Array(1, 2, 2)
```

6. lookup(key)指定键对应的值

lookup()方法可以用于(K,V)"键-值"对类型的 RDD,查找指定键 K 的值 V,返回 RDD 中该 K 对应的所有 V 值,示例如下。

```
scala>val LKRDD =sc.parallelize(Array(("A",0),("A",2),("B",1),("B",2),("C",
1)))
scala>LKRDD.lookup("A")
res20: Seq[Int] =WrappedArray(0, 2)
```

8.3.3 聚合操作

1. reduce(func)归约操作

reduce(func)方法可以使用指定的满足交换律或结合律的运算符(由函数定义)来归约

RDD 中的所有元素,这里的交换律和结合律表示操作与执行的顺序无关,这是分布式处理所要求的,因为在分布式处理中,顺序往往无法得到保证。reduce 将 RDD 中前两个元素传递给 func 函数,产生一个新的值,新产生的值与 RDD 中下一个元素再被传递给 func 函数,重复下去直到最后只有一个元素被处理为止。参数 func 指定接收两个输入的匿名函数,示例如下。

```
scala>val rdd1=sc.parallelize(List(1,2,3,4,5))
scala>rdd1.reduce((x,y)=>x+y)           //对 RDD 中的元素求和
res1: Int =15
scala>rdd1.reduce((x,y)=>x * y)         //对 RDD 中的元素求乘积
res2: Int =120
```

2. fold(zeroValue)(func)归约操作

fold()方法可以使用给定的 func 和 zeroValue 归约 RDD 中每个分区的元素,然后把每个分区的归约结果再归约。该方法和 reduce()方法的功能相似,但 fold()方法需要给定初始值(zeroValue),示例如下。

```
scala>val rdd2=sc.parallelize(List(1,2,3,4), 2)    //创建两个分区的 RDD
scala>rdd2.glom().collect()                        //查看每个分区中的数据
res4: Array[Array[Int]] =Array(Array(1, 2), Array(3, 4))
scala>rdd2.fold(1)((x,y)=>x+y)                     //提供的初始值为 1
res5: Int =13
```

从上面输出结果 13 可以看出,fold(1)中 1 除了在每个分区计算中作为初始值使用之外,在最后的归约操作中仍然需要再被使用一次,最终结果是 1×(分区数目+1) + (rdd2 各元素的和)。

8.3.4 foreach(func)操作和 lookup(key:K)操作

1. foreach(func)操作

操作 foreach(func)方法可以把指定的有名称函数或匿名函数 func 应用到 RDD 中的每个元素上,也即遍历处理,示例如下。

```
scala> val words = sc.parallelize(Array("Difficult circumstances serve as a textbook of life for people"))
scala>val longwords =words.flatMap(x=>x.split(' ')).filter(x=>x.length >6)
scala>longwords.foreach(println)
Difficult
circumstances
textbook
```

2. lookup(key)操作

lookup(key)方法可以用于(key,value)"键-值"对类型的 RDD,查找指定键 key 对应的值 value,返回 RDD 中该 key 对应的所有 value 值,示例如下。

```
scala>var LKRDD =sc.makeRDD(Array(("A",0),("A",2),("B",1),("B",2),("C",1)))
scala>LKRDD.lookup("A")
res22: Seq[Int] =WrappedArray(0, 2)
```

8.3.5 saveAsTextFile(path)存储操作

saveAsTextFile(path)方法可以将 RDD 的元素以文本的形式保存到 path 所表示的目录中的文本文件中。Spark 会对 RDD 中的每个元素调用 toString()方法,将每个元素转换为文本文件中的一行。Spark 会将传入的路径作为目录对待,会在那个目录下输出多个文件,示例如下。

```
//创建 RDD
scala>val rddText = sc.parallelize(List("Constant dropping wears the stone.", "A great ship asks for deep waters.","It is never too late to learn."),3)
//下面将上述创建的 rddText 写入/home/hadoop/input 中
scala>rddText.saveAsTextFile("file:/home/hadoop/input/output")
```

以上命令将在/home/hadoop/input 目录中生成一个子目录 output,在 output 子目录下生成 4 个文件如图 8-2 所示,part-00000 存放的内容是"Constant dropping wears the stone.";part-00001 存放的内容是"A great ship asks for deep waters.";part-00002 存放的内容是"It is never too late to learn.";part 代表的是分区,有多个分区,会有多个 part-xxxxxx 的文件。

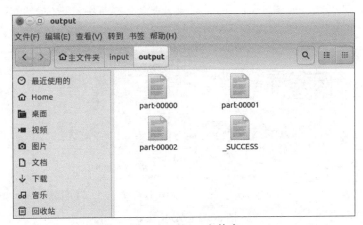

图 8-2　output 文件夹

使用下面的命令能够以一个 part-00000 文件来保存 RDD 中的内容。

```
scala>rddw1.repartition(1).saveAsTextFile("file:/home/hadoop/input/output")
```

◆ 8.4　RDD 之间的依赖关系

不同的操作会使得不同 RDD 中的分区会产生不同的依赖。RDD 的每次转换都会生成一个新的 RDD,所以 RDD 之间就会形成类似流水线一样的前后依赖关系。在部分分区数据丢失时,Spark 可以通过这个依赖关系重新计算丢失的分区数据,而不是对 RDD 的所有分区重新计算。RDD 之间的依赖关系分为窄依赖(narrow dependency)和宽依赖(wide dependency)。

1. 窄依赖

窄依赖是指父 RDD 的每个分区只被子 RDD 的一个分区使用，子 RDD 分区通常对应数个父 RDD 分区，如图 8-3 所示。

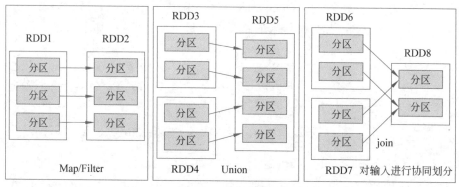

图 8-3　RDD 窄依赖

2. 宽依赖

宽依赖是指父 RDD 的每个分区都可能被多个子 RDD 分区所使用，子 RDD 分区通常对应所有的父 RDD 分区，如图 8-4 所示。

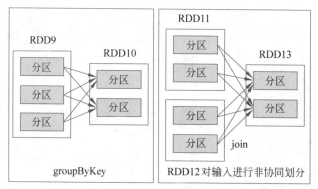

图 8-4　RDD 宽依赖

3. 二者的比较

相比于宽依赖，窄依赖对优化更有利，这主要基于以下两点。

（1）宽依赖往往对应着随机重排操作。

宽依赖往往对应着随机重排操作，需要在运行过程中将同一个父 RDD 的分区传入不同的子 RDD 分区中，中间可能涉及多个结点之间的数据传输；而窄依赖的每个父 RDD 的分区只会传入一个子 RDD 分区中，通常可以在一个结点内完成转换。

（2）当 RDD 分区丢失时对数据进行重算。

① 对于窄依赖，由于父 RDD 的一个分区只对应一个子 RDD 分区，所以这样只需要重算和子 RDD 分区对应的父 RDD 分区即可，这个重算对数据的利用率是 100% 的。

② 对于宽依赖，重算的父 RDD 分区对应多个子 RDD 分区，这样实际上父 RDD 中只有一部分数据是被用于恢复这个丢失的子 RDD 分区，另一部分对应子 RDD 的其他未丢失分区，这就造成了多余的计算；更一般地，宽依赖中子 RDD 分区通常来自多个父 RDD 分区，

极端情况下,所有的父 RDD 分区都要重新进行计算。

8.5 RDD 的持久化

由于 Spark RDD 转换操作是惰性求值的,只有进行 RDD 行动操作时才会触发运行前面定义的 RDD 转换操作。如果某个 RDD 会被反复重用,Spark 会在每一次调用行动操作时去重新进行 RDD 的转换操作,这样频繁的重算在迭代算法中的开销很大,迭代计算经常需要多次重复使用同一组数据。

Spark 非常重要的一个功能特性就是可以将 RDD 持久化(缓存)在内存中。当对 RDD 进行持久化操作时,每个结点都会将自己操作的 RDD 分区持久化到内存中,之后对该 RDD 的反复使用中,可以直接使用内存缓存的分区,而不需要从头计算这个 RDD。对于迭代式算法和快速交互式应用来说,RDD 持久化是非常重要的。例如,有多个 RDD,它们的依赖关系如图 8-5 所示。

在图 8-5 中,Spark 对 RDD3 进行了两次转换操作,分别生成了 RDD4 和 RDD5。若 RDD3 没有持久化保存,则每次对 RDD3 操作时都需要从 textFile() 开始计算,将文件数据转换为 RDD1,再转换为 RDD2,然后转换为 RDD3。

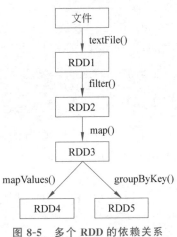

图 8-5 多个 RDD 的依赖关系

Spark 的持久化机制还是自动容错的,如果持久化的 RDD 的任何分区丢失了,那么 Spark 会自动通过其源 RDD 使用转换操作重新计算该分区,但不需要计算所有的分区。

要持久化一个 RDD,只需调用 RDD 对象的 cache() 方法或者 persist() 方法即可。cache() 方法是使用默认存储级别的快捷方法,只有一个默认的存储级别 MEMORY_ONLY(数据仅保留在内存),而 persist() 方法可以通过 org.apache.spark.storage.StorageLevel 对象设置存储级别。RDD 持久化实现方式如下。

RDD.persist(存储级别):持久化,存储级别如表 8-2 所示。

RDD.unpersist():取消持久化。

表 8-2 存储级别

持久化级别	说明
MEMORY_ONLY	默认值,数据仅保留在内存
MEMORY_ONLY_SER	数据序列化后保存在内存中
MEMORY_AND_DISK	数据先写到内存,如果内存放不下所有数据,则溢写到磁盘上
MEMORY_AND_DISK_SER	数据序列化后先写到内存,内存不足则溢写到磁盘
DISK_ONLY	数据仅存在磁盘上

注意:对于上述任意一种持久化策略,如果加上后缀_2,则表示把持久化数据存为

两份。

巧妙使用 RDD 持久化,在某些场景下可以将 Spark 应用程序的性能提升 10 倍。对于迭代式算法和快速交互式应用来说,RDD 持久化是非常重要的。持久化举例如下。

```
scala>val rdd1 =sc.parallelize(List(1,2,3,4,5,6,2,5,1))
scala>val rdd2 =rdd1.map(x=>x+2)          //用 map()方法对 rdd1 中的每个数进行加 2 操作
scala>val rdd3 =rdd2.map(x =>x * x)
scala>rdd3.cache()                //持久化,这时并不会缓存 rdd3,因为 rdd3 还没有被计算生成
res45: rdd3.type =MapPartitionsRDD[76] at map at <console>:31
scala>rdd3.count()                //count()返回 rdd3 中元素的个数
res46: Long = 9
```

rdd3.count()方法为第 1 次执行操作,触发 1 次真正从头到尾的计算,这时运行上面的 rdd3.cache()方法,把 rdd3 放到缓存中。

```
scala>rdd3.countByValue()         //返回各元素在 rdd3 中出现的次数
res47: scala.collection.Map[Int,Long] =Map(25 ->1, 9 ->2, 64 ->1, 49 ->2, 16 ->2, 36 ->1)
```

rdd3.countByValue()方法为第二次执行操作,不需要触发从头到尾的计算,只需要重复使用上面缓存中的 rdd3。

◆ 8.6 项目实战:用 Spark RDD 实现词频统计

使用 Scala 语言编写的 Spark 应用程序需要使用 sbt 编译打包,使用 Java 语言编写的 Spark 应用程序需要使用 Maven 编译打包,使用 Python 语言编写的 Spark 应用程序则可以通过 spark-submit 直接提交。

8.6.1 安装 sbt

使用 Scala 语言编写的 Spark 程序需要使用 sbt 编译打包。Spark 中没有自带 sbt,需要单独安装,用户可以到下面地址下载 sbt 安装文件 sbt-1.3.8.tgz。

```
https://www.scala-sbt.org/download.html
```

将文件下载保存到 Linux 系统的"/home/hadoop/下载"目录下,使用 hadoop 用户登录 Linux 系统,在终端中执行如下命令。

```
$ sudo mkdir /usr/local/sbt                #创建安装目录
$ cd ~/下载
$ sudo tar -zxvf ./sbt-1.3.8.tgz -C /usr/local
$ cd /usr/local/sbt
$ sudo chown -R hadoop /usr/local/sbt      #此处的 hadoop 是 Linux 系统当前登录用户名
$ cp ./bin/sbt-launch.jar ./    #把 bin 目录下的 sbt-launch.jar 复制到 sbt 安装目录下
```

接下来使用 gedit 编辑器在/usr/local/sbt 中创建 sbt 脚本,用于启动 sbt。

```
$gedit /usr/local/sbt/sbt
```

在 sbt 脚本文件中添加如下内容。

```
#!/bin/bash
SBT_OPTS="-Xms512M -Xmx1536M -Xss1M -XX:+CMSClassUnloadingEnabled -XX:
MaxPermSize=256M"
java $SBT_OPTS -jar `dirname $0`/sbt-launch.jar "$@"
```

保存 sbt 脚本文件后退出 gedit 编辑器,然后为 sbt 脚本文件增加可执行权限,如下所示。

```
$ chmod u+x /usr/local/sbt/sbt
```

最后运行如下命令,检验 sbt 是否可用。

```
$ cd /usr/local/sbt
$ ./sbt sbtVersion
Java HotSpot(TM) 64-Bit Server VM warning: ignoring option MaxPermSize=256M;
support was removed in 8.0
[info] [launcher] getting org.scala-sbt sbt 1.3.8 (this may take some time)...
```

确保计算机处于联网状态,首次运行该命令时系统会长时间处于"getting org.scala-sbt sbt 1.3.8 (this may take some time)..."的下载状态。最后如果显示下面所示的信息,表明 sbt 安装成功。

```
[warn] No sbt.version set in project/build.properties, base directory: /usr/
local/sbt
[info] Set current project to sbt (in build file:/usr/local/sbt/)
[info] 1.3.8
```

8.6.2 编写词频统计的 Scala 应用程序

WordCount(词频统计程序)是大数据领域的一个经典的例子,与 Hadoop 实现的 WordCount 程序相比,Spark 实现的版本要显得更加简洁。

在终端中执行如下命令创建一个名为 sparkapp 的目录作为应用程序根目录。

```
$ cd /home/hadoop                              #进入用户主目录
$ mkdir ./sparkapp                             #创建 sparkapp 目录
$ mkdir -p ./sparkapp/src/main/scala           #递归创建所需的目录结构
```

需要注意的是,为了能够使用 sbt 对 Scala 应用程序编译打包,需要把应用程序代码文件放在 sparkapp 目录下的 src/main/scala 子目录下。

```
$ cd /home/hadoop/sparkapp/src/main/scala
$ gedit WordCount.scala    #创建 WordCount.scala 文件
```

然后在 WordCount.scala 文件中输入以下代码。

```
/* WordCount.scala */
import org.apache.spark.SparkContext
import org.apache.spark.SparkContext._
import org.apache.spark.SparkConf
object WordCount {
    def main(args: Array[String]) {
        val conf = new SparkConf().setAppName("WordCount Application")
```

```
            val sc = new SparkContext(conf)
            val lines = sc.textFile("file:/home/hadoop/data.txt")    //读取本地文件
            val words = lines.flatMap(line => line.split(" "))
            val pairs = words.map(word => (word, 1))
            val wordCounts = pairs.reduceByKey(_ + _)
        wordCounts.foreach(word => println(word._1 + " " + word._2))
    }
}
```

上述代码的功能是:统计/home/hadoop/data.txt 文件中单词的词频,文件内容如下。

```
What is your most ideal day
Do you know exactly how you want to live your life for the next five days
five weeks
five months or five years
When was the last best day of your life
When is the next
```

不同于 Spark shell,独立应用程序需要通过"val sc = new SparkContext(conf)"初始化 SparkContext。

8.6.3 使用 sbt 打包 Scala 应用程序

WordCount.scala 程序依赖于 Spark API,因此,需要使用 sbt 编译打包。首先需要使用 gedit 编辑器在/home/hadoop/sparkapp 目录下新建文件 wordcount.sbt,命令如下。

```
$ gedit /home/hadoop/sparkapp/wordcount.sbt
```

wordcount.sbt 文件用于声明该独立应用程序的信息以及与 Spark 的依赖关系,需要在 wordcount.sbt 文件中输入以下内容。

```
name := "WordCount Project"
version := "1.0"
scalaVersion := "2.12.15"
libraryDependencies += "org.apache.spark" %% "spark-core" % "3.2.0"
```

wordcount.sbt 文件需要指明 Spark 和 Scala 的版本。在上面的配置信息中,scalaVersion 用来指定 Scala 的版本,sparkcore 用来指定 Spark 的版本,这两个版本信息都可以在之前启动 Spark shell 的过程中从屏幕的显示信息中找到。

为了保证 sbt 能够正常运行,需要先执行如下命令检查整个应用程序的文件结构。

```
$ cd /home/hadoop/sparkapp
$ find.
```

此文件结构应该是类似如下所示的内容。

```
.
./src
./src/main
./src/main/scala
./src/main/scala/WordCount.scala
./wordcount.sbt
```

接下来可以通过如下代码将整个应用程序打包成 JAR(首次运行时,sbt 会自动下载相关的依赖包)。

```
$cd ~/sparkapp          #一定把这个目录设置为当前目录
$/usr/local/sbt/sbt package
```

对刚刚安装的 Spark 和 sbt 而言,第一次执行上面命令时,系统会自动从网上下载各种相关的文件,因此上面执行过程需要多耗费几分钟,如果过了很长时间仍没反应或部分文件下载失败,则可重复执行上述命令直到相关文件下载成功、返回成功打包的信息,即屏幕上最后出现如下类似的信息。

```
[info] Set current project to WordCount Project (in build file:/home/hadoop/
sparkapp/)
[info] Compiling 1 Scala source to /home/hadoop/sparkapp/target/scala-2.12/
classes ...
[success] Total time: 14 s, completed 2022-3-26 12:18:10
```

生成的 JAR 包的位置如下。

```
/home/hadoop/sparkapp/target/scala-2.12/wordcount-project_2.12-1.0.jar
```

可通过如下命令看到该文件。

```
$cd /home/hadoop/sparkapp/target/scala-2.12
$ls
classes update wordcount-project_2.12-1.0.jar
```

8.6.4　通过 spark-submit 运行程序

用户可以将生成的 JAR 包通过 spark-submit 提交到 Spark 中运行,命令如下。

```
$ /usr/local/spark/bin/spark-submit --class "WordCount" ~/sparkapp/target/
scala-2.12/wordcount-project_2.12-1.0.jar
```

最终得到的结果如图 8-6 所示。

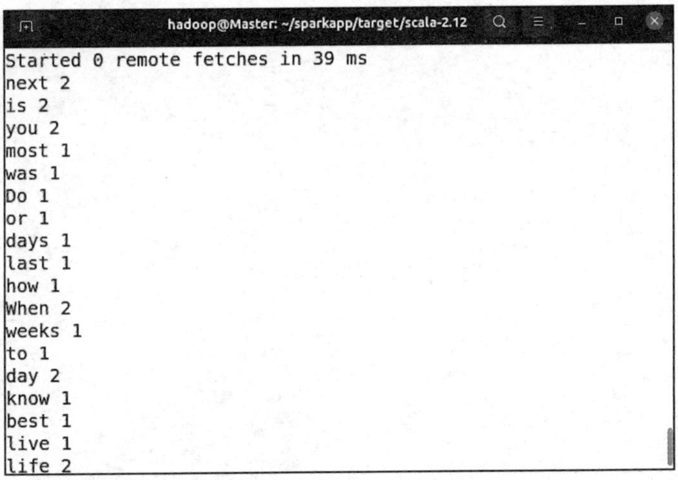
hadoop@Master: ~/sparkapp/target/scala-2.12
Started 0 remote fetches in 39 ms
next 2
is 2
you 2
most 1
was 1
Do 1
or 1
days 1
last 1
how 1
When 2
weeks 1
to 1
day 2
know 1
best 1
live 1
life 2

图 8-6　wordcount-project_2.12-1.0.jar 运行的结果

8.7 项目实战：分析学生考试成绩

1. 数据文件

student.txt 文件中包含学生学号、学生姓名、学生年龄 3 个字段，两个字段之间间隔 4 个空格，具体数据如下所示。

```
1001 李明 18
1002 王磊 18
1003 陈华 19
1004 张丽 18
1005 张辉 20
1006 丁华 18
1007 刘涛 18
1008 杨雪 18
1009 孙菲菲 19
1010 王佳丽 18
1011 柳一梦 18
1012 冯程程 19
```

Spark_grade.txt 文件中包含学生学号、Spark、成绩 3 个字段，具体数据如下所示。

```
1001 Spark 92
1002 Spark 98
1003 Spark 100
1004 Spark 97
1005 Spark 91
1006 Spark 95
1007 Spark 100
1008 Spark 93
1009 Spark 89
1010 Spark 88
1011 Spark 92
1012 Spark 94
```

Scala_Python_grade.txt 文件包含学生学号、Scala、Scala 成绩、Python、Python 成绩 5 个字段，具体数据如下所示。

```
1001 Scala 96 Python 96
1002 Scala 94 Python 94
1003 Scala 100 Python 95
1004 Scala 100 Python 98
1005 Scala 95 Python 100
1006 Scala 94 Python 84
1007 Scala 95 Python 100
1008 Scala 88 Python 84
1009 Scala 85 Python 93
1010 Scala 94 Python 84
1011 Scala 90 Python 93
1012 Scala 96 Python 84
```

将上述数据文件放在本地磁盘的 /home/hadoop 目录下。

2. 任务实现

（1）以 student.txt 中的数据创建名称为 studentRDD 的 RDD，命令如下。

```
scala>val studentRDD=sc.textFile("file:/home/hadoop/student.txt")
```

（2）以 Spark_grade.txt 中的数据创建名称为 SparkRDD 的 RDD，命令如下。

```
scala>val SparkRDD=sc.textFile("file:/home/hadoop/Spark_grade.txt")
```

（3）以 Scala_Python_grade.txt 中的数据创建名称为 Scala_PythonRDD 的 RDD，命令如下。

```
scala>val Scala_PythonRDD=sc.textFile("file:/home/hadoop/Scala_Python_grade.txt")
```

（4）根据 SparkRDD，取出成绩排名前 5 的学生成绩信息，代码如下。

```
scala>val m_SparkRDD=SparkRDD.map{v=>val line=v.split(" "); (line(0), line(1), line(2).toInt)}
scala>val sort_SparkRDD=m_SparkRDD.sortBy(x=>x._3, false)
scala>sort_SparkRDD.take(5).foreach(println)   //Spark 成绩排名前 5 的学生成绩信息
(1003,Spark,100)
(1007,Spark,100)
(1002,Spark,98)
(1004,Spark,97)
(1006,Spark,95)
```

（5）根据 Scala_PythonRDD 取出 Scala 成绩排名前 5 的学生成绩信息，取出 Python 成绩排名前 5 的学生成绩信息，代码如下。

```
scala>val m_ScalaRDD=Scala_PythonRDD.map{v=>val line=v.split(" "); (line(0), line(1), line(2).toInt)}
scala>val sort_ScalaRDD=m_ScalaRDD.sortBy(x=>x._3, false)
scala>sort_ScalaRDD.take(5).foreach(println)    //Scala 成绩排名前 5 的学生成绩信息
(1003,Scala,100)
(1004,Scala,100)
(1001,Scala,96)
(1012,Scala,96)
(1005,Scala,95)
scala>val m_PythonRDD=Scala_PythonRDD.map{v=>val line=v.split(" "); (line(0), line(3), line(4).toInt)}
scala>val sort_PythonRDD=m_PythonRDD.sortBy(x=>x._3, false)
scala>sort_PythonRDD.take(5).foreach(println)
                                        //Python 成绩排名前 5 的学生成绩信息
(1005,Python,100)
(1007,Python,100)
(1004,Python,98)
(1001,Python,96)
(1003,Python,95)
```

（6）找出单科成绩为 100 的学生 Id，将最终的结果集合到一个 RDD 中。

通过 filter 操作过滤出 Python 成绩为 100 分的学生 Id，代码如下。

```
scala>val PythonRDD_Id=m_PythonRDD.filter(x=>x._3==100).map(x=>x._1)
```

通过 filter 操作过滤出 Scala 和 Spark 成绩为 100 分的学生 Id,代码如下。

```
scala>val ScalaRDD_Id=m_ScalaRDD.filter(x=>x._3==100).map(x=>x._1)
scala>val SparkRDD_Id=m_SparkRDD.filter(x=>x._3==100).map(x=>x._1)
```

通过 union 操作合并成绩为 100 的 Id,并利用 distinct 操作去重得到成绩为 100 的学生 Id,代码如下。

```
scala>val Id=PythonRDD_Id.union(ScalaRDD_Id).union(SparkRDD_Id).distinct
scala>Id.collect
res6: Array[String] =Array(1005, 1007, 1003, 1004)
```

(7) 输出每位学生所有科目的总成绩。

用 union 操作将 3 门课的 RDD 合并,代码如下。

```
scala>val all_scoreRDD =m_PythonRDD.union(m_ScalaRDD).union(m_SparkRDD)
```

将 all_scoreRDD 转换成(Id,score)"键-值"对型的 RDD,然后通过 reduceByKey 方法按指定的函数聚合 Id 相同的成绩并输出结果,代码如下。

```
scala>val total_scoreRDD =all_scoreRDD.map(x=>(x._1,x._3)).reduceByKey((a,b)
=>a+b)
scala>val sort_total_scoreRDD =total_scoreRDD.sortBy(x=>x._1)
scala>sort_total_scoreRDD.collect
res9: Array[(String, Int)] = Array((1001,284), (1002,286), (1003,295), (1004,
295), (1005,286), (1006,273), (1007,295), (1008,265), (1009,267), (1010,266),
(1011,275), (1012,274))
```

(8) 输出每位学生的平均成绩,代码如下。

```
scala>val avg_scoreRDD =sort_total_scoreRDD.map(x=>(x._1, x._2/3))
scala>avg_scoreRDD.collect   //输出平均成绩
res11: Array[(String, Int)] =Array((1001,94), (1002,95), (1003,98), (1004,98),
(1005,95), (1006,91), (1007,98), (1008,88), (1009,89), (1010,88), (1011,91),
(1012,91))
```

(9) 将学生成绩汇总为一个文件,文件中每个学生包含的字段有学号、姓名、年龄、Spark 成绩、Scala 成绩、Python 成绩、总成绩、平均成绩。

该任务就是前面几个任务的结果连接起来,并将结果保存为文本文件。

先将学生信息表与 Spark 成绩表连接,采用 join() 方法将结果与 Scala 成绩表连接,同样采用 join() 方法连接 Python 成绩,代码如下。

```
scala>val student = sc.textFile("file:/home/hadoop/student.txt").map{x=>val
line=x.split(" "); (line(0),(line(1),line(2)))}
scala>val stu1=student.join(m_SparkRDD.map(x=>(x._1, x._3))).join(m_ScalaRDD.
map(x=>(x._1, x._3))).join(m_PythonRDD.map(x=>(x._1, x._3)))
stu1: org.apache.spark.rdd.RDD[(String, ((((String, String), Int), Int), Int))]
=MapPartitionsRDD[104] at join at <console>:26
scala>val sort_stu=stu1.map(x=>(x._1,(x._2._1._1._1._1,x._2._1._1._1._2, x._2.
_1._1._2, x._2._1._2, x._2._2))).sortBy(x=>x._1)
sort_stu: org.apache.spark.rdd.RDD[(String, (String, String, Int, Int, Int))] =
MapPartitionsRDD[129] at sortBy at <console>:23
scala>val stu2 =sort_stu.join(total_scoreRDD).join(avg_scoreRDD)
```

```
stu2: org.apache.spark.rdd.RDD[(String, (((String, String, Int, Int, Int), Int),
Int))] =MapPartitionsRDD[135] at join at <console>:25
scala>val stu3 =stu2.map(x=>Array(x._1,x._2._1._1._1, x._2._1._1._2, x._2._1._
1._3, x._2._1._1._4, x._2._1._1._5, x._2._1._2, x._2._2).mkString(","))
stu3: org.apache.spark.rdd.RDD[String] = MapPartitionsRDD[138] at map at <
console>:23
scala>stu3.collect
res22: Array[String] =Array(1005,张辉,20,91,95,100,286,95, 1006,丁华,18,95,94,
84,273,91, 1001,李明,18,92,96,96,284,94, 1010,王佳丽,18,88,94,84,266,88, 1007,刘
涛,18,100,95,100,295,98, 1008,杨雪,18,93,88,84,265,88, 1002,王磊,18,98,94,94,
286,95, 1011,柳一梦,18,92,90,93,275,91, 1012,冯程程,19,94,96,84,274,91, 1009,孙菲
菲,19,89,85,93,267,89, 1003,陈华,19,100,100,95,295,98, 1004,张丽,18,97,100,98,
295,98)
//将汇总结果保存到/home/hadoop/summary目录下
scala>stu3.repartition(1).saveAsTextFile("file:/home/hadoop/summary")
```

在目录 summary 下生成汇总文件 part-00000,文件中的数据如图 8-7 所示。

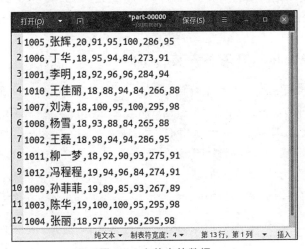

图 8-7 文件中的数据

8.8 习 题

1. 列举创建 RDD 的方式。
2. 简述划分窄依赖、宽依赖的依据。
3. 简述 RDD 转换操作与行动操作的区别。
4. 列举常用的转换操作。
5. 列举常用的行动操作。

第9章 Windows 环境下的 Spark 综合编程

本章介绍在 Windows 系统下的 Spark 应用开发,主要包括 Windows 环境下 Spark 与 Hadoop 的安装、用 Intellij IDEA 搭建 Spark 开发环境、从 MySQL 数据库中读取数据,项目实战为分析商品订单并将分析结果保存至数据库。

◆ 9.1 Windows 环境下安装 Spark 与 Hadoop

9.1.1 Windows 环境下安装 Spark

将下载的 Spark 安装文件解压到指定目录即可使用,Spark 安装文件下载的地址为 http://spark.apache.org/downloads.html,本书选择的是 spark-2.4.5-bin-hadoop2.7.tgz 版本,将其解压至 D:\spark-2.4.5-bin-hadoop2.7 目录。

配置环境变量,创建环境变量"SPARK_HOME: D:\spark-2.4.5-bin-hadoop2.7",为 PATH 添加"%SPARK_HOME%\bin",然后测试是否安装成功:打开 cmd 命令行,输入 spark-shell,出现如图 9-1 所示的界面说明安装成功。

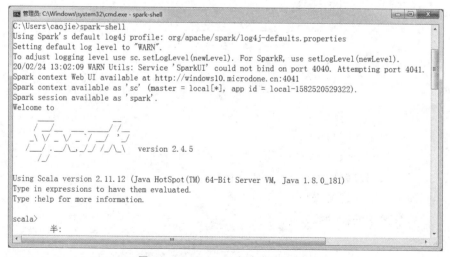

图 9-1 spark-shell 启动成功的界面

9.1.2 Windows 环境下安装 Hadoop

如果只使用 Spark On Standalone 这种运行模式就不需要安装 Hadoop,若需使用 Spark On YARN 运行模式或者需要从 HDFS 取数据，则需要安装 Hadoop，且需要安装与上面 spark-2.4.5-bin-hadoop2.7 对应版本的 Hadoop；本书选择的是 hadoop-2.7.7.tar.gz 版本。

将安装包解压到指定目录即可完成 Hadoop 的安装，本书解压到 D:\hadoop-2.7.7 目录。

配置环境变量如下。

创建环境变量"HADOOP_HOME：D:\hadoop-2.7.7"。

Path 添加"%HADOOP_HOME%\bin"。

使用编辑器打开 D:\hadoop-2.7.7\etc\hadoop\hadoop-env.cmd，将"set JAVA_HOME"的值修改为 jdk 的位置"set JAVA_HOME=C:\PROGRA~1\Java\jdk1.8.0_181"。

注意：PROGRA~1 代表 Program Files 目录。

测试 Hadoop 是否安装成功：打开 cmd 命令行输入 hadoop，出现如图 9-2 所示的界面说明安装成功。执行 hadoop version 命令后，显示 Hadoop 的版本 Hadoop 2.7.7 表明 Hadoop 安装成功。

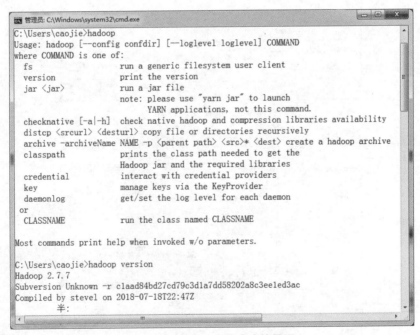

图 9-2　Hadoop 安装成功的界面

9.2　用 IntelliJ IDEA 搭建 Spark 开发环境

Spark shell 的交互式开发环境会对每个指令做出反馈，故其适合在学习以及测试时使用，而在开发大的应用程序时，由于需要很多行代码、涉及很多函数和类，这时候 Spark shell 环境就很难胜任，需要一个合适的集成开发环境。在 Windows 环境下，本书选择使用

IntelliJ IDEA 搭建 Spark 开发环境。

9.2.1 下载与安装 IntelliJ IDEA

1. 下载安装软件

打开官网 http://www.jetbrains.com/idea/，单击页面中的 Download 按钮，根据自己的需要选择 IntelliJ IDEA 版本并下载，本书选择的是免费开源的 Community 版（社区版）。

2. 安装 IntelliJ IDEA

双击下载好的安装软件，然后单击 Next 按钮，选择安装位置如图 9-3 所示。

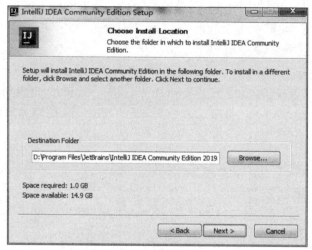

图 9-3 选择安装位置

在如图 9-3 的对话框中单击 Next 按钮，进入安装选项界面如图 9-4 所示。

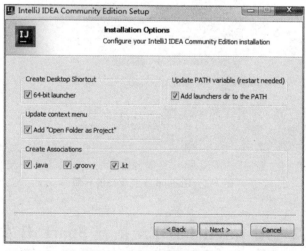

图 9-4 勾选安装选项界面

然后单击 Next 按钮，之后单击 Install 按钮开始安装，最后单击 Finish 按钮完成安装。

双击生成的 IntelliJ IDEA 桌面图标，运行 IntelliJ IDEA，此时软件会询问是否导入以前的设定，选择不导入，如图 9-5 所示，单击 OK 按钮进入下一步。

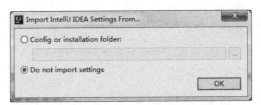

图 9-5　询问是否导入以前的设定

如图 9-6 所示,选择 UI 主题(可以选择白色或者黑色背景),单击左下角的 Skip ALL and Set Defaults 按钮跳过其他设置并采用默认设置,将出现如图 9-7 所示的运行界面,这表示安装完成了。

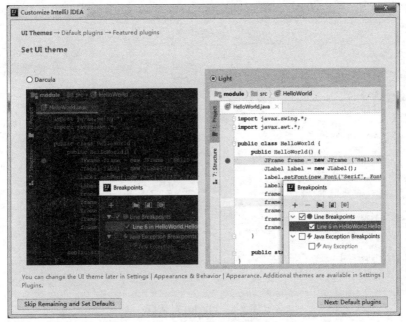

图 9-6　选择 UI 主题

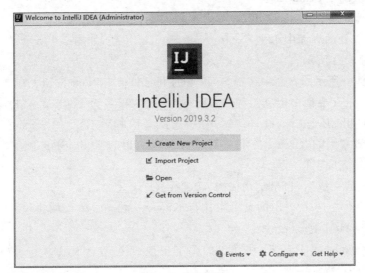

图 9-7　运行界面

9.2.2 安装与使用 Scala 插件

1. 安装 Scala 插件

由于之前单击了 Skip ALL and Set Defaults 按钮,采用了默认安装方式,因此并没有安装 Scala 插件,需要在图 9-7 所示的界面中单击右下角的 Configure 右侧的下拉按钮,选择下面的 Plugins 选项安装插件。

此时弹出的 Plugins 对话框,如图 9-8 所示,在左上角搜索框中输入 Scala 进行搜索,在搜索框下方会给出搜索结果,单击搜到的 Scala 右边的 Install 按钮下载安装 Scala 插件,安装完成后单击 OK 按钮退出。

图 9-8 Plugins 对话框

2. 创建工程测试 Scala 插件

(1) 下面通过建立 Scala 工程来测试 Scala 插件是否安装成功。双击桌面的 IntelliJ IDEA 图标,在打开的界面中单击 Create New Project 选项,如图 9-9 所示,然后进入新建工程的界面,如图 9-10 所示。

(2) 在图 9-10 所示的界面中选择 Scala 下的 IDEA,单击 Next 按钮。在弹出的如图 9-11 所示的 New Project 界面中定义工程名,这里定义的工程名为 HelloWorld。将工程的存放目录设置为 D:\IdeaProjects\HelloWorld,并选择工程所用 JDK 和 Scala SDK 版本,单击"Scala SDK:"最右侧的"Create..."按钮可选择工程所用的 Scala SDK 版本,单击界面下方角的 Finish 按钮完成工程创建。

(3) 工程创建完成后,目录结构如图 9-12 所示。

在 src 目录上右击,在弹出的菜单中执行 New→Package 命令创建包,如图 9-13 所示,这里设置包名为 HelloPackage。

在 HelloPackage 包上右击,在弹出的菜单中执行 New→Scala Class 命令,新建一个 Scala 类,如图 9-14 所示。

第 9 章 Windows 环境下的 Spark 综合编程

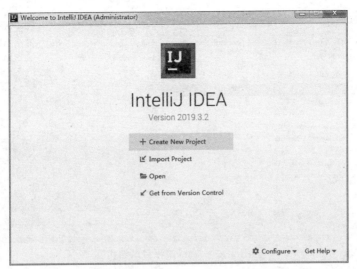

图 9-9 单击 Create New Project 选项

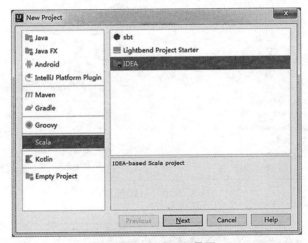

图 9-10 新建工程界面

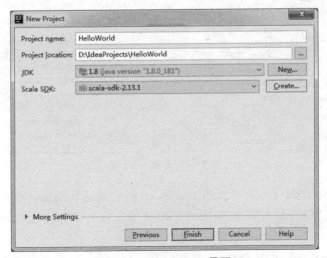

图 9-11 New Project 界面

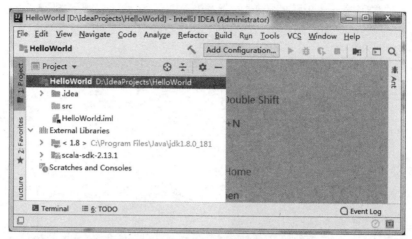

图 9-12　Scala 工程目录结构

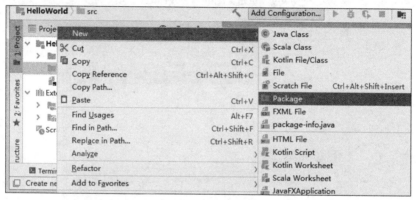

图 9-13　创建包

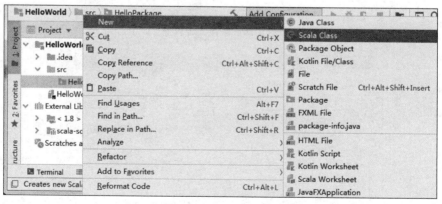

图 9-14　新建 Scala 类

在弹出的窗口中选中 Object，如图 9-15 所示，然后在上面的输入框中输入要新建类的名字，假设需要创建的类的名字为 HelloWorld，则可以在这里输入 HelloWorld，按 Enter 键后完成类的创建。

注意：创建类时如果默认选择的是 Class，则运行程序后默认打开的是 Scala 控制台；

第 9 章 Windows 环境下的 Spark 综合编程

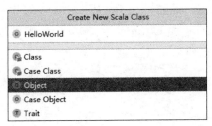

图 9-15　创建 HelloWorld 类

只有先选择 Object 再写类名,运行程序时才会执行程序中的 main() 方法。

在弹出的编写程序代码界面中输入如下程序代码,如图 9-16 所示。

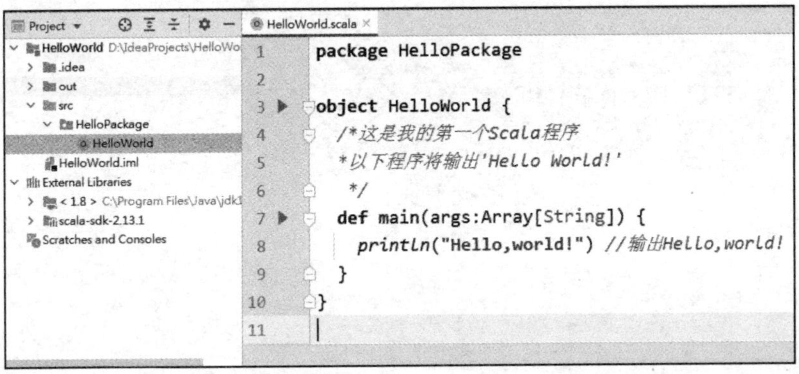

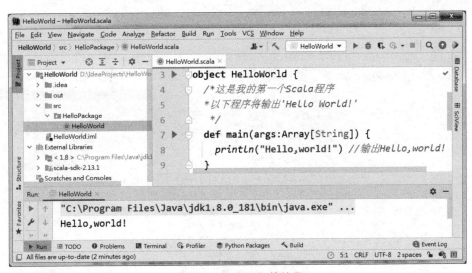

图 9-16　编写程序代码

在左侧的工程目录中选择需要运行的类 HelloWorld,然后在该类上右击,在弹出的菜单中单击"Run 'HelloWorld'"菜单项运行程序,下方的控制台会输出程序的运行结果,如图 9-17 所示。

图 9-17　程序运行的结果

此外,也可以直接在程序上面的 Run 菜单下选择"Run 'HelloWorld'"命令运行创建的 HelloWorld 类。

【例 9-1】 用 Scala 处理输入两个字符串,从第 1 个字符串中删除在第 2 个字符串中出现的所有字符。例如,输入"They are students."和 aeiou,则处理之后的第 1 个字符串应变成"Thy r stdnts."。代码实现如下。

```scala
import scala.io.StdIn
object DeleteStr {
  def main(args: Array[String]): Unit = {
    var str1 = ""
    var str2 = ""
    var i = 0
    var j = 0
    var flag = 0
    print("请输入第 1 个字符串: ")
    str1 = StdIn.readLine()              //从控制台接收一段字符,按 Enter 键结束输入
    print("请输入第 2 个字符串: ")
    str2 = StdIn.readLine()
    print("从第 1 个字符串中删除在第 2 个字符串中出现的所有字符的结果为: ")
    for (i <- 0 to str1.length-1) {
      j = 0
      flag = 0
      for (j <- 0 to str2.length-1) {
        if (str1.charAt(i).equals(str2.charAt(j))) { flag = 1 }
      }
      if (flag == 0) {
        print(str1.charAt(i))
      }
    }
  }
}
```

上述程序代码运行结果如图 9-18 所示。

图 9-18　程序代码运行结果

【例 9-2】 用 Scala 编程实现求出“学生成绩.txt”文件中每个学生的平均成绩，并将之输出。

“学生成绩.txt”文件中的数据如图 9-19 所示，每行包含学生的学号、姓名、Scala 成绩、Python 成绩、Java 成绩，各字段之间按制表符\t 分隔。

求每个学生平均成绩的 Scala 代码如下。

```
import scala.io.{Source, StdIn}
object AverageScore {
  def main(args: Array[String]): Unit ={
    val filePath ="D:\dataset\学生成绩.txt"
    val source =Source.fromFile(filePath,"GBK")
    val lineIterator =source.getLines()
    println("学号\t 姓名\tScala\tPython\tJava\t 平均成绩")
    while (lineIterator.hasNext){
        val list =lineIterator.next().split("\t")
        if (!list(0).equals("学号")){
            val avg =(list(2).toFloat +list(3).toFloat +list(4).toFloat)/3
            println(list(0)+" \t"+list(1)+" \t"+list(2)+" \t"+list(3)+" \t"+
           list(4)+" \t"+avg.formatted("%.2f"))
        }}}}
```

运行上述程序代码输出结果如图 9-20 所示。

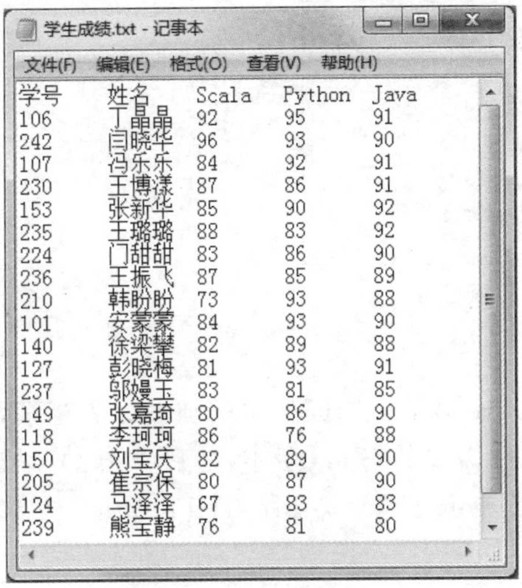

学生成绩.txt - 记事本

文件(F) 编辑(E) 格式(O) 查看(V) 帮助(H)

学号	姓名	Scala	Python	Java
106	丁晶晶	92	95	91
242	闫晓华	96	93	90
107	冯乐乐	84	92	91
230	王博漾	87	86	91
153	张新华	85	90	92
235	王璐璐	88	83	92
224	门甜甜	83	86	90
236	王振飞	87	85	89
210	韩盼盼	73	93	88
101	安蒙蒙	84	93	90
140	徐梁攀	82	89	88
127	彭晓梅	81	93	91
237	郧嫚玉	83	81	85
149	张嘉琦	80	86	90
118	李珂珂	86	76	88
150	刘宝庆	82	89	90
205	崔宗保	80	87	90
124	马泽泽	67	83	83
239	熊宝静	76	81	80

图 9-19 学生成绩.txt

学号	姓名	Scala	Python	Java	平均成绩
106	丁晶晶	92	95	91	92.67
242	闫晓华	96	93	90	93.00
107	冯乐乐	84	92	91	89.00
230	王博漾	87	86	91	88.00
153	张新华	85	90	92	89.00
235	王璐璐	88	83	92	87.67
224	门甜甜	83	86	90	86.33
236	王振飞	87	85	89	87.00
210	韩盼盼	73	93	88	84.67
101	安蒙蒙	84	93	90	89.00
140	徐梁攀	82	89	88	86.33
127	彭晓梅	81	93	91	88.33
237	郧嫚玉	83	81	85	83.00
149	张嘉琦	80	86	90	85.33
118	李珂珂	86	76	88	83.33
150	刘宝庆	82	89	90	87.00
205	崔宗保	80	87	90	85.67
124	马泽泽	67	83	83	77.67
239	熊宝静	76	81	80	79.00

图 9-20 运行程序代码的输出结果

9.2.3 配置全局的 JDK 和 SDK

1. 配置全局的 JDK

为了不用每次都去配置 JDK，这里可以先进行一次全局配置。首先在欢迎界面单击 Configure 按钮，然后在下拉菜单中选择 Structure for New Projects，在打开的 Structure for New Projects 界面的左侧边栏选择 Project，在右侧页面中单击 New，在下拉菜单中选择 JDK 菜单项，如图 9-21 所示，在打开的对话框中选择所安装 JDK 的位置(注意是 JDK 安装的根目录),如图 9-22 所示,将之与系统 JAVA_HOME 中设置的目录保持一致。

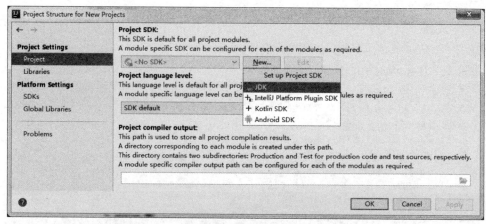

图 9-21　单击 JDK 选项

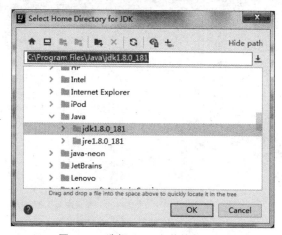

图 9-22　选择 JDK 安装的根目录

2. 配置全局的 SDK

在图 9-21 所示的界面的左侧栏选择 Global Libraries,单击中间栏中的加号标志"+",在下拉菜单中选择 Scala SDK,在打开的对话框中选择需要的 Scala 版本,然后单击 OK 按钮,这时会在中间栏位置处出现 Scala 的 SDK,在其上右击"Copy to Project Libraries…"选项将 Scala SDK 添加到项目的默认 Library 中。

9.2.4　安装 Maven 与创建项目

1. 安装 Maven

下载 Maven 安装文件,下载地址为 http://maven.apache.org/download.cgi,本书下载的是 apache-maven-3.6.3-bin.tar.gz 版本。解压即可完成安装,本书将之解压到 D:\apache-maven-3.6.3\目录下。

配置环境变量如下。

创建环境变量 MAVEN_HOME,值为 D:\apache-maven-3.6.3。

创建环境变量 MAVEN_OPTS,值为"-Xms128m -Xmx512m"。

在 PATH 中添加"%MAVEN_HOME%\bin"。

测试是否安装成功:打开命令行工具,输入"mvn -v"查询 Maven 版本,若输出 Maven 版本信息则表示安装成功。

2. 创建项目

使用 IntelliJ IDEA 开发 Maven 的项目流程如下。

(1)单击 IntelliJ IDEA 的 File 菜单,执行 New→Project 命令创建工程,在打开的页面左侧边栏中选择 Maven,Project SDK 右边方框内会自动填充 JDK,如图 9-23 所示。如果 New Project 界面没有正常显示 JDK,可以单击右侧的"New…"按钮,然后指定 JDK 安装路径的根目录。

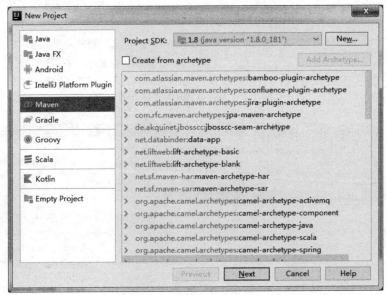

图 9-23 New Project 界面

(2)单击 Next 按钮进入 Maven 项目的新建界面,设置项目名、项目位置、Artifact Coordinates,如图 9-24 所示。

(3)单击 Finish 按钮完成项目的创建。为了让首次体验 Scala 更清爽一些,可以在弹出的如图 9-25 所示的 MavenHelloWorld 界面中将一些暂时无关的文件和目录先删除,只保留 main\java、main\resources 和 test 这 3 个。

(4)将 scala-sdk 添加到这个项目中,方法是在左侧栏中的项目名称上右击,选择"Add Framework Support…",然后在打开的对话框左侧边栏中勾选 Scala 前面的复选框,单击 OK 按钮。

(5)在 main 目录中建立一个名为 scala 的子目录,并右击该目录,选择 Make Directory as,然后选择 Sources Root,将该目录标记为一个源文件的根目录,然后在该目录中的所有代码中的 package 路径就将从 scala 目录这个根目录下开始定位。

(6)在已经标记好为源文件根目录上右击,选择 New→Scala Class→Object(类似于 Java 中含有静态成员的静态类),然后设置类的名称(这里将其设为 HelloWorld),然后按

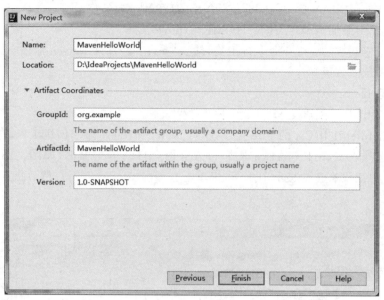

图 9-24 New Project 设置界面

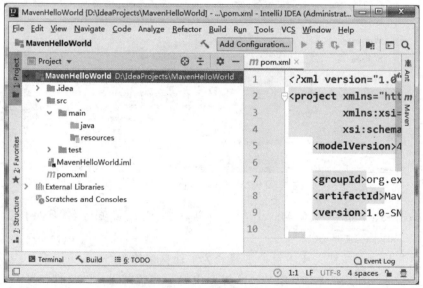

图 9-25 MavenHelloWorld 界面

Enter 键确认,将会打开这个 Object 代码的界面,并且可以看到 IntelliJ IDEA 自动添加了一些最基本的信息。在创建的 object HelloWorld 中输入下面的语句,输入代码后如图 9-26 所示。

```
def main(args: Array[String]):Unit ={
    println("Hello World!")
}
```

(7) 在程序界面的任意位置右击,选择"Run 'HelloWorld'"运行程序,控制台会输出程序的运行结果"Hello World!"。

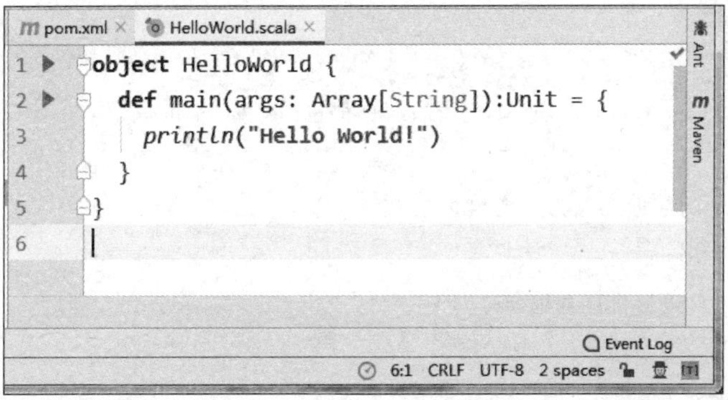

图 9-26　object HelloWorld 界面

9.2.5　开发本地 Spark 应用

虽然 Spark 常常被用于在大型计算机集群上处理大数据,但将其运行于本地计算机能更方便地调试应用程序。

SparkContext 是编写 Spark 程序时需要用到的第一个类,任何 Spark 程序实际操作都是从 SparkContext 对象开始的,SparkContext 是 Spark 应用程序的上下文和入口,无论是 Scala 程序还是 Python 程序,都是通过调用 SparkContext 对象的方法来创建 RDD 的,Spark shell 中的 sc 就是一个 SparkContext 对象。因此,在实际 Spark 应用程序的开发中,在 main()方法中需要创建一个 SparkContext 对象,将之作为实际执行 Spark 应用程序的入口,并应在 Spark 应用程序结束时将之关闭。

但创建 SparkContext 对象之前需要先构建一个 SparkConf 对象,其被用于配置 Spark 应用程序的属性,当中包括设置程序名 setAppName、设置运行模式 setMaster 等,然后才能以配置好的 SparkConf 对象为参数创建 SparkContext 对象。SparkConf 通常是以"键-值"对的形式配置 Spark 应用程序的属性,用户可以通过 set(属性名,属性值)的方式修改属性的属性值。

创建 SparkContext 对象后,用户就可以使用程序中数据集、本地及 HDFS、HBase 等外部存储系统上的文件创建 RDD,之后对 RDD 的转换操作和执行操作与在 Spark shell 环境下的用法一致。

下面给出具体的编写和运行 Spark 应用程序的过程,在 IntelliJ IDEA 中执行 File→New→Project 命令,在打开的页面左侧边栏中选择 Scala,右侧栏选择 IDEA,然后单击 Next 按钮创建 Scala 项目。在弹出的界面中设置项目名(这里设置为 SparkScala)、项目位置(这里设置为 D:\IdeaProjects\SparkScala),JDK 右边方框内会自动填充 jdk,在 Scala SDK 右边方框内选择 spark-2.4.5 对应的 Scala SDK 版本为 2.11.12,如图 9-27 所示。

单击 Finish 按钮完成创建项目,在弹出的界面上右击执行 src→New→Scala Class→Object 命令,输入类名 sortBy,按 Enter 键确认并打开 sortBy.scala 代码编写界面,如图 9-28 所示,接着输入下面的程序代码。

```
import org.apache.spark.{SparkContext,SparkConf}
object sortBy {
```

```scala
def main(args: Array[String]): Unit = {
    val conf = new SparkConf().setAppName("sortBy").setMaster("local[*]")
    val sc = new SparkContext(conf)
    //创建4种商品数据信息的RDD,商品信息都包括名称、单价、数量
    val goods = sc.parallelize(List("radio 30 50","soap 3 60","cup 6 50","bowl 4 80"))
    //将goods的数据存储为3元组
    val goodsTup = goods.map{x => val splits = x.split(" "); (splits(0), splits(1).toDouble, splits(2).toInt)}
    //按商品名称进行排序并输出
    goodsTup.sortBy(_._1).collect().foreach(println)
    //按照商品单价降序排序并输出
    goodsTup.sortBy (x=>x._2, false).collect.foreach(println)
    sc.stop()
}
```

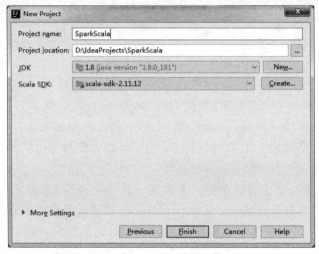

图 9-27　Scala 项目设置

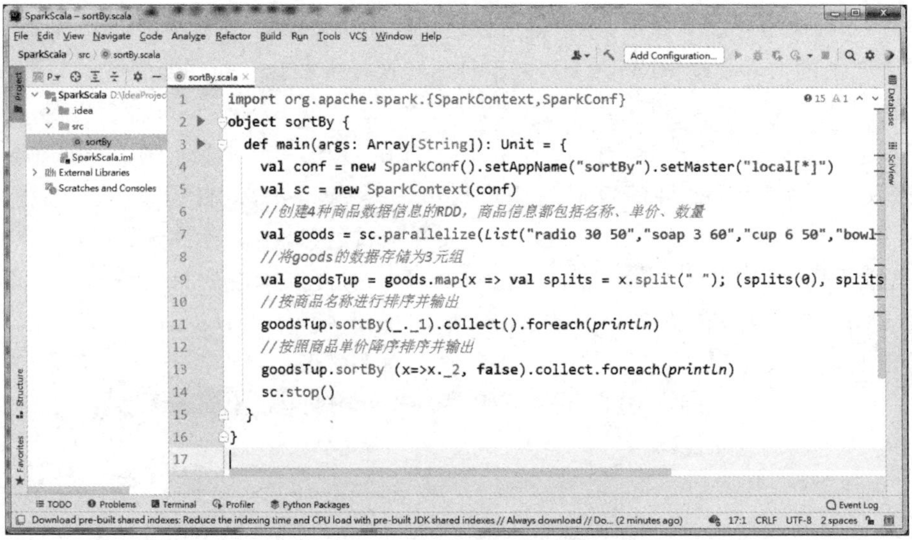

图 9-28　在 object sortBy 中输入代码

🕮 说明：setMaster("local[*]")方法表示在本地运行 Spark，其工作线程与本地计算机上的逻辑内核一样多。

添加 Spark 的 jars 包：右击项目名执行 SparkScala→Open Module Settings→Project Settings→Libraries→"＋"→Java 命令，选择 Spark 安装目录下的 jars 目录，单击 OK 按钮完成。

在代码编辑区的任意位置右击，选择 Run sortBy 命令运行程序代码，控制台将首先输出以下内容。

```
(bowl,4.0,80)
(cup,6.0,50)
(radio,30.0,50)
(soap,3.0,60)
```

然后输出以下内容。

```
(radio,30.0,50)
(cup,6.0,50)
(bowl,4.0,80)
(soap,3.0,60)
```

◆ 9.3 从 MySQL 数据库中读取数据

从 MySQL 数据库中读取数据的程序文件代码如下。

```scala
import java.sql.{Connection, DriverManager, PreparedStatement}

object ReadMySQL {
  def main(args: Array[String]): Unit = {
    val conn = DriverManager.getConnection(
      "jdbc:mysql://localhost:3306/students?characterEncoding=UTF-8&useSSL=false",
      "root",
      "root")
    val statement = conn.prepareStatement("select ID, Name, Python, C, Java from scores")
    val set = statement.executeQuery()
    while (set.next()) {
      //打印到控制台
      println(set.getString("ID") + "," + set.getString("Name") + "," + set.getString("Python") + "," + set.getString("C") + "," + set.getString("Java"))
    }
    set.close()
    statement.close()
    conn.close()
  }
}
```

运行上述程序文件，得到的输出结果如下。

```
1,武彦青,89,86,90
2,刘涛,89,92,91
3,彦梦,84,86,83
4,李宁,83,79,81
5,张丽,80,77,79
6,李明,83,83,86
7,王涛,87,90,85
```

◆ 9.4 项目实战：分析商品订单并将分析结果保存至数据库

已给定订单数据，根据订单的分类 ID 进行聚合，然后按照订单分类名称统计出某一天各个分类商品的成交金额。用到的 test.json 文件内容如下。

```
{"oid":"o123","cid": 1, "money": 600.0, "longitude": 116.397128,"latitude": 39.916527}
{"oid":"o112", "cid": 3, "money": 200.0, "longitude": 118.396128,"latitude": 35.916527}
{"oid":"o124", "cid": 2, "money": 200.0, "longitude": 117.397128,"latitude": 38.916527}
{"oid":"o125", "cid": 3, "money": 100.0, "longitude": 118.397128,"latitude": 35.916527}
{"oid":"o127", "cid": 1, "money": 100.0, "longitude": 116.395128,"latitude": 39.916527}
{"oid":"o128", "cid": 2, "money": 200.0, "longitude": 117.396128,"latitude": 38.916527}
{"oid":"o129", "cid": 3, "money": 300.0, "longitude": 115.398128,"latitude": 35.916527}
{"oid":"o130", "cid": 2, "money": 100.0, "longitude": 116.397128,"latitude": 39.916527}
{"oid":"o131", "cid": 1, "money": 100.0, "longitude": 117.394128,"latitude": 38.916527}
{"oid":"o132", "cid": 3, "money": 200.0, "longitude": 118.396128,"latitude": 35.916527}
```

test.json 文件中的字段说明如下。

① oid：订单 id，String 类型。

② cid：商品分类 id，Int 类型。

③ money：订单金额，Double 类型。

④ longitude：经度，Double 类型。

⑤ latitude：纬度，Double 类型。

用到的 cid.txt 文件的内容如下。

```
1,家居
2,衣服
3,食物
```

创建 Maven 项目，在 pom.xml 配置文件中添加如下内容连接解析 JSON 的依赖和 MySQL 连接依赖。

```xml
<dependencies>
    <!--解析 JSON 的依赖 -->
    <dependency>
        <groupId>com.alibaba</groupId>
        <artifactId>fastjson</artifactId>
        <version>1.2.57</version>
    </dependency>
    <!--MySQL 连接依赖 -->
    <dependency>
        <groupId>mysql</groupId>
        <artifactId>mysql-connector-java</artifactId>
        <version>5.1.9</version>
    </dependency>
</dependencies>
```

在 MySQL 数据库中创建 Spark 数据库,并在 Spark 数据库中创建 test 数据表,表的各字段的格式如下。

```
`test` (
  `id` int(10) NOT NULL,
  `name` varchar(10) DEFAULT NULL,
  `money` double(10,0) DEFAULT NULL,
  `dt` date DEFAULT NULL
)
```

在 Maven 项目中创建 object 实例类 Test 文件,在文件中输入如下代码。

```scala
import java.sql.{Connection, Date, DriverManager, PreparedStatement, SQLException}
import com.alibaba.fastjson.{JSON, JSONException}
import org.apache.spark.rdd.RDD
import org.apache.spark.{SparkConf, SparkContext}

object Test {
  def main(args: Array[String]): Unit = {
    val conf: SparkConf = new SparkConf().setMaster("local[*]").setAppName
    (this.getClass.getSimpleName)
    val sc = new SparkContext(conf)
    // "D:\dataset\spark\test.json"是 JSON 数据位置
    //读取 JSON 文件的数据创建 RDD
    val dataRdd: RDD[String] = sc.textFile("D:\dataset\spark\test.json")
    //解析 JSON 格式的数据,若格式不符则返回一个空的对象
    val beanRDD: RDD[CaseOrderBean] = dataRdd.map(line => {
      var bean: CaseOrderBean = null
      try {
        bean = JSON.parseObject(line, classOf[CaseOrderBean])
      } catch {
        case e: JSONException => {
        }
      }
      bean
    })
    // 因为上一步可能存在格式不正确的数据从而导致返回一个空对象
```

```scala
//所以这一步通过filter方法来对RDD进行过滤,去除掉null对象数据
val filtered: RDD[CaseOrderBean] = beanRDD.filter(_ != null)
//因为filtered包裹的是一个个样例类,所以下面通过调用对象的属性赋值
//并返回我们想要的数据(商品ID,销售额)
//此时的结果是JSON文件中一行一行数据产生的一个一个(商品ID,销售额)
//但不同时间可能存在同一个商品贩卖,所以存在多个相同的key,不同的value
val cidAndMoney: RDD[(Int, Double)] = filtered.map(
    f = bean => {
        val cid: Int = bean.cid
        val money: Double = bean.money
        (cid, money)
    }
)
//通过reduceByKey对相同的key进行value综合累加
val reduced: RDD[(Int, Double)] = cidAndMoney.reduceByKey(_ + _)
// "datas/test/cid.txt" 是商品ID与名称对应文件的位置
val categoryLines: RDD[String] = sc.textFile("D:\dataset\spark\cid.txt")
// 读取文件中每行的数据后,切割为商品ID和商品名称,并打包成元组(商品ID,商品名称)
// 返回
val cidAndCName: RDD[(Int, String)] = categoryLines.map(
    line => {
        val fields: Array[String] = line.split(",")
        (fields(0).toInt, fields(1))
    }
)
//因为reduced是(商品ID,总销售额),cidAndCName是(商品ID,商品名称)
//所以可以对它们使用join方法进行相同key的value整合
val joined: RDD[(Int, (Double, String))] = reduced.join(cidAndCName)
joined.collect().foreach(println)
//对join产生的数据进行foreachPartition方法通过迭代器的形式进行将数据循环写入
// 数据库
joined.foreachPartition(
    it => {
        //创建JDBC Connection对象用户连接
        var conn: Connection = null
        //建立JDBC PreparedStatement对象用于预处理SQL
        var statement: PreparedStatement = null
        try {
            //配置连接,包含url、username、password
            conn = DriverManager.getConnection(
             "jdbc:mysql://localhost:3306/spark?useSSL=false&useUnicode=
             true&characterEncoding=utf8",
             "root",
             "root"
            )
            //执行prepareStatement方法写入待处理的SQL语句并返回PreparedStatement
            // 对象
            statement = conn.prepareStatement("INSERT INTO test values (?, ?,
             ?, ?)")
            //遍历迭代器中的数据
            it.foreach(
                t => {
                    //将商品ID写入第一个?位置
```

```
            statement.setInt(1, t._1)
            //将商品名称写入第二个?位置
            statement.setString(2, t._2._2)
            //将总销售额写入第三个?位置
            statement.setDouble(3, t._2._1)
            //根据本机生成时间写入到第四个?位置
            statement.setDate(4, new Date(System.currentTimeMillis()))
            /*
            addBatch
            executeBatch
            addBatch 将数据加入到批处理命令中
            等数据加载完毕后,执行 executeBatch 批处理命令,提高效率
            **/
            statement.addBatch()
          }
        )
        statement.executeBatch()
      } catch {
        //捕获 SQL 异常
        case e: SQLException =>{
        }
      } finally {
        //执行完毕后关闭资源,后开先关
        if (statement !=null) {
          statement.close()
        }
        if (conn !=null) {
          conn.close()
        }
      }
    }
  )
  //关闭 SparkContext 资源
  sc.stop()
}

//定义样例类,供转化 JSON 文件使用
case class CaseOrderBean(
                          oid: String,
                          cid: Int,
                          money: Double,
                          longitude: Double,
                          latitude: Double
                        )
}
```

运行上述代码,程序将在 spark 数据库的 test 数据表中保存处理结果,如图 9-29 所示。

id	name	money	dt
1	家居	800	2022-0
2	衣服	500	2022-0
3	食物	800	2022-0

图 9-29 处理结果

9.5 拓展阅读——工匠精神

工匠精神是中华民族严谨认真、坚韧不拔、追求卓越的民族气质。工匠以工艺专长造物，在专业的不断精进与突破中演绎着"能人所不能"的精湛技艺，其凭借的是精益求精的追求。一把焊枪，能在眼镜架上"引线绣花"，能在紫铜锅炉里"修补缝纫"，也能给大型装备"把脉问诊"……在"七一"勋章获得者、湖南华菱湘潭钢铁有限公司焊接顾问艾爱国的眼里，不管什么材质的焊接件、多么复杂的工艺，基本没有拿不下的活儿。航天特种熔融焊接工高凤林，被称为"金手天焊"，火箭发动机大喷管焊缝长近900米，管壁比一张纸还薄，焊枪多停留0.1秒就有可能把管子烧穿或焊漏，导致损失上百万元。高凤林经过艰苦的努力，最终成功完成任务。为练就过硬本领，高凤林吃饭时拿筷子练习送焊丝，端着盛满水的茶缸练稳定性，休息时就举着铁块练耐力，还冒着高温观察铁水流动规律……

9.6 习题

1. 简述 Windows 环境下的 Spark 安装过程。
2. 简述 Windows 环境下的 Hadoop 安装过程。
3. 简述在 IntelliJ IDEA 下 Spark 应用程序的编写和运行过程。

第10章 用 Spark SQL 处理结构化数据

Spark SQL 是 Spark 用于处理结构化数据的组件，其提供了 DataFrame 和 DataSet 两种抽象数据模型，并将结构化数据对象 DataFrame 视为 Spark 中的分布式数据集。本章主要介绍 Spark SQL 概述、创建 DataFrame 对象的方式、将 DataFrame 对象保存为不同格式的文件、DataFrame 对象的常用操作、Dataset 对象，项目实战为分析新型冠状病毒感染数据。

10.1 Spark SQL 概述

10.1.1 Spark SQL 简介

Spark SQL 是 Spark 用来处理结构化数据的一个组件，其可被视为一个分布式的 SQL 查询引擎。SparkSQL 的前身是 Shark，由于 Shark 太依赖 Hive 而制约了 Spark 各个组件的相互集成，因此 Spark 团队推出了 Spark SQL 项目。Spark SQL 汲取了 Shark 的一些优点并摆脱了对 Hive 的依赖性。相对于 Shark，Spark SQL 在数据兼容、性能优化、组件扩展等方面表现得更加优越。

Spark SQL 可以直接处理 RDD、Parquet 文件或者 JSON 文件，甚至可以处理外部数据库中的数据以及 Hive 中存在的表。Spark SQL 通常将外部数据源加载为 DataFrame 对象，然后通过 DataFrame 对象丰富的操作方法对该对象中的数据进行查询、过滤、分组、聚合等操作。DataSet 是 Spark 1.6 新添加的抽象数据模型，未来 Spark 会逐步将 DataSet 作为主要的抽象数据模型，弱化 RDD 和 DataFrame。

Spark SQL 已经被集成在 Spark shell 中，在 Spark 2.0 版本之前，启动 Spark shell 交互界面后会初始化 SQLContext 对象为 sqlContext，sqlContext 对象是 Spark 创建 DataFrame 对象和执行 SQL 的入口。在 Spark 2.0 版本之后，Spark 使用 SparkSession 代替 SQLContext，启动 Spark shell 交互界面后会初始化 SparkSession 对象为 spark。

10.1.2 DataFrame 与 Dataset

Spark SQL 所使用的数据抽象并非 RDD，而是 DataFrame。DataFrame 是以列(列名，列类型，列值)的形式构成的分布式数据集，其类似关系数据库中的表。

DataFrame 不是 Spark SQL 提出来的,而是早期在 R、Pandas 语言就已经出现了的,Spark SQL 是将 R 语言和 Pandas 语言处理小数据集的经验应用到了处理分布式大数据集上。

DataFrame 是 Spark SQL 提供的最核心的数据抽象,其以列的形式组织分布式数据集合。DataFrame 的推出让 Spark 具备了处理大规模结构化数据的能力,它不仅比原有的 RDD 转化方式更加简单易用,而且实现了更高的计算性能。以 Person 类型对象为数据的 DataFrame 和 RDD 中数据之比较如图 10-1 所示。

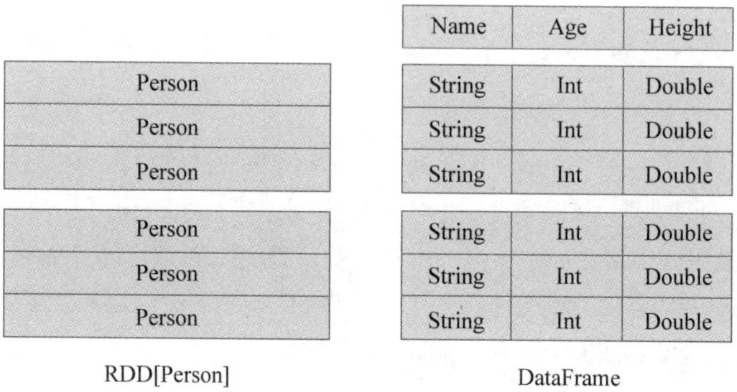
Name
Age
Height
Person
Person
Person
Person
Person
Person
String
Int
Double
String
Int
Double
String
Int
Double
String
Int
Double
String
Int
Double
String
Int
Double
RDD[Person]
DataFrame

图 10-1 以 Person 类型对象为数据的 DataFrame 和 RDD 中数据之比较

图 10-1 直观地体现了 DataFrame 和 RDD 的区别,RDD[Person]虽然以 Person 为类型参数,但 Spark 框架本身不了解 Person 类的内部结构。而 DataFrame 却提供了类的详细结构信息,即 schema,使 Spark SQL 可以清楚地知道该数据集包含哪些列,每列的名称和类型各是什么。RDD 是分布式的 Java、Scala、Python 对象的集合,而 DataFrame 是分布式的 Row 对象的集合。DataFrame 为数据提供了数据结构的视图,用户可以把它当作数据库中的一张表来对待。DataFrame 除了提供比 RDD 更丰富的算子外,更重要的特点是提升了 Spark 的执行效率。

Dataset 是 DataFrame API 的扩展,它提供了类型安全、面向对象的编程接口。

10.2 创建 DataFrame 对象的方式

10.2.1 使用 Parquet 文件创建 DataFrame 对象

Spark SQL 最常见的结构化数据文件格式是 Parquet 格式或 JSON 格式。Spark SQL 可以通过 load()方法将 HDFS 上的格式化文件转换为 DataFrame,load()方法默认导入的文件格式是 Parquet,Parquet 是面向分析型业务的列式存储格式,其文件中包括实际数据和 Schema 信息。Parquet 文件是以二进制格式存储数据的,因此不可被直接读取。

Parquet 格式的特点是其可以跳过不符合条件的数据,只读取需要的数据,降低 I/O 数据量;其压缩编码可以降低磁盘存储空间(由于同一列的数据类型是一样的,故其可以使用更高效的压缩编码);其允许只读取需要的列,支持向量运算,能够获取更好的扫描性能;另外该格式是 Spark SQL 的默认数据源格式,用户可通过 spark.sql.sources.default 配置之。

在 Spark 1.x 版本,用户可通过执行"val dfUsers = sqlContext.read.load("/user/hadoop/users.parquet")"命令将 HFDS 上 Parquet 格式的文件 users.parquet 转换为

DataFrame 对象 dfUsers，如图 10-2 所示。users.parquet 文件可在 Spark 安装包下的 /examples/src/main/resources/ 目录下找到，如图 10-3 所示。这里笔者将 users.parquet 上传到了 HDFS 上的 /user/hadoop 目录下。使用 HFDS 上的 Parquet 格式文件创建 DataFrame 之前，需要先通过下述命令启动 Hadoop。

```
$ cd /usr/local/hadoop
$ ./sbin/start-dfs.sh
```

```
scala> val dfUsers=sqlContext.read.load("/user/hadoop/users.parquet")
dfUsers: org.apache.spark.sql.DataFrame = [name: string, favorite_color: string, favorite_numbers: array<int>]
```

图 10-2　使用 users.parquet 文件创建 DataFrame 对象

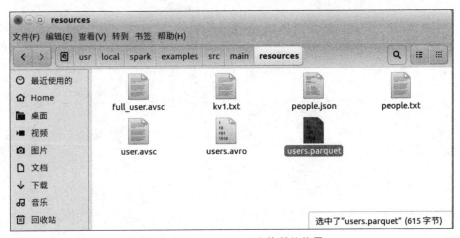

图 10-3　users.parquet 文件所处位置

在 Spark 2.0 之后，SparkSession 封装了 SparkContext 和 SqlContext，用户通过 SparkSession 可以获取到 SparkContext、SqlContext 对象。在 Spark 3.2.0 版本中，启动 Spark shell 交互界面后会初始化 SparkSession 对象为 spark，通过 spark.read.load() 可将 users.parquet 格式的文件转化为 DataFrame 对象。复制 Spark 安装包下的 users.parquet 文件到 /home/hadoop/sparkdata 目录下，下面给出使用本地文件 users.parquet 创建 DataFrame 对象的命令。

```
scala > val usersDF = spark.read.load("file:/home/hadoop/sparkdata/users.parquet")
scala> usersDF.show()            //展示 usersDF 中的数据
+------+--------------+----------------+
| name |favorite_color|favorite_numbers|
+------+--------------+----------------+
|Alyssa|         null |   [3, 9, 15, 20]|
| Ben  |          red |              []|
+------+--------------+----------------+
```

10.2.2 使用 JSON 文件创建 DataFrame 对象

在 Spark shell 交互界面,通过 spark.read.format("json").load()方法可将 JSON 文件转换为 DataFrame 对象。下面给出使用 Linux 本地文件系统上的 JSON 文件创建 DataFrame 对象的语句。/home/hadoop 目录下放置有 grade.json 文件,其文件内容如下。

```
{"ID":"106","Name":"DingHua","Class":"1","Scala":92,"Spark":91}
{"ID":"242","Name":"YanHua","Class":"2","Scala":96,"Spark":90}
{"ID":"107","Name":"Feng","Class":"1","Scala":84,"Spark":91}
{"ID":"230","Name":"WangYang","Class":"2","Scala":87,"Spark":91}
{"ID":"153","Name":"ZhangHua","Class":"2","Scala":85,"Spark":92}
```

下面给出使用 grade.json 文件创建 DataFrame 的代码。

```
//将 grade.json 文件转换为 DataFrame 对象
scala>val dfGrade=spark.read.format("json").load ("file:/home/hadoop/grade.json")
scala>dfGrade.show(3)           //展示 dfGrade 中的前 3 条数据
+-----+---+--------+-----+-----+
|Class| ID|    Name|Scala|Spark|
+-----+---+--------+-----+-----+
|    1|106| DingHua|   92|   91|
|    2|242|  YanHua|   96|   90|
|    1|107|    Feng|   84|   91|
+-----+---+--------+-----+-----+
```

10.2.3 使用 RDD 创建 DataFrame 对象

调用 RDD 对象的 toDF()方法可将 RDD 转换成 DataFrame 对象,toDF()方法的语法格式如下。

```
RDD.toDF("列名 1","列名 2",……)
```

其功能为生成一个 DataFrame 对象,("列名 1","列名 2",……)中的列名参数是要向由 RDD 转换成的 DataFrame 对象添加的列名(相当于关系表中的表头),这样每列数据将有一个列名。下面举例说明 toDF()方法的用法。

```
//创建列表
scala>val list =List(("ZhangSan","18"),("WangLi","19"),("LiHua","20"))
list: List[(String, String)] =List((ZhangSan,18), (WangLi,19), (LiHua,20))
//创建 DataFrame 对象
scala>val df =sc.parallelize(list).toDF("name","age")
df: org.apache.spark.sql.DataFrame =[name: string, age: string]
scala>df.printSchema()          //输出 DataFrame 对象的数据结构信息
root
|--name: string (nullable =true)
|--age: string (nullable =true)
```

10.2.4 使用 SparkSession 对象创建 DataFrame 对象

在 Spark 3.2.0 版本中,启动 Spark shell 交互界面后会初始化 SparkSession 对象为

spark,用户可以使用 spark.read.***()方法从不同类型的文件中加载数据创建 DataFrame 对象,具体方法如表 10-1 所示。

表 10-1 使用 SparkSession 对象 spark 创建 DataFrame 对象的方法

方 法 名	描 述
spark.read.csv("***.csv")	读取 CSV 格式的文件,创建 DataFrame 对象
spark.read.json("***.json")	读取 JSON 格式的文件,创建 DataFrame 对象
spark.read.parquet("***.parquet")	读取 Parquet 格式的文件,创建 DataFrame 对象

1. 使用 JSON 格式的文件创建 DataFrame 对象

使用/home/hadoop/sparkdata 目录下的 grade.json 文件创建 DataFrame 的代码如下。

```
scala > val grade1DF = spark.read.json("file:/home/hadoop/sparkdata/grade.json")
grade1DF: org.apache.spark.sql.DataFrame =[Class: string, ID: string ... 3 more fields]
scala>grade1DF.show(3)
+-----+---+-------+-----+-----+
|Class | ID | Name  |Scala|Spark|
+-----+---+-------+-----+-----+
|  1  |106|DingHua|  92 |  91 |
|  2  |242|YanHua |  96 |  90 |
|  1  |107|  Feng |  84 |  91 |
+-----+---+-------+-----+-----+
```

2. 使用 CSV 格式的文件创建 DataFrame 对象

将 grade.json 文件改造成 CSV 格式的文件 grade.csv,内容如下。

```
ID,Name,Class,Scala,Spark
106,DingHua,1,92,91
242,YanHua,2,96,90
107,Feng,1,84,91
230,WangYang,2,87,91
153,ZhangHua,2,85,92
```

下面给出使用 grade.csv 文件创建 DataFrame 对象的代码。

```
scala>val grade2DF =spark.read.option("header", true).csv("file:/home/hadoop/sparkdata/grade.csv")
grade2DF: org.apache.spark.sql.DataFrame =[ID: string, Name: string ... 3 more fields]
scala>grade2DF.show(3)
+---+-------+-----+-----+-----+
| ID| Name  |Class|Scala|Spark|
+---+-------+-----+-----+-----+
|106|DingHua|  1  |  92 |  91 |
|242|YanHua |  2  |  96 |  90 |
|107|  Feng |  1  |  84 |  91 |
+---+-------+-----+-----+-----+
```

3. 使用 Parquet 格式的文件创建 DataFrame 对象

复制 Spark 安装包下的 users.parquet 文件到/home/hadoop/sparkdata 目录下,然后即

可用以下代码创建 DataFrame 对象。

```
scala> val grade3DF = spark.read.parquet("file:/home/hadoop/sparkdata/users.parquet")
grade3DF: org.apache.spark.sql.DataFrame =[name:string,favorite_color: string ... 1 more field]
scala>grade3DF.show(3)
+------+---------------+----------------+
| name |favorite_color |favorite_numbers |
+------+---------------+----------------+
|Alyssa|     null      | [3, 9, 15, 20] |
| Ben  |     red       |       []       |
+------+---------------+----------------+
```

10.2.5 使用 Seq 对象创建 DataFrame 对象

使用 Seq 对象创建 DataFrame 对象的示例如下。

```
scala>val grade4DF =spark.createDataFrame(Seq(
  ("LiMing", 20, 98),
  ("WangFei", 19, 97),
  ("LiHua", 21, 99)
)).toDF("Name", "Age", "Score")
scala>grade4DF.show()
+-------+---+-----+
| Name  |Age|Score|
+-------+---+-----+
| LiMing| 20| 98  |
|WangFei| 19| 97  |
| LiHua | 21| 99  |
+-------+---+-----+
```

10.2.6 使用 MySQL 数据库的数据表创建 DataFrame 对象

1. 创建数据库和表

（1）启动 MySQL 数据库，创建数据库和表，向表中录入一些数据。

执行如下命令启动 MySQL，并进入 Shell 界面，即"mysql>"命令提示符状态。

```
$ service mysql start          #启动 MySQL 服务
$ sudo mysql -u root -p        #登录 MySQL 数据库
```

其中，"-u"参数表示选择登录的用户名，"-p"参数表示登录的用户密码，系统会提示输入 MySQL 的 root 用户的密码。

（2）在 MySQL 中新建 class 数据库的命令如下。

```
mysql>create database class;
mysql>use class;               #将 class 数据库指定为当前数据库
Database changed
```

（3）创建一个学生表 tb_student，如下所示。

```
mysql>create table tb_student (
    stuid int not null,
```

```
    stuname varchar(8) not null,
    stusex bit default 1,
    stuaddr varchar(100),
    colid varchar(50) not null,
    primary key (stuid) );
```

（4）向 tb_student 表中插入 6 条记录，如下所示。

```
mysql>insert into tb_student values
    (1001,'李强',1,'陕西西安','软件学院'),
    (1002,'王月',0,'河南郑州','数学学院'),
    (1003,'小明',1,'陕西西安','艺术学院'),
    (1004,'李涛',1,'浙江杭州','数学学院'),
    (1005,'丁丁',1,'河南郑州','软件学院'),
    (1006,'刘涛',0,'浙江杭州','艺术学院');
```

2. 在 MySQL 中创建新用户

之所以要创建新用户，是因为 JDBC 连接时没有 root 权限，可以在 localhost 下创建另一个用户，要与 root 不同并赋予其全部特权。

创建只允许从 localhost 系统访问 MySQL 服务器的、名为 user1 的新用户，命令如下。

```
mysql>create user 'user1'@'localhost' identified by '123456';
```

3. 给用户分配特定的数据库权限

（1）为用户 user1 授予数据库 class 的所有权限，命令如下。

```
mysql>grant all on class.* to 'user1'@'localhost';
```

（2）创建用户并分配适当的权限后，确保重新加载权限，命令如下。

```
mysql>flush privileges;
```

4. 下载安装 MySQL JDBC

为了让 Spark 能够连接 MySQL 数据库，需要安装 MySQL JDBC 驱动程序。本书下载的安装文件名是 mysql-connector-java-5.1.48.tar.gz。

（1）执行以下命令，安装 JDBC 驱动程序。

```
$sudo tar -zxf ~/下载/mysql-connector-java-5.1.48.tar.gz -C /usr/local/spark
```

（2）执行如下命令启动 MySQL（如果前面已经启动了 MySQL 数据库，这里就不用重复启动了）。

```
$service mysql start        #启动 MySQL 服务
```

5. 启动一个 spark-shell

（1）启动 spark-shell 时，必须指定 MySQL 连接驱动的 jar 包，具体启动命令如下。

```
$spark-shell --jars /usr/local/spark/mysql-connector-java-5.1.48/mysql-connector-java-5.1.48-bin.jar \
$--driver-class-path /usr/local/spark/mysql-connector-java-5.1.48/mysql-connector-java-5.1.48-bin.jar
```

在上面的命令行中，为第二行的末尾加斜线"\"是为了告诉 spark-shell 命令还没有结束。

(2) 启动进入 spark-shell 以后,可以执行以下命令连接数据库,读取数据表中的数据,创建 DataFrame 对象。

```
scala> val jdbcDF = spark.read.format("jdbc").option("url", "jdbc:mysql://localhost:3306/class").option("driver","com.mysql.jdbc.Driver").option("dbtable","tb_student").option("user","user1").option("password","123456").load()
jdbcDF: org.apache.spark.sql.DataFrame =[stuid: int, stuname: string ... 3 more fields]
scala>jdbcDF.show()
+-----+-------+------+--------+--------+
|stuid |stuname |stusex | stuaddr  | colid    |
+-----+-------+------+--------+--------+
| 1001 | 李强   | true  |陕西西安 |软件学院  |
| 1002 | 王月   | false |河南郑州 |数学学院  |
| 1003 | 小明   | true  |陕西西安 |艺术学院  |
| 1004 | 李涛   | true  |浙江杭州 |数学学院  |
| 1005 | 丁丁   | true  |河南郑州 |软件学院  |
| 1006 | 刘涛   | false |浙江杭州 |艺术学院  |
+-----+-------+------+--------+--------+
```

6. 往 MySQL 中写入数据

(1) 先在 Linux 系统中新建一个终端,启动 MySQL,查看 MySQL 数据库中的数据库 class 中的表 tb_student 的内容,命令如下。

```
$ service mysql start #启动 MySQL 服务
$ sudo mysql -u root -p #登录 MySQL 数据库
mysql>use class;
Database changed
mysql>select * from tb_student;
+-------+---------+----------------+---------------+----------+
| stuid | stuname | stusex         | stuaddr       | colid    |
+-------+---------+----------------+---------------+----------+
| 1001  | 李强    | 0x01           | 陕西西安       | 软件学院  |
| 1002  | 王月    | 0x00           | 河南郑州       | 数学学院  |
| 1003  | 小明    | 0x01           | 陕西西安       | 艺术学院  |
| 1004  | 李涛    | 0x01           | 浙江杭州       | 数学学院  |
| 1005  | 丁丁    | 0x01           | 河南郑州       | 软件学院  |
| 1006  | 刘涛    | 0x00           | 浙江杭州       | 艺术学院  |
+-------+---------+----------------+---------------+----------+
```

(2) 启动 Spark shell,指定 MySQL 连接驱动的 jar 包,往 class.tb_student 表中插入两条记录,命令如下。

```
$ spark-shell --jars /usr/local/spark/mysql-connector-java-5.1.48/mysql-connector-java-5.1.48-bin.jar \
$ --driver-class-path /usr/local/spark/mysql-connector-java-5.1.48/mysql-connector-java-5.1.48-bin.jar
```

(3) 启动 Spark shell 以后,可以执行以下命令连接数据库,写入数据。

```
scala>import java.util.Properties
scala>import org.apache.spark.sql.Row
```

```
scala > import org.apache.spark.sql.types.{StringType, IntegerType,
StructField, StructType}
//创建两条学生数据
scala>val studentRDD=sc.parallelize(Array("1007 杨涛 1 陕西西安 软件学院","1008
李丽 0 浙江杭州 数学学院")).map(_.split(" "))
//设置模式
scala> val schema = StructType(List(StructField("stuid", IntegerType, true),
StructField("stuname", StringType, true), StructField("stusex", IntegerType,
true), StructField ( " stuaddr", StringType, true), StructField ( " colid",
StringType, true)))
//下面创建 Row 对象,每个 Row 对象对应 rowRDD 中的一行
scala>val rowRDD =studentRDD.map(p =>Row(p(0).toInt, p(1).trim, p(2).toInt, p
(3).trim, p(4).trim))
//建立 Row 对象和模式之间的对应关系
scala>val studentDF =spark.createDataFrame(rowRDD, schema)
//下面创建一个 prop 变量用来保存 JDBC 连接参数
scala>val prop =new Properties()
scala>prop.put("user", "user1")//表示用户名是 user1
scala>prop.put("password", "123456")//表示密码是 123456
scala> prop.put("driver","com.mysql.jdbc.Driver")//驱动程序是 com.mysql.
jdbc.Driver
//采用 append 追加记录模式连接数据库 class,追加记录到 tb_student 表中
scala> studentDF.write.mode("append").jdbc("jdbc:mysql://localhost:3306/
class", "class.tb_student", prop)
```

在 Spark shell 中执行完上述程序后,在前面打开的另一个终端查看 class 数据库中的 tb_student 表的内容,可看到其已被添加了两条记录,如下所示。

```
mysql>select * from tb_student;
+-------+---------+--------+-----------+-----------+
| stuid | stuname | stusex | stuaddr   | colid     |
+-------+---------+--------+-----------+-----------+
| 1001  | 李强    | 0x01   | 陕西西安  | 软件学院  |
| 1002  | 王月    | 0x00   | 河南郑州  | 数学学院  |
| 1003  | 小明    | 0x01   | 陕西西安  | 艺术学院  |
| 1004  | 李涛    | 0x01   | 浙江杭州  | 数学学院  |
| 1005  | 丁丁    | 0x01   | 河南郑州  | 软件学院  |
| 1006  | 刘涛    | 0x00   | 浙江杭州  | 艺术学院  |
| 1007  | 杨涛    | 0x01   | 陕西西安  | 软件学院  |
| 1008  | 李丽    | 0x00   | 浙江杭州  | 数学学院  |
+-------+---------+--------+-----------+-----------+
```

10.3 将 DataFrame 对象保存为不同格式的文件

10.3.1 调用 DataFrame 对象的 write.***()方法保存数据

用户可以使用 DataFrame 对象的 write.***()方法将 DataFrame 对象保存为***格式的文件。

(1) 保存为 JSON 格式的文件,示例如下。

```
//创建 DataFrame 对象
```

```
scala > val grade1DF = spark.read.json("file:/home/hadoop/sparkdata/grade.json")
//将 grade1DF 保存为 JSON 格式的文件
scala>grade1DF.write.json("file:/home/hadoop/grade1.json")
```

执行后,可以看到/home/hadoop 目录下会生成一个名称为 grade1.json 的目录(而不是文件),该目录包含两个文件,如下所示。

```
part-00000-99b12631-1222-4209-9c00-13f8bde9bb75-c000.json
_SUCCESS
```

如果需要读取/home/hadoop/grade1.json 目录中的数据生成 DataFrame 对象,可以直接使用 grade1.json 目录名称,而不必使用 part-00000-99b12631-1222-4209-9c00-13f8bde9bb75-c000.json 文件(当然,使用这个文件也可以),代码如下。

```
scala>val grade2DF=spark.read.json("file:/home/hadoop/grade1.json")
grade2DF: org.apache.spark.sql.DataFrame =[Class: string, ID: string ... 3 more fields]
```

(2) 保存为 Parquet 格式的文件,示例如下。

```
scala>grade1DF.write.parquet("file:/home/hadoop/grade1.parquet")
```

(3) 保存为 CSV 格式的文件,示例如下。

```
scala>grade1DF.write.csv("file:/home/hadoop/grade1.csv")
```

10.3.2 调用 DataFrame 对象的 write.format()方法保存数据

调用 DataFrame 对象的 write.format()方法可将该 DataFrame 对象保存成 JSON、Parquet 或 CSV 格式的文件。

(1) 通过命令可以将 grade1DF 这个 DataFrame 对象保存为 JSON 格式的文件,示例如下。

```
scala>grade1DF.write.format("json").save("file:/home/hadoop/grade2.json")
```

(2) 通过命令可以将 grade1DF 这个 DataFrame 对象保存为 Parquet 格式的文件,示例如下。

```
scala > grade1DF.write.format("parquet").save("file:/home/hadoop/grade2.parquet")
```

(3) 通过命令可以将 grade1DF 这个 DataFrame 对象保存为 CSV 格式的文件,示例如下。

```
scala>grade1DF.write.format("csv").save("file:/home/hadoop/grade2.csv")
```

Spark 2.0 才开始源码支持 CSV,Spark 1.6 版本的 Spark 需要借助第三方包来实现此功能。

10.3.3 先将 DataFrame 对象转换成 RDD 再保存到文件中

通过 dfPeople.rdd.saveAsTextFile("file:/")方法可以将 DataFrame 先转换成 RDD,然

后将之写入文本文件,代码示例如下。

```
scala>dfPeople.rdd.saveAsTextFile("file:/home/hadoop/people")
```

◆ 10.4 DataFrame 对象的常用操作

10.4.1 查看数据

首先在/home/hadoop 目录下创建一个 grade.json 文件,其文件内容如下。

```
{"ID":"106","Name":"DingHua","Class":"1","Scala":92,"Spark":91}
{"ID":"242","Name":"YanHua","Class":"2","Scala":96,"Spark":90}
{"ID":"107","Name":"Feng","Class":"1","Scala":84,"Spark":91}
{"ID":"230","Name":"WangYang","Class":"2","Scala":87,"Spark":91}
{"ID":"153","Name":"ZhangHua","Class":"2","Scala":85,"Spark":92}
{"ID":"235","Name":"WangLu","Class":"1","Scala":88,"Spark":92}
{"ID":"224","Name":"MenTian","Class":"2","Scala":83,"Spark":90}
```

然后使用 grade.json 文件创建 DataFrame 对象 gradedf,借助 gradedf 可以尝试展示 DataFrame 对象的常用操作,如下所示。

```
scala>val gradedf = spark.read.json("file:/home/hadoop/grade.json")
  //生成 DataFrame 对象
gradedf: org.apache.spark.sql.DataFrame =[Class: string, ID: string ... 3 more
fields]
```

1. 调用 gradedf.printSchema()方法查看数据模式

通过 DataFrame 对象的 printSchema()方法,用户可查看一个 DataFrame 对象中有哪些列、这些列是什么样的数据类型,即输出列的名称和类型,示例如下。

```
scala>gradedf.printSchema()
root
 |--Class: string (nullable =true)
 |--ID: string (nullable =true)
 |--Name: string (nullable =true)
 |--Scala: long (nullable =true)
 |--Spark: long (nullable =true)
```

2. 调用 columns 属性获取所有列名

使用 DataFrame 对象的 columns 属性可以获取 DataFrame 对象的所有列名,示例如下。

```
scala>gradedf.columns
res36: Array[String] =Array(Class, ID, Name, Scala, Spark)
```

另外,还可以通过如下方式获取所有列名。

```
scala>gradedf.schema.fields.map(f =>f.name).toList
res37: List[String] =List(Class, ID, Name, Scala, Spark)
```

3. 调用 show()方法查看数据

DataFrame 对象的 show()方法可以用来以表格的形式查看 DataFrame 对象中的数

据。show()方法有 3 种调用方式。

1) show()

例如,默认显示前 20 条记录,示例如下。

```
scala>gradedf.show()              //可以省略()
```

2) show(numRows：Int)

例如,显示前 numRows 条记录,示例如下。

```
scala>gradedf. show (3)              //显示前 3 条记录
+-----+---+-------+-----+-----+
|Class| ID| Name  |Scala|Spark|
+-----+---+-------+-----+-----+
|  1  |106|DingHua|  92 |  91 |
|  2  |242|YanHua |  96 |  90 |
|  1  |107| Feng  |  84 |  91 |
+-----+---+-------+-----+-----+
```

3) show(truncate：Boolean)

show()方法默认最多显示字段值的前 20 个字符,多出的字符会被省略。当其参数为 false 时,将不再省略字段信息。

4. 调用 first()、head()、take()、takeAsList()方法：获取若干行记录

(1) first()方法将以 Row 数据类型的方式返回第一行记录,示例如下。

```
scala>gradedf.first()
res9: org.apache.spark.sql.Row =[1,106,DingHua,92,91]
```

(2) head(n：Int)方法将以 Array[Row]数据类型的方式返回前 n 行记录,示例如下。

```
scala>gradedf. head (2)              //获取前 2 行记录
res10: Array[org.apache.spark.sql.Row] = Array([1, 106, DingHua, 92, 91], [2, 242, YanHua, 96, 90])
```

(3) take(n：Int)方法将获取前 n 行记录,示例如下。

```
scala>gradedf.take(2)
res10: Array[org.apache.spark.sql.Row] = Array([1, 106, DingHua, 92, 91], [2, 242, YanHua, 96, 90])
```

(4) takeAsList(n：Int)方法可以获取前 n 行数据,并以 List[Row]的形式展现,示例如下。

```
scala>gradedf.takeAsList(2)
res12: java.util.List[org.apache.spark.sql.Row] =[[1, 106, DingHua, 92, 91], [2, 242, YanHua, 96, 90]]
```

5. 调用 collect()方法获取所有数据

collect()方法能够以 Array[Row]数组的形式返回 DataFrame 对象中的所有数据,示例如下。

```
scala>gradedf.collect()
res5: Array[org.apache.spark.sql.Row] = Array([1, 106, DingHua, 92, 91], [2, 242, YanHua, 96, 90], [1, 107, Feng, 84, 91], [2, 230, WangYang, 87, 91], [2, 153, ZhangHua, 85, 92], [1, 235, WangLu, 88, 92], [2, 224, MenTian, 83, 90])
```

6. 调用 collectAsList()方法获取所有数据

collectAsList()方法的功能和collect()类似,只不过将返回结构变成了List对象,示例如下。

```
scala>gradedf.collectAsList()
res11: java.util.List[org.apache.spark.sql.Row] =[[1,106,DingHua,92,91], [2,
242,YanHua,96,90], [1,107,Feng,84,91], [2,230,WangYang,87,91], [2,153,ZhangHua,
85,92], [1,235,WangLu,88,92], [2,224,MenTian,83,90]]
```

7. 调用 distinct()方法返回去重的 DataFrame 对象

distinct()方法可以返回一个不包含重复记录的DataFrame对象,示例如下。

```
scala>gradedf.distinct().show(2)           //distinct()中的()可省略
+-----+---+--------+-----+-----+
|Class | ID | Name   |Scala |Spark |
+-----+---+--------+-----+-----+
|  2  |242 | YanHua  | 96   | 90   |
|  2  |153 |ZhangHua | 85   | 92   |
+-----+---+--------+-----+-----+
```

8. 调用 dropDuplicates()方法根据字段去重返回 DataFrame 对象

dropDuplicates()方法可以根据指定的字段消除重复值,并将结果以DataFrame对象的形式返回,示例如下。

```
scala>gradedf.dropDuplicates(Seq("Spark")).show()         //根据Spark字段去重
+-----+---+--------+-----+-----+
|Class | ID | Name   |Scala |Spark |
+-----+---+--------+-----+-----+
|  2  |242 | YanHua  | 96   | 90   |
|  1  |106 | DingHua | 92   | 91   |
|  2  |153 |ZhangHua | 85   | 92   |
+-----+---+--------+-----+-----+
```

10.4.2 查询数据

1. where(conditionExpr:String)方法条件查询

DataFrame 对象可以使用 where(conditionExpr:String)方法根据指定条件表达式 conditionExpr 进行查询(该条件表达式中可以用 and 和 or),返回一个 DataFrame 对象,示例如下。

```
scala>gradedf.where("Class ='1' and Spark ='91'").show
+-----+---+--------+-----+-----+
|Class | ID | Name   |Scala |Spark |
+-----+---+--------+-----+-----+
|  1  |106 |DingHua  | 92   | 91   |
|  1  |107 | Feng    | 84   | 91   |
+-----+---+--------+-----+-----+
```

2. filter(conditionExpr:String)方法过滤查询

DataFrame 对象可以使用 filter(conditionExpr:String)方法根据指定条件表达式 conditionExpr 筛选符合条件的数据,返回一个 DataFrame 对象。filter()与 where()的使用

方法相同,示例如下。

```
scala>gradedf.filter("Class ='1' ").show()
+-----+---+-------+-----+-----+
|Class| ID| Name  |Scala|Spark|
+-----+---+-------+-----+-----+
|    1|106|DingHua|   92|   91|
|    1|107|   Feng|   84|   91|
|    1|235| WangLu|   88|   92|
+-----+---+-------+-----+-----+
```

3. 查询指定列(字段)的数据

filter 或 where 查询返回的数据包含所有字段的信息,DataFrame 对象还提供了查询指定字段的数据的方法,如 select、selectExpr、col、apply 等。

1) select(ColumnNames:String)方法获取指定字段值

该方法可以根据传入的 String 类型字段名获取指定字段的值,返回一个 DataFrame 对象,示例如下。

```
scala>gradedf.select("Class","Name","Scala").show(3,false)
+-----+-------+-----+
|Class|Name   |Scala|
+-----+-------+-----+
|1    |DingHua|92   |
|2    |YanHua |96   |
|1    |Feng   |84   |
+-----+-------+-----+
only showing top 3 rows
//展示筛选的数据时对列进行重命名
scala> gradedf.select(gradedf("Name").as("NAME"), gradedf("Scala").as
("SCALA")).show(2)
+-------+-----+
|  NAME | SCALA|
+-------+-----+
|DingHua|  92 |
| YanHua|  96 |
+-------+-----+
//将 Name 列转为小写,Scala 加 10
scala>gradedf.select(lower(gradedf("Name")).as("name"), col("Scala")+10).
show(3)
+-------+-----------+
| name  |(Scala +10)|
+-------+-----------+
|dinghua|    102    |
| yanhua|    106    |
|   feng|     94    |
+-------+-----------+
```

2) selectExpr(exprs:String)方法处理指定字段

在实际业务中,用户可能需要对 DataFrame 对象的某些字段做一些特殊处理,例如,为某个字段取别名,或者对某个字段的数据进行四舍五入等。DataFrame 提供了 selectExpr (exprs:String)方法为指定字段调用 UDF 函数或者指定别名等。selectExpr(exprs:

String)方法可以传入 String 类型参数，返回 DataFrame 对象。

例如，查询 Name 字段，为 Name 字段取别名 Names，将 Name 字段值均转化为大写，将 Scala 字段值乘以 10，代码如下。

```
scala>gradedf.selectExpr("Name","Name as Names","upper(Name)","Scala * 10").show(3)
+-------+-------+-----------+------------+
|  Name  | Names |upper(Name)|(Scala * 10)|
+-------+-------+-----------+------------+
|DingHua|DingHua|  DINGHUA  |    920     |
| YanHua| YanHua|  YANHUA   |    960     |
|  Feng |  Feng |   FENG    |    840     |
+-------+-------+-----------+------------+
```

又如，定义一个 UDF 函数 replace()，将 Class 字段转为 one 或 two，若 Class 字段的值为 1，将之用 one 代替，若为 2 则用 two 代替，函数的定义如下。

```
scala>spark.udf.register("replace", (x:String)=>{
  | x match{
  | case "1"=>"one"
  | case "2"=>"two"
  | }})
```

查询 gradedf 对象中的"Class"、"Name"、"Scala"字段，对 Class 字段使用 replace 函数并为其取别名 CLASS，具体操作命令如下。

```
scala > val gradeSelectExpr = gradedf.selectExpr("Name","replace(Class) as CLASS", "Scala")
scala>gradeSelectExpr.show(3)
+-------+-----+-----+
|  Name |CLASS|Scala|
+-------+-----+-----+
|DingHua| one | 92  |
| YanHua| two | 96  |
|  Feng | one | 84  |
+-------+-----+-----+
```

3）col(ColumnName：String)方法获取指定字段

该方法只能获取一个字段，返回对象为 Column 类型，示例如下。

```
scala>val NameCol=gradedf.col("Name")
NameCol: org.apache.spark.sql.Column =Name
scala>gradedf.select(NameCol).collect
res34: Array[org.apache.spark.sql.Row] = Array([DingHua], [YanHua], [Feng], [WangYang], [ZhangHua], [WangLu], [MenTian])
```

4）apply(ColumnName：String)方法获取指定字段

该方法也只能获取一个字段，返回对象亦为 Column 类型，示例如下。

```
scala>gradedf.apply("Name")
res29: org.apache.spark.sql.Column =Name
```

5）limit(n：Int)方法获取前 n 行记录

该方法可以获取 DataFrame 对象的前 n 行记录,得到一个新的 DataFrame 对象,其不同于 take()方法与 head()方法,limit()方法不是行动操作,示例如下。

```
scala>val gradedLimit=gradedf.limit(2)
gradedLimit: org.apache.spark.sql.Dataset[org.apache.spark.sql.Row] =[Class:
string, ID: string ... 3 more fields]
scala>gradedLimit.show()
+-----+---+-------+-----+-----+
|Class| ID| Name  |Scala|Spark|
+-----+---+-------+-----+-----+
|  1  |106|DingHua|  92 |  91 |
|  2  |242|YanHua |  96 |  90 |
+-----+---+-------+-----+-----+
```

10.4.3 排序

下面给出几种排序方法。

1. orderBy(ColumnName：String)和 sort(ColumnName：String)排序方法

这两个方法可以按指定字段为 DataFrame 对象排序,默认为升序,返回一个 DataFrame 对象。若是要求降序排列,则可以使用 desc("字段名称")方法,或在指定字段前面加减号"-"。orderBy()和 sort()使用方法相同,示例如下。

```
scala>gradedf.orderBy(desc("ID")).show(3)         //按 ID 降序排列
+-----+---+--------+-----+-----+
|Class| ID| Name   |Scala|Spark|
+-----+---+--------+-----+-----+
|  2  |242|YanHua  |  96 |  90 |
|  1  |235|WangLu  |  88 |  92 |
|  2  |230|WangYang|  87 |  91 |
+-----+---+--------+-----+-----+
scala>gradedf.sort(gradedf("Scala").desc).show(3)  //按 Scala 降序排序
+-----+---+-------+-----+-----+
|Class| ID| Name  |Scala|Spark|
+-----+---+-------+-----+-----+
|  2  |242|YanHua |  96 |  90 |
|  1  |106|DingHua|  92 |  91 |
|  1  |235|WangLu |  88 |  92 |
+-----+---+-------+-----+-----+
scala>gradedf.sort(-gradedf("Scala")).show(3)      //按 Scala 降序排序
+-----+---+-------+-----+-----+
|Class| ID| Name  |Scala|Spark|
+-----+---+-------+-----+-----+
|  2  |242|YanHua |  96 |  90 |
|  1  |106|DingHua|  92 |  91 |
|  1  |235|WangLu |  88 |  92 |
+-----+---+-------+-----+-----+
//按 Class 降序、按 Scala 升序排序
scala>gradedf.sort(gradedf("Class").desc,gradedf("Scala").asc).show(3)
+-----+---+-------+-----+-----+
|Class| ID| Name  |Scala|Spark|
```

```
+-----+---+--------+-----+-----+
|2    |224|MenTian |83   |90   |
|2    |153|ZhangHua|85   |92   |
|2    |230|WangYang|87   |91   |
+-----+---+--------+-----+-----+
```

2. sortWithinPartitions()方法按分区排序

该方法与上面的 sort()方法功能类似,区别在于 sortWithinPartitions()方法返回的是按分区排好序的 DataFrame 对象,示例如下。

```
scala>gradedf.sortWithinPartitions("ID").show(5)
+-----+---+--------+-----+-----+
|Class| ID|Name    |Scala|Spark|
+-----+---+--------+-----+-----+
| 1   |106|DingHua |92   |91   |
| 1   |107|   Feng |84   |91   |
| 2   |153|ZhangHua|85   |92   |
| 2   |224|MenTian |83   |90   |
| 2   |230|WangYang|87   |91   |
+-----+---+--------+-----+-----+
```

10.4.4 汇总与聚合

1. groupBy()方法汇总操作

groupBy(col1:String,col2:String)方法可以根据某些字段汇总(也称分组)数据,返回结果是 GroupedData 类型的对象,该对象提供了多种操作分组数据的方法,具体如下。

(1) max(colNames:String*)方法。获取分组中指定字段或者所有数字类型字段的最大值(只能作用于数字型字段),示例如下。

```
scala>gradedf.groupBy("Class").max("Scala","Spark").show()
+-----+----------+----------+
|Class|max(Scala)|max(Spark)|
+-----+----------+----------+
|1    |92        |92        |
|2    |96        |92        |
+-----+----------+----------+
```

(2) min(colNames:String*)方法。获取分组中指定字段或者所有数字类型字段的最小值(只能作用于数字型字段),示例如下。

```
scala>gradedf.groupBy("Class").min("Scala","Spark").show()
+-----+----------+----------+
|Class|min(Scala)|min(Spark)|
+-----+----------+----------+
|1    |84        |91        |
|2    |83        |90        |
+-----+----------+----------+
```

(3) mean(colNames:String*)方法。获取分组中指定字段或者所有数字类型字段的平均值(只能作用于数字型字段),示例如下。

```
scala>gradedf.groupBy("Class").mean("Scala","Spark").show()
+-----+----------+------------------+
|Class|avg(Scala)| avg(Spark)       |
+-----+----------+------------------+
|  1  | 88.0     |91.33333333333333 |
|  2  | 87.75    |       90.75      |
+-----+----------+------------------+
```

(4) sum(colNames：String*)方法。获取分组中指定字段或者所有数字类型字段的和值(只能作用于数字型字段),示例如下。

```
scala>gradedf.groupBy("Class").sum().show()
+-----+----------+----------+
|Class|sum(Scala)|sum(Spark)|
+-----+----------+----------+
|  1  |   264    |   274    |
|  2  |   351    |   363    |
+-----+----------+----------+
```

(5) count()方法。获取分组中的元素个数,示例如下。

```
scala>gradedf.groupBy("Class").count().show()
+-----+-----+
|Class|count|
+-----+-----+
|  1  |  3  |
|  2  |  4  |
+-----+-----+
```

2. agg()方法聚合操作

agg()方法可以针对某些列进行聚合操作,返回 DataFrame 类型对象。其一般与 groupBy()方法配合使用。

例如,查找最大的 Scala,并把所有的 Spark 值相加,示例如下。

```
scala>gradedf.agg("Scala"->"max","Spark"->"sum").show()
+----------+----------+
|max(Scala)|sum(Spark)|
+----------+----------+
|    96    |   637    |
+----------+----------+
```

上述操作也可以写成下面的形式。

```
scala>gradedf.agg(max("Scala"), sum("Spark")).show()
+----------+----------+
|max(Scala)|sum(Spark)|
+----------+----------+
|    96    |   637    |
+----------+----------+
```

除此之外,agg()方法还有以下几种用法。

(1) 结合 countDistinct()方法计算某一列或几列不同元素的个数,示例如下。

```
//计算 Spark 列不同元素的个数
scala>gradedf.agg(countDistinct("Spark") as "countDistinct").show()
+-------------+
|countDistinct|
+-------------+
|            3|
+-------------+
```

(2) 结合 avg()方法计算某一列的平均值。

(3) 结合 count()方法计算某一列的元素个数。

(4) 结合 first()方法获取某一列的首个元素。

(5) 结合 last()方法获取某一列的最后一个元素。

(6) 结合 max()方法/min()方法获取某一列的最大值或最小值。

(7) 结合 mean()方法获取某一列的平均值。

(8) 结合 sum()方法计算某一列的和。

(9) 结合 var_pop()方法计算某一列的总体方差,结合 variance()方法计算某一列的样本方差,结合 stddev_pop()方法计算某一列的标准差。

(10) 结合 covar_pop()方法计算某一列的协方差。

(11) 结合 corr()方法计算某两列的相关系数,示例如下。

```
scala>gradedf.agg(corr( "Scala","Spark")).show()
+--------------------+
|corr(Scala,Spark,0,0)|
+--------------------+
| -0.2622542517794866 |
+--------------------+
```

agg()方法的聚合操作还可配合 groupBy()方法对每个分组内的列进行计算,示例如下。

```
//按 Class 计算 Scala 的平均值
scala>val newDF =gradedf.groupBy("Class").agg(mean("Scala") as "meanScala")
newDF: org.apache.spark.sql.DataFrame =[Class: string, meanScala: double]
scala>newDF.show()
+-----+---------+
|Class|meanScala|
+-----+---------+
|1    |88.0     |
|2    |87.75    |
+-----+---------+
```

10.4.5 统计

1. count()方法获取行数

DataFrame 对象的 count()方法可以用来获取 DataFrame 对象的行数(记录数),示例如下。

```
scala>gradedf.count()
res7: Long =7
```

2. describe()方法获取指定字段的统计信息

describe()方法可以用来获取指定字段的统计信息,这个方法可以动态地传入一个或多个 String 类型的字段名,然后对数值类型字段进行统计,如"count"、"mean"、"stddev"、"min"、"max"等,结果仍然为 DataFrame 对象,用法如下。

首先在/home/hadoop 目录下创建一个 student.txt 文件,文件内容如下。

```
106,Ding,92,95,91
242,Yan,96,93,90
107,Feng,84,92,91
230,Wang,87,86,91
153,Yang,85,90,92
```

然后使用 student.txt 文件创建 DataFrame 对象 gradeDF,具体代码如下。

(1) 定义样例类 Student。

```
scala>case class Student(ID:Int, Name:String, Scala:Int,Spark:Int, Python:Int)
defined class Student
```

(2) 创建 RDD 对象。

```
scala>val lineRDD=sc.textFile("file:/home/hadoop/student.txt").map{line =>
line.split(",")}
lineRDD: org.apache.spark.rdd.RDD[Array[String]]=MapPartitionsRDD[20]
```

(3) 用样例类 Student 解析数据。

```
scala>val studentRDD=lineRDD.map(x =>Student(x(0).toInt, x(1).toString, x(2).
toInt, x(3).toInt, x(4).toInt))
studentRDD: org.apache.spark.rdd.RDD[Student]=MapPartitionsRDD[21]
```

(4) 将 RDD 转换为 DataFrame。

```
scala>val studentDF=studentRDD.toDF
studentDF: org.apache.spark.sql.DataFrame=[ID: int, Name: string ... 3 more
fields]
```

下面使用 DataFrame 对象的 describe()方法获取指定字段的统计信息。

```
scala>studentDF.describe("Scala","Python","Spark").show()
+-------+------------------+------------------+------------------+
|summary|             Scala|            Python|             Spark|
+-------+------------------+------------------+------------------+
|  count|                 5|                 5|                 5|
|   mean|              88.8|              91.0|              91.2|
| stddev| 5.069516742254631|0.7071067811865459| 3.4205262752974117|
|    min|                84|                90|                86|
|    max|                96|                92|                95|
+-------+------------------+------------------+------------------+
```

10.4.6 连接

在 SQL 语言中用得很多的操作就是 join 连接,DataFrame 中同样也提供了 join 连接的功能,具体提供了 6 种调用 join()方法的方式。

先构建两个 DataFrame 对象，代码如下。

```
scala>val df1=sc.parallelize(Seq(("ZhangSan", 86,88), ("LiSi",88,85))).toDF
("name","Java","Python")
df1: org.apache.spark.sql.DataFrame =[name: string, Java: int, Python: int]
scala>df1.show()
+--------+----+------+
|    name |Java |Python |
+--------+----+------+
|ZhangSan | 86  | 88   |
|    LiSi | 88  | 85   |
+--------+----+------+
scala>val df2=sc.parallelize(Seq(("ZhangSan", 88,93), ("LiSi",90,85))).toDF
("name","C","Scala")
scala>df2.show()
+--------+----+------+
|    name | C  |Scala |
+--------+----+------+
|ZhangSan | 88 | 93   |
|    LiSi | 90 | 85   |
+--------+----+------+
```

然后即可对这两个 DataFrame 对象进行连接操作。

1. 笛卡儿积

DataFrame 对象调用 join() 方法求两个 DataFrame 对象的笛卡儿积，示例如下。

```
scala>df1.join(df2).show()
+--------+----+------+--------+---+-----+
|name    |Java |Python |name    | C |Scala |
+--------+----+------+--------+---+-----+
|ZhangSan | 86  | 88   |ZhangSan | 88 | 93  |
|ZhangSan | 86  | 88   |    LiSi | 90 | 85  |
|    LiSi | 88  | 85   |ZhangSan | 88 | 93  |
|    LiSi | 88  | 85   |    LiSi | 90 | 85  |
+--------+----+------+--------+---+-----+
```

2. 通过一个相同字段连接

通过两个 DataFrame 对象的一个相同字段可以将两个 DataFrame 对象连接起来，示例如下。

```
scala>df1.join(df2, "name").show()     //"name"是 df1 和 df2 相同的字段
+--------+----+------+---+-----+
|    name |Java |Python | C |Scala |
+--------+----+------+---+-----+
|    LiSi | 88  | 85   | 90 | 85  |
|ZhangSan | 86  | 88   | 88 | 93  |
+--------+----+------+---+-----+
```

3. 通过多个相同字段连接

通过两个 DataFrame 对象的多个相同字段也可以将两个 DataFrame 对象连接起来，示例如下。

```
scala>val df3=sc.parallelize(Seq(("ZhangSan", 86,88), ("LiSi", 88, 85))).toDF
("name","Java","Spark")
```

```
//"name"、"Java"是 df1 和 df3 相同的字段
scala>df1.join(df3, Seq("name", "Java")).show()
+--------+----+------+-----+
|    name|Java|Python|Spark|
+--------+----+------+-----+
|    LiSi|  88|    85|   85|
|ZhangSan|  86|    88|   88|
+--------+----+------+-----+
```

4. 指定连接类型的连接

两个 DataFrame 对象的 join 连接有多种类型，包括 inner、outer、left_outer、right_outer、leftsemi 等。在上面的用多字段 join 连接情况下，可以通过写第三个 String 类型参数指定 join 连接的类型，如下所示。

```
scala>df1.join(df3, Seq("name", "Java"), "inner").show()
+--------+----+------+-----+
|    name|Java|Python|Spark|
+--------+----+------+-----+
|    LiSi|  88|    85|   85|
|ZhangSan|  86|    88|   88|
+--------+----+------+-----+
```

5. 使用 Column 类型连接

join() 方法可以指定两个 DataFrame 对象的字段进行连接，示例如下。

```
scala>df1.join(df2,df1("name")===df2("name")).show()
+--------+----+------+--------+---+-----+
|    name|Java|Python|    name|  C|Scala|
+--------+----+------+--------+---+-----+
|    LiSi|  88|    85|    LiSi| 90|   85|
|ZhangSan|  86|    88|ZhangSan| 88|   93|
+--------+----+------+--------+---+-----+
```

6. 使用 Column 类型的同时指定 join 类型的连接

join() 方法在指定两个 DataFrame 对象的字段进行连接时也可以选定 join 类型，示例如下。

```
scala>df1.join(df2,df1("name")===df1("name"), "inner").show()
+--------+----+------+--------+---+-----+
|    name|Java|Python|    name|  C|Scala|
+--------+----+------+--------+---+-----+
|ZhangSan|  86|    88|ZhangSan| 88|   93|
|ZhangSan|  86|    88|    LiSi| 90|   85|
|    LiSi|  88|    85|ZhangSan| 88|   93|
|    LiSi|  88|    85|    LiSi| 90|   85|
+--------+----+------+--------+---+-----+
```

10.4.7 差集、交集、合集

1. except() 方法求两个 DataFrame 对象的差集

except() 方法可获取一个 DataFrame 对象中有，而另一个 DataFrame 对象中没有的记

录,示例如下。

```
scala>df1.except(df1.limit(1)).show()
+----+----+------+
|name|Java|Python|
+----+----+------+
|LiSi| 90 | 85   |
+----+----+------+
```

2. intersect()方法求两个 DataFrame 对象的交集

intersect()方法可以计算两个 DataFrame 中相同的记录,示例如下。

```
scala>df1.intersect(df1.limit(2)).show()
+--------+----+------+
|    name|Java|Python|
+--------+----+------+
|ZhangSan| 86 | 88   |
|    LiSi| 90 | 85   |
+--------+----+------+
```

3. unionAll()方法按位置合并 DataFrame

unionAll(other:DataFrame)方法用于合并两个 DataFrame 对象,但该方法并非按照列名合并,而是按照位置合并,对应位置的列将合并在一起,列名不同并不影响合并,两个 DataFrame 对象的字段数必须相同,示例如下。

```
scala>df1.select("Name","Java").unionAll(df3.select("Name","Java")).show()
+--------+----+
|    Name|Java|
+--------+----+
|ZhangSan| 86 |
|    LiSi| 88 |
|ZhangSan| 86 |
|    LiSi| 88 |
+--------+----+
```

4. union()方法按位置合并 DataFrame

union()方法的用法与 unionAll()方法的用法相同,示例如下。

```
scala>df1.union(df2).show()
+--------+----+------+
|    name|Java|Python|
+--------+----+------+
|ZhangSan| 86 | 88   |
|    LiSi| 88 | 85   |
|ZhangSan| 88 | 93   |
|    LiSi| 90 | 85   |
+--------+----+------+
```

10.4.8 更改字段名

withColumnRenamed()方法可以重新为 DataFrame 中的指定字段命名,返回一个新的 DataFrame 对象,如果指定的字段名不存在,则其将不进行任何操作。下面示例将会把

gradedf 中的 ID 字段重命名为 IDX。

```
scala>gradedf.withColumnRenamed( "ID" , "IDX" ).show(2)
+-----+---+-------+-----+-----+
|Class|IDX| Name  |Scala|Spark|
+-----+---+-------+-----+-----+
|  1  |106|DingHua|  92 |  91 |
|  2  |242|YanHua |  96 |  90 |
+-----+---+-------+-----+-----+
```

10.4.9 基于列的新增与删除

1. 基于列的新增

withColumn(colName：String,col：Column)方法可以根据指定 colName 向 DataFrame 中新增一列 col。

org.apache.spark.sql.functions 包提供了两百多个函数,这些函数的返回类型基本是 Column,在使用 withColumn()方法时需要先加载此包。新增列的示例如下。

```
//lit(literal: Any)将字面量(literal)创建一个 Column
scala>df1.withColumn("大数据", lit("name")).show()
+--------+----+------+------+
|name    |Java|Python|大数据 |
+--------+----+------+------+
|ZhangSan|86  |88    |name  |
|LiSi    |88  |85    |name  |
+--------+----+------+------+
scala>df1.withColumn("名字", col("name")).show()
+--------+----+------+--------+
|name    |Java|Python|名字    |
+--------+----+------+--------+
|ZhangSan|86  |88    |ZhangSan|
|LiSi    |88  |85    |LiSi    |
+--------+----+------+--------+
//expr(expr: String)解析 expr 表达式,将返回值存于 Column,并返回这个 Column
scala>df1.withColumn("随机数", expr("rand()")).show()
+--------+----+------+-------------------+
| name   |Java|Python|      随机数        |
+--------+----+------+-------------------+
|ZhangSan| 86 | 88   |0.43343856671803616|
| LiSi   | 88 | 85   |0.17313583511922725|
+--------+----+------+-------------------+

scala>df1.withColumn("Java+10", col("Java")+10).show()
+--------+----+------+-------+
| name   |Java|Python|Java+10|
+--------+----+------+-------+
|ZhangSan| 86 | 88   | 96    |
| LiSi   | 88 | 85   | 98    |
+--------+----+------+-------+
```

2. 基于列的删除

drop("colName")方法可以删除名为 colName 的列,不管该列有没有 null 值,示例如下。

```
scala>df3.drop("name").show()
+----+-----+
|Java |Spark |
+----+-----+
| 86  | 88  |
| 88  | 85  |
+----+-----+
```

na.drop()方法可以删除 DataFrame 中列数据含有 null 值的行,示例如下。

```
scala>val list: List[(String, String, String)] =List(
        ("Mary", "20", ""),
        ("John", "29", "80"),
        ("Tom", "23", null),
        (null, null, null),
        ("Jack", "18", "null")
     )
scala>val DataDF = sc.parallelize(list).map(x => (x._1, x._2, x._3)).toDF
("name", "age", "scores")                          //创建 DataFrame 对象
DataDF: org.apache.spark.sql.DataFrame =[name: string, age: string ... 1 more
field]
scala>DataDF.show(false)
+----+----+------+
|name |age |scores |
+----+----+------+
|Mary |20  |      |
|John |29  |80    |
|Tom  |23  |null  |
|null |null|null  |
|Jack |18  |null  |
+----+----+------+

scala>DataDF.na.drop().show(false)          //删除存在字段值为 null 值的行
+----+---+------+
|name |age |scores |
+----+---+------+
|Mary |20  |      |
|John |29  |80    |
|Jack |18  |null  |
+----+---+------+
```

filter(col.isNull())方法可用于过滤指定列中含有 null 值的所有行数据,示例如下。

```
//选择 scores 列里含有 null 值的所有行数据
scala>DataDF.filter(DataDF.col("scores").isNull).show(false)
+----+----+------+
|name |age |scores |
+----+----+------+
|Tom  |23  |null  |
|null |null|null  |
+----+----+------+
```

filter(col.isNotNull())方法用于过滤指定列中不含 null 值的所有行数据,示例如下。

```
//选择scores列里不含有null值的所有行数据
scala>DataDF.filter(DataDF.col("scores").isNotNull).show(false)
+----+---+------+
|name|age|scores|
+----+---+------+
|Mary|20 |      |
|John|29 |80    |
|Jack|18 |null  |
+----+---+------+
```

10.4.10 修改列的数据类型

在 Spark 中,用户可以将 DataFrame 列的类型修改(或转换)为其他类型,具体类型有 ArrayType、BinaryType、BooleanType、CalendarIntervalType、DateType、HiveStringType、MapType、NullType、NumericType、ObjectType、StringType、StructType、TimestampType 等。

下面给出修改列的数据类型的具体示例。

(1)创建一个 DataFrame,代码如下。

```
//导入函数和类型
scala>import org.apache.spark.sql._
scala>import org.apache.spark.sql.types._
scala>val Data = Seq(
    Row("WangLi",20,"2000-01-01","true","F",3000.60),
    Row("LiHua",21,"2010-01-10","true","M",3300.80),
    Row("YangXue",22,"2020-01-01","false","F",5000.50)
    )
Data: Seq[org.apache.spark.sql.Row] = List([WangLi, 20, 2000-01-01, true, F, 3000.6],
[LiHua, 21, 2010-01-10, true, M, 3300.8], [YangXue, 22, 2020-01-01, false, F, 5000.5])
scala>val DataRDD = spark.sparkContext.parallelize(Data)
// 创建 Schema
scala>val fields = Array(
      StructField("firstName",StringType,true),
      StructField("age",IntegerType,true),
      StructField("jobStartDate",StringType,true),
      StructField("isGraduated",StringType,true),
      StructField("gender", StringType, true),
      StructField("salary", DoubleType, true)
  )
scala>val mySchema = StructType(fields)
mySchema: org.apache.spark.sql.types.StructType = StructType(StructField
(firstName,StringType,true), StructField(age,IntegerType, true), StructField
(jobStartDate, StringType, true), StructField(isGraduated, StringType, true),
StructField(gender,StringType,true), StructField(salary, DoubleType,true))
//使用指定的 Schema 将 RDD 转换为 DataFrame
scala>val DataDF = spark.createDataFrame(DataRDD,mySchema)
scala>DataDF.printSchema
root
  |--firstName: string (nullable = true)
```

```
 |--age: integer (nullable=true)
 |--jobStartDate: string (nullable=true)
 |--isGraduated: string (nullable=true)
 |--gender: string (nullable=true)
 |--salary: double (nullable=true)
scala>DataDF.show(false)
+---------+---+------------+------------+------+------+
|firstName|age|jobStartDate|isGraduated |gender|salary|
+---------+---+------------+------------+------+------+
|WangLi   |20 |2000-01-01  |true        |F     |3000.6|
|LiHua    |21 |2010-01-10  |true        |M     |3300.8|
|YangXue  |22 |2020-01-01  |false       |F     |5000.5|
+---------+---+------------+------------+------+------+
```

（2）使用 withColumn()方法和 cast()函数修改列类型，可以调用 cast()函数将 age 列修改为 String 类型，将 isGraduated 列修改为布尔类型，将 jobStartDate 修改为日期类型，代码如下。

```
scala>import org.apache.spark.sql.functions._
scala>val DataDF2 = DataDF.withColumn("age", col("age").cast(StringType)).
withColumn("isGraduated", col("isGraduated").cast(BooleanType)).withColumn
("jobStartDate",col("jobStartDate").cast(DateType))
scala>DataDF2.printSchema()
root
 |--firstName: string (nullable=true)
 |--age: string (nullable=true)
 |--jobStartDate: date (nullable=true)
 |--isGraduated: boolean (nullable=true)
 |--gender: string (nullable=true)
 |--salary: double (nullable=true)
scala>DataDF2.show(false)
+---------+---+------------+------------+------+------+
|firstName|age|jobStartDate|isGraduated |gender|salary|
+---------+---+------------+------------+------+------+
|WangLi   |20 |2000-01-01  |true        |F     |3000.6|
|LiHua    |21 |2010-01-10  |true        |M     |3300.8|
|YangXue  |22 |2020-01-01  |false       |F     |5000.5|
+---------+---+------------+------------+------+------+
```

（3）同样，使用 selectExpr()方法将 age 列修改为 String 类型，将 isGraduated 列修改为布尔类型，将 jobStartDate 列修改为日期类型，代码如下。

```
scala > val DataDF3 = DataDF.selectExpr ( " cast (age as string) age", " cast
(isGraduated as boolean) isGraduated "," cast (jobStartDate as date)
jobStartDate")
DataDF3: org.apache.spark.sql.DataFrame = [age: string, isGraduated:
boolean ...]
scala>DataDF3.printSchema
root
 |--age: string (nullable=true)
 |--isGraduated: boolean (nullable=true)
 |--jobStartDate: date (nullable=true)
```

(4) 使用 select()方法将 age 列修改为 String 类型,将 isGraduated 列修改为布尔类型,将 jobStartDate 修改为日期类型,代码如下。

```
scala>val DataDF4=DataDF.select(DataDF.col("age").cast("string"),DataDF.col
("isGraduated").cast("boolean"),DataDF.col("jobStartDate").cast("date"))
scala>DataDF4.printSchema
root
  |--age: string (nullable =true)
  |--isGraduated: boolean (nullable =true)
  |--jobStartDate: date (nullable =true)
scala>DataDF4.show()
+---+----------+------------+
|age|isGraduated|jobStartDate |
+---+----------+------------+
| 20| true     | 2000-01-01 |
| 21| true     | 2010-01-10 |
| 22| false    | 2020-01-01 |
+---+----------+------------+
```

10.4.11 时间函数

Spark SQL 提供的 to_date()函数可将字符串类型的数据转换为日期格式的数据,date_format()函数将时间标准格式按照自定义输入格式进行转换。

```
scala>import spark.implicits._
scala>import org.apache.spark.sql.functions._
scala>import org.apache.spark.sql.types._
scala>var dataDF = Seq( ("101", "LiHua", "zhengzhou","2022-04-09 12:15:15"),
("102", "YangLi", "kaifeng","2019-04-09 12:15:15")).toDF("ID", "name", "live",
"START_TIME")
scala>dataDF.show()
+---+------+---------+-------------------+
| ID| name | live    | START_TIME        |
+---+------+---------+-------------------+
|101|LiHua |zhengzhou|2022-04-09 12:15:15|
|102|YangLi| kaifeng |2019-04-09 12:15:15|
+---+------+---------+-------------------+
```

(1) 使用 to_date()函数将 START_TIME 转换为日期类型,代码如下。

```
//添加一列,数据类型为 yyyy-MM-dd 格式的日期类型
scala>val dateDF = dataDF.withColumn("datetype",to_date(col("START_TIME"),
"yyyy-MM-dd"))
scala>dateDF.printSchema
root
  |--ID: string (nullable =true)
  |--name: string (nullable =true)
  |--live: string (nullable =true)
  |--START_TIME: string (nullable =true)
  |--datetype: date (nullable =true)
scala>dateDF.show(false)
+---+------+---------+-------------------+----------+
|ID |name  |live     |START_TIME         |datetype  |
```

```
+---+------+---------+-------------------+----------+
|101 |LiHua  |zhengzhou |2022-04-09 12:15:15 |2022-04-09 |
|102 |YangLi |kaifeng   |2019-04-09 12:15:15 |2019-04-09 |
+---+------+---------+-------------------+----------+
```

> 📒 注意：无论写不写"时分秒"格式，Spark 中的 date 格式都精确到"年月日"，如下所示。

```
scala>dataDF.withColumn("datetype",to_date(col("START_TIME"), "yyyy-MM-dd HH:mm:ss")).show(false)
+---+------+---------+-------------------+----------+
|ID |name  |live     |START_TIME         |datetype  |
+---+------+---------+-------------------+----------+
|101 |LiHua  |zhengzhou |2022-04-09 12:15:15 |2022-04-09 |
|102 |YangLi |kaifeng   |2019-04-09 12:15:15 |2019-04-09 |
+---+------+---------+-------------------+----------+
```

（2）使用 date_format() 函数将 START_TIME 列转换为不同格式的日期数据，代码如下。

```
scala>val date_formatDF = dataDF.select(col("START_TIME"), date_format(col
("START_TIME"),"yyyy MM dd").as("yyyy MM dd"), date_format(col("START_TIME"),
"MM/dd/yyyy hh:mm").as("MM/dd/yyyy"), date_format(col("START_TIME"),"yyyy MMM
dd").as("yyyy MMMM dd"), date_format(col("START_TIME"),"yyyy MMMM dd E").as
("yyyy MMMM dd E"))
scala>date_formatDF.printSchema
root
  |--START_TIME: string (nullable =true)
  |--yyyy MM dd: string (nullable =true)
  |--MM/dd/yyyy: string (nullable =true)
  |--yyyy MMMM dd: string (nullable =true)
  |--yyyy MMMM dd E: string (nullable =true)
scala>date_formatDF.show()
+-------------------+----------+----------------+------------+----------------+
| START_TIME        |yyyy MM dd | MM/dd/yyyy     |yyyy MMMM dd | yyyy MMMM dd E |
+-------------------+----------+----------------+------------+----------------+
|2022-04-09 12:15:15 |2022 04 09 |04/09/2022 12:15 | 2022 Apr 09 |2022 April 09 Sat |
|2019-04-09 12:15:15 |2019 04 09 |04/09/2019 12:15 | 2019 Apr 09 |2019 April 09 Tue |
+-------------------+----------+----------------+------------+----------------+
```

下面再给出一个例子。

```
scala>val df =Seq(("第1节课","2022-01-01 08:00:00","2022-01-01 08:45:00"),("第
2节课", "2022-01-10 08:55:00", "2022-01-10 09:40:00")).toDF("上课节次", "上课时
间", "下课时间").sort("上课节次","上课时间")
scala>df.show
+--------+-------------------+-------------------+
|上课节次 |上课时间            |下课时间            |
+--------+-------------------+-------------------+
| 第1节课 |2022-01-01 08:00:00 |2022-01-01 08:45:00 |
| 第2节课 |2022-01-10 08:55:00 |2022-01-10 09:40:00 |
+--------+-------------------+-------------------+
```

```
//获得日差
scala>val df2 =df.withColumn("日差", datediff(df("下课时间"), df("上课时间")))
scala>df2.show
+--------+-------------------+-------------------+----+
|上课节次|上课时间           |下课时间           |日差|
+--------+-------------------+-------------------+----+
|第 1 节课|2022-01-01 08:00:00|2022-01-01 08:45:00| 0  |
|第 2 节课|2022-01-10 08:55:00|2022-01-10 09:40:00| 0  |
+--------+-------------------+-------------------+----+
//获取秒差和分钟差
scala>val resultDf =df.withColumn("秒差",$"下课时间".cast("timestamp").cast
("long") -$"上课时间".cast("timestamp").cast("long")).withColumn("分钟差",
($"下课时间".cast("timestamp").cast("long") -$"上课时间".cast("timestamp").
cast("long"))/60)
scala>resultDf.show(false)
+--------+-------------------+-------------------+-----+------+
|上课节次|上课时间           |下课时间           |秒差 |分钟差|
+--------+-------------------+-------------------+-----+------+
|第 1 节课|2022-01-01 08:00:00|2022-01-01 08:45:00|2700 |45.0  |
|第 2 节课|2022-01-10 08:55:00|2022-01-10 09:40:00|2700 |45.0  |
+--------+-------------------+-------------------+-----+------+
```

10.5 Dataset 对象

10.5.1 创建 Dataset 对象

用户可以自己声明 SparkSession 对象，通过 Builder 静态类实例化来创建一个 SparkSession 对象。创建 SparkSession 对象的语法格式如下所示。

```
val spark =SparkSession.Builder.master("local").appName("String name").config
("spark.some.config.option", "some-value").getOrCreate()
```

上述创建 SparkSession 对象的各个函数的功能如下。

① master("local")。设置运行方式，其参数如 local 为设置在本地用单线程运行 Spark，"local[4]"为设置在本地用 4 核运行 Spark，"spark://master:7077"为设置运行于 Spark standalone 集群。其返回值的类型为 SparkSession.Builder。

② appName(String name)。用来设置应用程序名字，返回值的类型为 SparkSession.Builder。

③ config("spark.some.config.option", "some-value")。用来设置配置项，如设置分区数("spark.default.parallelism", 20)，返回值的类型为 SparkSession.Builder。

④ getOrCreate()。获取已经得到的 SparkSession，如果不存在则创建一个新的基于 Builder 选项的 SparkSession，返回值的类型为 SparkSession.Builder。

在本地/home/hadoop 目录下存放有一个 student.txt 文件，文件内容如下。

```
106,Ding,92,95,91
242,Yan,96,93,90
107,Feng,84,92,91
```

```
230,Wang,87,86,91
153,Yang,85,90,92
```

将文件中的数据按照学号降序排列,步骤如下。

1. 加载数据为 Dataset 对象

启动 Spark shell 交互界面后,Spark 初始化 SparkSession 对象为 spark,该对象可在 Spark shell 中直接使用。调用 SparkSession 对象的 read.textFile()方法加载 student.txt 文件创建 Dataset 对象,代码如下。

```
scala>val stuDS=spark.read.textFile("file:/home/hadoop/student.txt")
stuDS: org.apache.spark.sql.Dataset[String] =[value: string]
```

从变量 stuDS 的类型可以看出,textFile()方法能将读取的数据转为 Dataset 对象。调用 Dataset 对象的 show()方法可以查看 Dataset 对象中的数据,如下所示。

```
scala>stuDS.show()
+-----------------+
|            value|
+-----------------+
|106,Ding,92,95,91|
| 242,Yan,96,93,90|
|107,Feng,84,92,91|
|230,Wang,87,86,91|
|153,Yang,85,90,92|
+-----------------+
```

从输出结果可以看出,Dataset 对象将文件中的每一行看作一个元素,并且将所有元素组成一个列,列名默认为 value。

2. 给 Dataset 对象添加元数据信息

定义一个样例类 Student,用于存放数据描述信息(Schema),代码如下。

```
scala>case class Student(ID:Int, Name:String, Java:Int, Scala:Int, Python:Int)
defined class Student
```

为支持 RDD 转换为 DataFrame、Dataset,DataFrame 转换为 Dataset,以及后续的 DataFrame、Dataset 的操作方法,需启用 SparkSession 的隐式转换,代码如下。

```
scala>import spark.implicits._
```

调用 Dataset 对象的 map()方法将每一个元素拆分并实例化一个 Student 样例类的对象,代码如下。

```
scala>val studentDataset =stuDS.map(line=>{val fields=line.split(","); val ID
=fields(0).toInt; val Name =fields(1); val Java =fields(2).toInt; val Scala =
fields(3).toInt; val Python = fields(4).toInt; Student(ID, Name, Java, Scala,
Python)})
studentDataset: org.apache.spark.sql.Dataset[Student] =[ID: int, Name: string
... 3 more fields]
```

此时查看 studentDataset 中的数据内容,代码如下。

```
scala>studentDataset.show()
```

```
+---+----+----+-----+------+
| ID |Name |Java |Scala |Python |
+---+----+----+-----+------+
|106 |Ding | 92 | 95  | 91   |
|242 |Yan  | 96 | 93  | 90   |
|107 |Feng | 84 | 92  | 91   |
|230 |Wang | 87 | 86  | 91   |
|153 |Yang | 85 | 90  | 92   |
+---+----+----+-----+------+
```

可以看到，studentDataset 中的数据类似一张关系数据库的表。

调用 Dataset 对象的 toDF()方法，可将存有元数据的 Dataset 对象转化为 DataFrame 对象，代码如下。

```
scala>val studentDF=studentDataset.toDF()
studentDF: org.apache.spark.sql.DataFrame =[ID: int, Name: string ... 3 more fields]
```

3. 执行查询

将 studentDataset 中的数据按照学号降序排列，代码如下。

```
scala>studentDataset.sort(studentDataset("ID").desc).show()
+---+----+----+-----+------+
| ID |Name |Java |Scala |Python |
+---+----+----+-----+------+
|242 |Yan  | 96 | 93  | 90   |
|230 |Wang | 87 | 86  | 91   |
|153 |Yang | 85 | 90  | 92   |
|107 |Feng | 84 | 92  | 91   |
|106 |Ding | 92 | 95  | 91   |
+---+----+----+-----+------+
```

10.5.2　RDD、Dataset、DataFrame 对象的相互转换

下面用到的 people.txt 文件的内容如图 10-4 所示。

图 10-4　people.txt 文件的内容

1. 将 RDD 转换为 Dataset 对象、DataFrame 对象

使用 RDD 类的 toDF()方法可将 RDD 转换为 DataFrame 对象，示例如下。

```
scala>val rdd=spark.sparkContext.textFile("file:/home/hadoop/people.txt")
scala>rdd.collect
res1: Array[String] =Array(Michael, 29, Andy, 30, Justin, 19)
scala>val rdd1=rdd.map(ele=>(ele.split(",")(0),ele.split(",")(1).trim.toInt))
```

```
scala>val df =rdd1.toDF("name","age")         //转 DataFrame,指定字段名
df: org.apache.spark.sql.DataFrame =[name: string, age: int]
```

将 RDD 转换为 Dataset 对象则需要使用 spark 对象的 createDataset()方法,示例如下。

```
scala>val ds =spark.createDataset(rdd1)  //转 Dataset
ds: org.apache.spark.sql.Dataset[(String, Int)] =[_1: string, _2: int]
```

2. DataFrame 对象转换为 RDD、Dataset 对象

将 DataFrame 对象转换为 RDD、Dataset 对象的方法分别如下所示。

```
scala>val rdd2=df.rdd                                              //转为 RDD
rdd2: org.apache.spark.rdd.RDD[org.apache.spark.sql.Row]
scala>import spark.implicits._
scala>case class Person(name:String,age:Int)                       //定义样例类
defined class Person
scala>val ds1 =df.as[Person]                                       //转为 Dataset
ds1: org.apache.spark.sql.Dataset[Person] =[name: string, age: int]
```

3. Dataset 对象转换为 RDD、DataFrame 对象

将 Dataset 对象转换为 RDD、DataFrame 对象的方法分别如下所示。

```
scala>val df1 =ds.toDF("Name","Age")          //转 DataFrame,指定字段名
df1: org.apache.spark.sql.DataFrame =[Name: string, Age: int]
scala>ds.rdd                                  //转 RDD
res3: org.apache.spark.rdd.RDD[(String, Int)]
```

10.6 项目实战:分析新型冠状病毒感染数据

本项目要求使用 Spark SQL 对 2020 年美国新型冠状病毒感染数据进行分析。数据集来自 Kaggle 平台的美国新型冠状病毒感染数据集,数据文件名称 us-counties.csv,前 6 条数据如表 10-2 所示。

表 10-2 us-counties.csv 的前 6 条数据

date	county	state	cases	deaths
2020/1/21	Snohomish	Washington	1	0
2020/1/22	Snohomish	Washington	1	0
2020/1/23	Snohomish	Washington	1	0
2020/1/24	Cook	Illinois	1	0
2020/1/24	Snohomish	Washington	1	0
2020/1/25	Orange	California	1	0

数据各字段的含义如表 10-3 所示。
数据分析的目标和方法要求如下。
(1) 统计美国每日的累计确诊人数和累计死亡人数。

表 10-3　数据各字段的含义

字段名称	字段含义	例子
date	日期	2020/1/21
county	区县(州的下一级单位)	Snohomish
state	州	Washington
cases	截至该日期该区县的累计确诊人数	1,2,…
deaths	截至该日期该区县的累计死亡人数	1,2,…

以 date 作为分组字段,对 cases 和 deaths 字段进行汇总统计。

(2) 统计美国每日的新增确诊人数。

由于新增确诊数＝今日累计确诊人数－昨日累计确诊人数,可使用自连接,故连接条件是 t1.date ＝ t2.date ＋ 1,然后使用 t1.totalCases－t2.totalCases 即可计算该日新增确诊人数。

(3) 统计美国每日的新增死亡人数。

由于新增死亡数＝今日累计死亡人数－昨日累计死亡人数,可使用自连接,故连接条件是 t1.date ＝ t2.date＋1,然后使用 t1.totalCases－t2.totalCases 即可计算该日新增死亡人数。

(4) 统计截至 2020 年 5 月 19 日,美国各州的累计确诊人数和死亡人数。

首先筛选出 2020 年 5 月 19 日的数据,然后以 state 作为分组字段,对 cases 和 deaths 字段进行汇总统计。

(5) 统计截至 2020 年 5 月 19 日,美国确诊人数最多的 10 个州。

对步骤(3)的结果 DataFrame 注册临时表,然后按确诊人数降序排列,并取前 10 个州。

(6) 统计截至 2020 年 5 月 19 日,美国死亡人数最多的 10 个州。

对步骤(3)的结果 DataFrame 注册临时表,然后按死亡人数降序排列,并取前 10 个州。

(7) 统计截至 2020 年 5 月 19 日,美国确诊人数最少的 10 个州。

对步骤(3)的结果 DataFrame 注册临时表,然后按确诊人数升序排列,并取前 10 个州。

(8) 统计截至 2020 年 5 月 19 日,美国死亡人数最少的 10 个州。

对步骤(3)的结果 DataFrame 注册临时表,然后按死亡人数升序排列,并取前 10 个州。

(9) 统计截至 2020 年 5 月 19 日,全美和各州的病死率。

病死率 ＝ 死亡数/确诊数,对步骤(3)的结果 DataFrame 注册临时表,然后按公式计算。

项目代码实现如下。

```scala
import java.text.SimpleDateFormat
import org.apache.spark.SparkConf
import org.apache.spark.sql.{DataFrame, Dataset, Row, SparkSession}

object USACovid19 {
  def main(args: Array[String]): Unit ={
    val conf: SparkConf = new SparkConf().setMaster("local[ * ]").setAppName
    ("covid19")
```

```scala
val spark: SparkSession = SparkSession.builder().config(conf).getOrCreate()
import spark.implicits._
//数据中的 cases 是累计总确诊人数,deaths 是累计总死亡人数
val format = new SimpleDateFormat("yyyy/MM/dd")
val df: DataFrame = spark.sparkContext.textFile("D:\IdeaProjects\AmericanNewCrown\
us-counties.csv").filter(_ !="date,county,state,cases,deaths").map(
    data => {
        val datas: Array[String] = data.split(",")
        Patient(
            format.parse(datas(0)).getTime,
            datas(2),
            datas(3).toInt,
            datas(4).toInt
        )
    }
).toDF()
df.cache()
val totalUsDF: Dataset[Row] = df.groupBy("day").sum("cases", "deaths").sort
("day")
    .withColumnRenamed("sum(cases)", "cases").withColumnRenamed("sum
(deaths)", "deaths")
//1. 统计美国每日的累计确诊人数和累计死亡人数
println("统计美国每日的累计确诊人数和累计死亡人数:")
totalUsDF.show()
totalUsDF.createOrReplaceTempView("us")
val updateCase: DataFrame = spark.sql("select t1.day,t1.cases-t2.cases as
caseIncrease,t1.deaths-t2.deaths as deathIncrease " +
    "from us t1,us t2 " +
    "where t1.day = (t2.day+86400000)")
// 2~3.统计美国每日的新增确诊人数和死亡人数
println("统计美国每日的新增确诊人数和死亡人数:")
updateCase.sort("day").show(150)
val stateTotalDF: DataFrame = df.groupBy("day", "state").sum("cases",
"deaths")
    .withColumnRenamed("sum(cases)", "cases")
    .withColumnRenamed("sum(deaths)", "deaths")
stateTotalDF.createOrReplaceTempView("stateTotal")
/* val totalStateDF: DataFrame = spark.sql("select t1.state,t1.cases-t2.
cases as caseIncrease,t1.deaths-t2.cases as deathIncrease " +
    "from stateTotal t1,stateTotal t2 " +
    "where t1.day = (t2.day+86400000) and t1.day <=1589817600000") */
val totalState519: DataFrame = spark.sql("select state,cases,deaths " +
    "from stateTotal " +
    "where day ==1589817600000")
//4.统计截至 2020 年 5 月 19 日,美国各州的累计确诊人数和死亡人数
println("统计截至 2020 年 5 月 19 日,美国各州的累计确诊人数和死亡人数:")
totalState519.show(60,truncate = false)
//5.统计截至 2020 年 5 月 19 日,美国确诊人数最多的 10 个州
println("统计截至 2020 年 5 月 19 日,美国确诊人数最多的 10 个州:")
totalState519.sort(totalState519("cases").desc).show(10,truncate = false)
//6.统计截至 2020 年 5 月 19 日,美国死亡人数最多的 10 个州
println("统计截至 2020 年 5 月 19 日,美国死亡人数最多的 10 个州:")
```

```
    totalState519.sort(totalState519("deaths").desc).show(10,truncate=false)
    //7.统计截至 2020 年 5 月 19 日,美国确诊人数最少的 10 个州
    println("统计截至 2020 年 5 月 19 日,美国确诊人数最少的 10 个州:")
    totalState519.sort("cases").show(10,truncate=false)
    //8.统计截至 2020 年 5 月 19 日,美国死亡人数最少的 10 个州
    println("统计截至 2020 年 5 月 19 日,美国死亡人数最少的 10 个州:")
    totalState519.sort("deaths").show(10,truncate=false)
    //9.统计截至 2020 年 5 月 19 日,全美和各州的病死率
    println("统计截至 2020 年 5 月 19 日,全美和各州的病死率:")
    val resultUS: Dataset[(String, Double)] = df.filter("day=1589817600000").
    groupBy("day").sum("cases", "deaths").map(data => {
        ("US", data.get(2).toString.toDouble / data.get(1).toString.toDouble)
    }
    )
    val resultState: Dataset[(String, Double)] = totalState519.map(data => {
        (data.get(0).toString, data.get(2).toString.toDouble / data.get(1).
        toString.toDouble)
    })
    resultUS.toDF.select("_1","_2").union(resultState.toDF)
        .withColumnRenamed("_1", "name")
        .withColumnRenamed("_2", "rate")
        .show(60,truncate=false)
 }

 case class Patient(
                    day: Long,         //时间
                    state: String,     //州
                    cases: Int,        //确诊
                    deaths: Int        //死亡
                 )

}
```

运行上述程序代码,得到的输出结果如下,一些数据只列出部分内容。

统计美国每日的累计确诊人数和累计死亡人数:

```
+--------------+-----+------+
|     day      |cases|deaths|
+--------------+-----+------+
|1579536000000 | 1   | 0    |
|1579622400000 | 1   | 0    |
|1579708800000 | 1   | 0    |
|1579795200000 | 2   | 0    |
|1579881600000 | 3   | 0    |
|1580745600000 | 11  | 0    |
|1580832000000 | 12  | 0    |
|1580918400000 | 12  | 0    |
|1581004800000 | 12  | 0    |
|1581091200000 | 12  | 0    |
|1581177600000 | 12  | 0    |
+--------------+-----+------+
```

统计美国每日的新增确诊人数和死亡人数:

```
+---------------+--------------+--------------+
| day           |caseIncrease  |deathIncrease |
+---------------+--------------+--------------+
|1579622400000  | 0            | 0            |
|1579708800000  | 0            | 0            |
|1579795200000  | 1            | 0            |
|1579881600000  | 1            | 0            |
|1588694400000  | 24505        | 2944         |
|1588780800000  | 28743        | 1723         |
|1588867200000  | 27654        | 1573         |
|1589472000000  | 26117        | 1592         |
|1589558400000  | 23648        | 1226         |
|1589644800000  | 18985        | 844          |
|1589731200000  | 21776        | 789          |
|1589817600000  | 21098        | 1643         |
+---------------+--------------+--------------+
```

统计截至 2020 年 5 月 19 日, 美国各州的累计确诊人数和死亡人数:

```
+------------------------+------+------+
|state                   |cases |deaths|
+------------------------+------+------+
|Virginia                |32145 |1041  |
|Guam                    |1123  |6     |
|Maine                   |1741  |73    |
|Mississippi             |11704 |554   |
|Ohio                    |28953 |1720  |
|Massachusetts           |87925 |5938  |
|New Jersey              |149037|10586 |
|Oklahoma                |5489  |294   |
|Arizona                 |14566 |704   |
|Wyoming                 |776   |10    |
|Arkansas                |4923  |102   |
|Pennsylvania            |67404 |4675  |
|Virgin Islands          |69    |6     |
|South Carolina          |9056  |399   |
|Michigan                |52337 |5017  |
+------------------------+------+------+
```

统计截至 2020 年 5 月 19 日, 美国确诊人数最多的 10 个州:

```
+-------------+------+------+
|state        |cases |deaths|
+-------------+------+------+
|New York     |357757|28437 |
|New Jersey   |149037|10586 |
|Illinois     |98298 |4399  |
|Massachusetts|87925 |5938  |
|California   |83981 |3422  |
|Pennsylvania |67404 |4675  |
|Michigan     |52337 |5017  |
|Texas        |51080 |1405  |
|Florida      |46936 |2051  |
|Maryland     |41664 |2081  |
+-------------+------+------+
```

only showing top 10 rows

统计截至 2020 年 5 月 19 日,美国死亡人数最多的 10 个州:

```
+--------------------+------+------+
|state               |cases |deaths|
+--------------------+------+------+
|New York            |357757|28437 |
|New Jersey          |149037|10586 |
|Massachusetts       |87925 |5938  |
|Michigan            |52337 |5017  |
|Pennsylvania        |67404 |4675  |
|Illinois            |98298 |4399  |
|Connecticut         |38430 |3472  |
|California          |83981 |3422  |
|Louisiana           |35161 |2581  |
|Maryland            |41664 |2081  |
+--------------------+------+------+
```
only showing top 10 rows

统计截至 2020 年 5 月 19 日,美国确诊人数最少的 10 个州:

```
+--------------------+------+------+
|state               |cases |deaths|
+--------------------+------+------+
|Northern Mariana Islands|21|2     |
|Virgin Islands      |69    |6     |
|Alaska              |399   |8     |
|Montana             |471   |16    |
|Hawaii              |631   |17    |
|Wyoming             |776   |10    |
|Vermont             |944   |54    |
|Guam                |1123  |6     |
|West Virginia       |1514  |68    |
|Maine               |1741  |73    |
+--------------------+------+------+
```
only showing top 10 rows

统计截至 2020 年 5 月 19 日,美国死亡人数最少的 10 个州:

```
+--------------------+------+------+
|state               |cases |deaths|
+--------------------+------+------+
|Northern Mariana Islands|21|2     |
|Guam                |1123  |6     |
|Virgin Islands      |69    |6     |
|Alaska              |399   |8     |
|Wyoming             |776   |10    |
|Montana             |471   |16    |
|Hawaii              |631   |17    |
|North Dakota        |1994  |45    |
|South Dakota        |4085  |46    |
|Vermont             |944   |54    |
+--------------------+------+------+
```
only showing top 10 rows

```
统计截至 2020 年 5 月 19 日,全美和各州的病死率:
+--------------------------+--------------------+
|name                      |rate                |
+--------------------------+--------------------+
|US                        |0.05983581857386179 |
|Virginia                  |0.0323845076994867  |
|Guam                      |0.005342831700801425|
|Maine                     |0.04192992533026996 |
|Mississippi               |0.047334244702665756|
|Ohio                      |0.059406624529409736|
|Massachusetts             |0.067534830821723005|
|Vermont                   |0.057203389830508475|
|Idaho                     |0.031098546042003232|
|Hawaii                    |0.02694136291600634 |
|New York                  |0.07948691430216599 |
|Northern Mariana Islands  |0.09523809523809523 |
|Kansas                    |0.02273798303487276 |
|New Jersey                |0.07102934170709287 |
|Oklahoma                  |0.053561668792129716|
|Arizona                   |0.04833173142935603 |
|Wyoming                   |0.01288659793814433 |
|Arkansas                  |0.020719073735527116|
|Pennsylvania              |0.06935790160821316 |
|Virgin Islands            |0.08695652173913043 |
|South Carolina            |0.044059187279151944|
|Michigan                  |0.09585952576571068 |
+--------------------------+--------------------+
```

10.7 拓展阅读——文化自信

　　文化自信是更基础、更广泛、更深厚的自信,是一个国家、一个民族发展中最基本、最深沉、最持久的力量,没有高度文化自信、没有文化繁荣兴盛就没有中华民族伟大复兴。中华文明是世界诸多文明中唯一没有中断过的文明。在 5000 多年历史中孕育发展的中华文化是中华民族的"根"和"魂"。当代中国是历史中国的延续和发展,当代中国思想文化也是中国传统思想文化的传承和升华。

　　"大鹏一日同风起,扶摇直上九万里。"这是伟大诗人李白青年时期仗剑远游时写下的诗句,那时他感受着盛唐的蓬勃气象,胸中鼓荡着凌云壮志。现在,有些人一味"以洋为尊""以洋为美""唯洋是从",到最后只能跟在别人后面亦步亦趋、东施效颦。须知"求木之长者,必固其根本;欲流之远者,必浚其泉源",意思是想要树木生长,一定要稳固它的根基;想要河水流得长远,一定要疏通它的源头。优秀传统文化是一个国家、一个民族传承和发展的根本,如果丢掉了传统文化,就割断了民族的精神命脉。"万物有所生,而独知守其根",中华文明延绵至今,正是因为有这种根的意识,文化中隐藏着"从哪里来,向何处去"的发展密码。

10.8 习 题

1. RDD 与 DataFrame 对象有什么区别？
2. 创建 DataFrame 对象的方式有哪些？
3. 对 DataFrame 对象的数据进行过滤的方法是什么？
4. 将下列 JSON 格式数据复制到 Linux 系统中，并将之保存，命名为 employee.json。

```
{ "id":1 , "name":" Ding" , "age":36 }
{ "id":2, "name":"Yang","age":29 }
{ "id":3 , "name":"Li","age":29 }
{ "id":4 , "name":"Wang","age":28 }
{ "id":4 , "name":"Wang","age":28 }
{ "id":5 , "name":"Xu","age":31 }
{ "id":6 , "name":"Gao","age":28 }
```

为 employee.json 创建 DataFrame 对象，并写出 Scala 语句完成下列操作。

(1) 查询所有数据。
(2) 查询所有数据，并去除重复的数据。
(3) 查询所有数据，打印时去除 id 字段。
(4) 筛选出 age>30 的记录。
(5) 将数据按 age 分组。
(6) 将数据按 name 升序排列。
(7) 取出前 3 行数据。
(8) 查询所有记录的 name 列，并为其取别名为 username。
(9) 查询年龄 age 的平均值。
(10) 查询年龄 age 的最小值。

第11章 Spark Streaming 流处理

随着社交网络的兴起,对实时流数据的处理需求变得越来越迫切,例如,在使用微信朋友圈的时候,想知道当前最热门的话题有哪些,想知道当前最新的评论等,这些需求都会涉及实时流数据的处理。本章主要介绍流处理概述、Spark Streaming 的工作原理、Spark Streaming 编程模型、创建 DStream 对象、DStream 对象的常用操作,项目实战为实时统计"文件流"的词频。

11.1 流处理概述

11.1.1 流数据概述

流数据是一组顺序、大量、快速、连续到达的数据序列,其可被视为一个随时间延续而无限增长的动态数据集合。流数据具有 4 个特点。

(1) 数据实时到达。

(2) 数据到达次序独立,不受应用系统控制。

(3) 数据规模宏大且不能预知其最大值。

(4) 数据一经处理,除非特意保存,否则不能被再次取出处理,或者再次提取数据代价昂贵。

对于持续生成动态新数据的大多数场景而言,采用流数据处理是有利的。这种处理方法适用于大多数行业和大数据使用案例,例如以下几种场景。

交通工具、工业设备和农业机械上的传感器将监测数据源源不断地实时传输到数据中心,然后由流处理应用程序进行分析,分析出设备的性能状况,提前检测任何潜在缺陷,使应用程序能够以此为依据自动订购备用部件,从而防止设备停机。

电子书网站通过对众多用户的在线内容单击流记录进行流处理,优化网站上的内容投放,为用户实时推荐相关内容让用户获得最佳的阅读体验。

网络游戏公司收集关于玩家与游戏间互动的流数据,并将这些数据提供给游戏平台,然后对这些数据进行实时分析,并提供各种激励措施和动态体验来吸引玩家。

11.1.2 批处理与流处理

根据数据处理的时效性可将大数据处理系统分为批处理系统和流处理系统

两类。

1. 批处理

批处理是针对有限数据集的计算分析,这些数据集事先已经准备好并且可以从存储系统中完整获取。也就是说,批处理在计算开始前便知道所处理的数据集的大小,因而批处理的时间是有限的。

2. 流处理

流处理会对随时进入系统的数据流进行处理。由于数据流是无限的,只要有新数据不断进入,则流处理就会一直进行下去,流处理的结果立刻可用,并会随着新数据的抵达持续更新。流处理中的数据集是"无边界"的,完整数据集只能代表截至目前已经进入系统中的数据总量。

流处理系统通常用来处理实时发生的行为,如社交媒体通信、网页访问、电子交易以及传感器数据的收集等。

11.2 Spark Streaming 的工作原理

Spark Streaming 是构建在 Spark Core 上的实时流计算框架,其可将数据流以时间片为单位分割形成一系列 RDD(一个 RDD 对应一块数据),这些 RDD 在 Spark Streaming 中可通过一个抽象数据模型 DStream 描述,英文全称为 Discretized Stream,中文翻译为"离散流"。DStream 对象表示一个连续不断的数据流,数据流本质上就是一个随时间不断添加元素的长集合。用户可以用 Kafka、Flume、Kinesis、Twitter、TCP Sockets 等数据源创建 DStream 对象,也可以从其他 DStream 对象应用的 map()、reduce()、join() 等操作中转换数据而获取。DStream 与 RDD 的对应关系如图 11-1 所示,一个 DStream 对象用一个 RDD 序列表示。

图 11-1 DStream 与 RDD 的对应关系

Spark Streaming 的基本工作原理如图 11-2 所示,其使用"微批次"架构,把流处理当作一系列连续的小规模批处理来对待,从输入源中读取数据,并把数据分组为小的批次,按均匀的时间间隔创建新的批次。在每个时间间隔开始时,一个新的批次就被创建出来,在该时间间隔内收到的数据都会被添加到这个批次中。时间间隔的大小是由批处理间隔这个参数决定的,其一般设在 500ms 到几秒,由应用开发者自行设置。每个输入批次都会形成一个 RDD,Spark 以作业的方式处理并生成其他的 RDD,然后就可以对 RDD 进行转换操作,最后将 RDD 经过执行操作生成的中间结果保存在内存中。整个流处理根据业务的需求可以对中间的结果进行叠加,最后生成"批"形式的结果流,再发给外部系统。

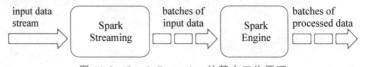

图 11-2 Spark Streaming 的基本工作原理

11.3 Spark Streaming 编程模型

11.3.1 编写 Spark Streaming 程序的步骤

编写 Spark Streaming 程序的基本步骤如下。

（1）创建 StreamingContext 对象。在 Spark Streaming 编程中，用户需要先创建一个 StreamingContext 对象，它是 Spark Streaming 应用程序的上下文和入口。

（2）为 StreamingContext 对象指定输入源，创建 DStream 对象。DStream 对象的输入源可以是文件流、套接字流、RDD 队列流、Kafka 等。

（3）操作 DStream 对象。Spark Streaming 是通过对 DStream 对象（离散数据流）执行转换操作和输出操作进行数据处理的。

（4）调用 StreamingContext 对象的 start()方法启动数据流的接收和处理，之前的所有步骤只是创建了执行流程，程序没有真正连接数据源，也没有对数据进行任何操作。只有 StreamingContext.start()方法执行后程序才真正启动并得以进行所有预期的操作，之后就不能为程序再添加任何计算逻辑了。

（5）调用 StreamingContext 对象的 awaitTermination()方法等待流计算流程结束，或者调用 StreamingContext 对象的 stop()方法手动结束流计算流程。调用 stop()方法时，程序会同时停止内部的 SparkContext，如果不希望如此、还希望后面继续使用 SparkContext 创建其他类型的 Context，那么就应用 stop(false)方法。一个 StreamingContext 停止之后，是不能再重启的，即调用 stop()之后，将无法再调用 start()。

11.3.2 创建 StreamingContext 对象

1. 通过 SparkContext 对象创建 StreamingContext 对象

通过 SparkContext 对象创建 StreamingContext 对象的语法格式如下。

```
val ssc =new StreamingContext(SparkContext,Interval)
```

上述命令将创建一个 StreamingContext 对象 ssc，在 StreamingContext()构造函数的两个参数中，一个参数是 SparkContext 对象，另一个参数是处理流数据的时间间隔 Interval。如果以秒来定义时间间隔，Interval 参数将表示为 Seconds(n)，该参数指定了 Spark Streaming 处理流数据的时间间隔，即每隔 n 秒处理一次到达的流数据。时间间隔参数需要根据用户的需求和集群的处理能力设置适当的值。

new StreamingContext(SparkContext,Interval)方式一般用于在 spark shell 交互式环境中创建 StreamingContext 对象，spark shell 启动后会默认创建一个 SparkContext 对象 sc，但不会自动创建 StreamingContext 对象，需要人们手动创建。创建 StreamingContext 对象之前需要先导入 import org.apache.spark.streaming._ 包，具体过程如下。

```
scala>import org.apache.spark.streaming._
scala>val ssc =new StreamingContext(sc, Seconds(1))
```

📒 **注意**：一个 SparkContext 对象可以创建多个 StreamingContext 对象，只要调用 stop (false)方法停止前一个 StreamingContext 对象,就可再创建下一个 StreamingContext 对象。

2. 通过 SparkConf 对象创建 StreamingContext 对象

通过 SparkConf 对象创建 StreamingContext 的语法格式如下。

```
new StreamingContext(SparkConf,Interval)
```

此方式通常用于编写独立的 Spark Streaming 应用程序。例如,可采用如下过程来创建一个带有两个执行线程的、本地运行模式的 StreamingContext 对象,设批处理间隔为 1s。

```
import org.apache.spark._
import org.apache.spark.streaming._
val conf =new SparkConf().setAppName(appName).setMaster("local[2]")
val ssc =new StreamingContext(conf, Seconds(1))
```

说明:appName 表示编写的应用程序显示在集群上的名字,用一个字符串表示,如"WordCount";setMaster(master)中的参数 master 是一个 Spark、Mesos、YARN 集群 URL,或者一个特殊字符串"local[*]",表示程序用本地模式运行,*的值至少为 2,表示有两个线程执行流计算,一个线程接收数据,另一个线程处理数据。

当程序运行在集群中时,人们并不希望为程序设置 master,而往往希望用 spark-submit 启动应用程序,并从 spark-submit 提供的实参中得到 master 的值。

11.4 创建 DStream 对象

创建好 StreamingContext 对象之后,需要为该对象指定输入源,创建 DStream 对象。

11.4.1 创建输入源为文件流的 DStream 对象

在文件流的应用场景中,用户可以编写 Spark Streaming 应用程序对文件系统中的某个目录进行监控,一旦发现有新的文件生成,Spark Streaming 应用程序就会自动把文件内容读取过来,再使用用户自定义的流处理逻辑进行处理。

下面给出在 spark shell 中创建输入源为文件流的 DStream 对象的创建过程。

首先,在 Linux 系统中打开一个终端(为了便于区分多个终端,这里将之称为数据源终端),创建一个 logfile 目录,命令如下。

```
$mkdir -p /usr/local/spark/mydata/streaming/logfile         #递归创建 logfile 目录
$cd /usr/local/spark/mydata/streaming/logfile
```

然后,在 Linux 系统中再打开一个终端(这里将之称为流处理终端),启动 spark shell,依次输入如下语句统计文件流的词频。

```
scala>import org.apache.spark.streaming._
scala>val ssc =new StreamingContext(sc, Seconds(30))       //创建 StreamingContext
                                                            //对象
scala> val FileDStream = ssc.textFileStream("file:///usr/local/spark/mydata/streaming/logfile")
scala>val words =FileDStream.flatMap(_.split(" "))
```

```
scala>val wordPair =words.map((_,1))
scala>val wordCounts =wordPair.reduceByKey(_+_)
scala>wordCounts .print()
scala>ssc.start()
scala>ssc.awaitTermination()
```

在上面的代码中,ssc. textFileStream()方法表示调用 StreamingContext 对象的 textFileStream()方法创建一个输入源为文件流的 DStream 对象。接下来的 FileDStream. flatMap()、words.map()、wordPair.reduceByKey()和 wordCounts .print()等方法是流处理过程,负责对从文件流获取流数据而得到的 DStream 对象进行操作。ssc.start()语句用于启动流处理过程,执行该语句后程序就开始循环监听/usr/local/spark/mydata/streaming/logfile 目录。最后的 ssc.awaitTermination()方法用来等待流处理流程结束,该语句是无法输入到命令提示符后面的,但是为了程序的完整性,这里还是给出了 ssc.awaitTermination()语句。用户可以使用 Ctrl+C 组合键随时手动停止流处理过程。

在 spark shell 中执行 ssc.start()方法以后,程序将自动进入循环监听状态,屏幕上会不断显示类似如下信息。

```
//这里省略若干屏幕信息
-------------------------
Time: 1583555490000 ms
-------------------------
```

切换到数据源终端,在/usr/local/spark/mydata/streaming/logfile 目录下新建一个 log1.txt 文件,在文件中输入一些英文语句后保存并退出,具体命令如下。

```
$cat >log1.txt           #创建文件
Hello World
Hello Scala
Hello Spark
Hello Python
```

执行"cat >log1.txt"命令后,程序会生成一个名为 log1.txt 的文件,然后下面会显示空行。此时输入上述内容,输入完成后,按 Ctrl+D 组合键存盘退出 cat,此时可在当前文件夹下创建一个包含刚才输入内容的名为 log1.txt 的文件。

然后,切换到流计算终端,最多等待 30s,就可以看到词频统计结果,具体输出结果如下。

```
-------------------------
(Spark,1)
(Python,1)
(Hello,4)
(World,1)
(Scala,1)
```

如果监测的路径位于 HDFS 上,那么可以直接通过"hadoop fs -put ***"命令将***文件放到监测路径;如果监测的路径位于本地目录 file:///home/data,则必须用流的形式将数据写入这个目录创建文件,文件中的这些数据才能被监测到。

11.4.2 创建输入源为套接字流的 DStream 对象

Spark Streaming 可以通过 Socket 端口监听并接收数据,然后进行相应处理。

1. Socket 工作原理

Socket 的原意是"插座",在计算机通信领域,Socket 被翻译为"套接字",它是计算机之间进行通信的一种约定或方式。通过 Socket 这种约定,一台计算机可以接收其他计算机的数据,也可以向其他计算机发送数据。

Socket 的典型应用就是 Web 服务器和浏览器:浏览器获取用户输入的网址,向服务器发起请求,服务器分析接收到的网址,将对应的网页内容返回给浏览器,浏览器再经过解析和渲染,将文字、图像、视频等元素呈现给用户。

通常用一个 Socket 表示"一个打开的网络连接"。网络通信归根到底还是进程间的通信,多数为不同计算机上进程间的通信。在网络中,每一个结点都有一个网络地址,也就是 IP 地址,两个进程通信时,首先要确定各自所在的网络结点的网络地址。但是,网络地址只能确定进程所在的计算机,而一台计算机上很可能同时运行着多个进程,所以仅凭网络地址还不能确定到底是和这台计算机的哪一个进程通信,因此套接字中还需要包括其他信息,也就是端口号(PORT)。在一台计算机中,一个端口号一次只能被分配给一个进程,端口号和进程之间是一一对应的关系。Socket 使用(IP 地址,协议,端口号)来标识一个进程。

2. Windows 下安装 netcat

netcat 是一款易用、专业的网络辅助工具,号称 TCP/IP 协议的瑞士军刀,用户可以使用这款软件建立 TCP 和 UDP 连接,其还支持对各种端口上的连接请求进行监听。

(1) 下载 netcat,下载地址为 https://eternallybored.org/misc/netcat/。在打开的页面中单击 netcat 1.12 进行下载,如图 11-3 所示。

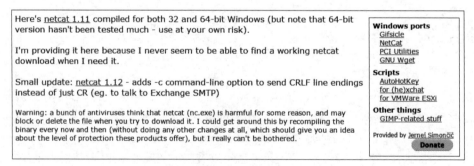

图 11-3　netcat 下载页面

(2) 解压压缩包,将其中的 nc.exe 复制到 C:\Windows\System32 的文件夹下。

(3) 打开 cmd。输入 nc,出现"Cmd line:"表示安装成功,如图 11-4 所示。

netcat 简称 nc,nc 的基本功能如下。

图 11-4　nc 运行界面

① 连接到远程主机:nc [-options] hostname port[s] [ports]...。

② 绑定端口等待连接:nc -l -p port [-options] [hostname] [port]。

其中,各参数的含义如下。

options:表示命令选项,常用的命令选项如表 11-1 所示。

表 11-1　nc 常用的命令选项

选　　项	功　　能
-d	后台模式
-g<网关>	源路由跃点,最大值为 8
-h	在线帮助
-i<延迟秒数>	设置时间间隔,以便传送信息及扫描通信端口
-l	监听模式,用于入站连接
-L	链接关闭后,仍然继续监听
-n	指定数字的 IP 地址,不能用 hostname
-o<输出文件>	指定文件名称,把往来传输的数据以十六进制字码写入该文件保存
-p<通信端口>	设置本地主机使用的通信端口
-r	指定源端口和目的端口都进行随机的选择
-s<来源位址>	设置本地主机送出数据包的 IP 地址
-u	使用 UDP 传输协议
-v	显示指令执行过程
-w<超时秒数>	设置等待连接的时间
-z	使用零输入输出模式,只在扫描通信端口时使用

hostname：表示主机的 IP 地址。
port：表示端口。
nc 命令的简单用法举例如下。
(1) 端口扫描（多用于远程端口监控）。

nc -v -w 3 172.21.1.36 -z 21-25

(2) 从 172.21.1.33 复制文件到 172.21.1.34。
在 172.21.1.34 上："nc -l 1234 > test.txt"。
在 172.21.1.33 上："nc 172.21.1.34 < test.txt"。
(3) 简单聊天工具。
在 172.21.1.34 上："nc -l 1234"。
在 172.21.1.33 上："nc 172.21.1.34 1234"。
这样,双方就可以相互交流了。使用 Ctrl+C（或 Ctrl+D）组合键退出。
3. 编写 Spark Streaming 独立应用程序
在以套接字流作为数据源的应用场景中,Spark Streaming 应用程序相当于 Socket 通信的客户端,它通过 Socket 方式请求数据,获取数据以后启动流计算过程对之进行处理。在 Windows 环境下,用 IntelliJ IDEA 创建工程并配置运行环境,编写如下 DStream_socket 源程序文件,实现流数据的词频统计功能。

```
import org.apache.spark.SparkConf
import org.apache.spark.streaming.{Seconds, StreamingContext}
object DStream_socket {
```

```
def main(args: Array[String]): Unit ={
  val Conf=new SparkConf().setAppName("套接字流").setMaster("local[2]")
  val ssc=new StreamingContext(Conf,Seconds(60))
  val lines=ssc.socketTextStream("localhost",8888)
  val words=lines.flatMap(_.split(" "))
  val wordCount=words.map(x=>(x,1)).reduceByKey((x,y)=>x+y)
  wordCount.print()
  ssc.start()
  ssc.awaitTermination()
  }
}
```

输入上述代码后的 IntelliJ IDEA 界面如图 11-5 所示。

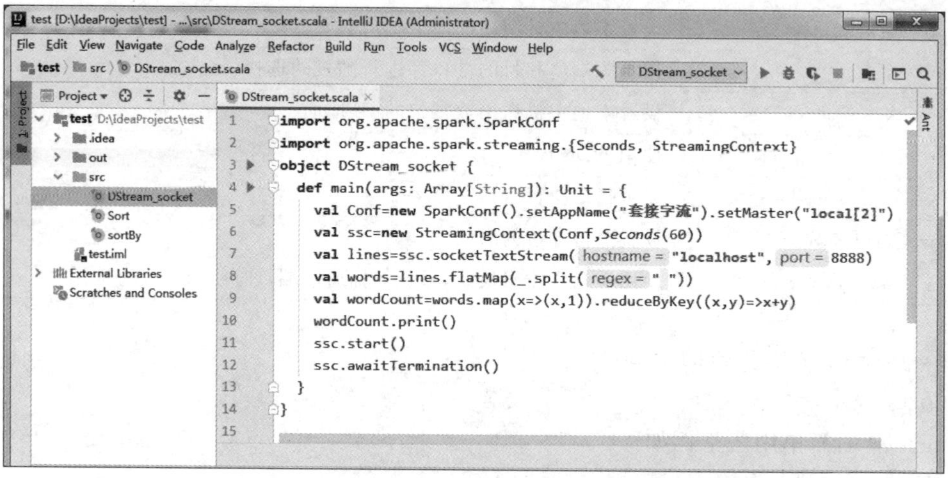

图 11-5　IntelliJ IDEA 的 DStream_socket 源程序文件界面

在上面的代码中，ssc.socketTextStream("localhost",8888)方法用于创建一个"套接字流"类型的输入源从而得到 DStream 对象，localhost 设置主机地址为本地主机，8888 为设置的通信端口号，Socket 客户端使用该主机地址和端口号与服务器建立通信。lines.flatMap (_.split(" "))、words.map(x=>(x,1)).reduceByKey((x,y)=>x+y)、wordCount.print()等方法是自定义的处理逻辑，用于实现对源源不断到达的流数据执行词频统计。

在 IntelliJ IDEA 中运行 DStream_socket 程序就相当于启动 Socket 客户端，然后打开 cmd 窗口并启动一个 Socket 服务器，让该服务器接收客户端的请求，并向客户端不断发送数据流。在 cmd 窗口中输入命令生成一个 Socket 服务器，如下所示。

```
>nc -l -p 8888
```

在上面的 nc 命令中，-l 参数表示启动监听模式，也就是说作为 Socket 服务器，nc 会监听本地主机(localhost)的 8888 号端口，只要监听到来自客户端的连接请求，就会与客户端建立连接通道，把数据发送给客户端。-p 表示监听的是本地端口号。

由于之前已经运行 DStream_socket.scala 程序并启动了 Socket 客户端，所以该客户端会向本地主机(localhost)的 8888 号端口发起连接请求，服务器的 nc 程序就会监听到本地主机的 8888 号端口有来自客户端(DStream_socket.scala 程序)的连接请求，于是就会建立服务器(nc 程序)和客户端(DStream_socket.scala 程序)之间的连接通道。建立连接通道以后,nc 程序就会把人们在 cmd 窗口内手动输入的内容全部发送给 DStream_socket.scala 程序进行处理。为了测试程序运行效果,在 cmd 窗口内执行上面的 nc 命令后,可以通过键盘输入一行英文句子后按 Enter 键,反复多次输入英文句子并按 Enter 键,nc 程序会自动把一行又一行的英文句子不断发送给 DStream_socket.scala 程序进行处理,输入的英文内容如图 11-6 所示。

图 11-6 输入的英文内容

DStream_socket.scala 程序会不断接收到 nc 发来的数据,每隔 60s 就会执行词频统计,并在控制台输出词频统计信息,如图 11-7 所示。

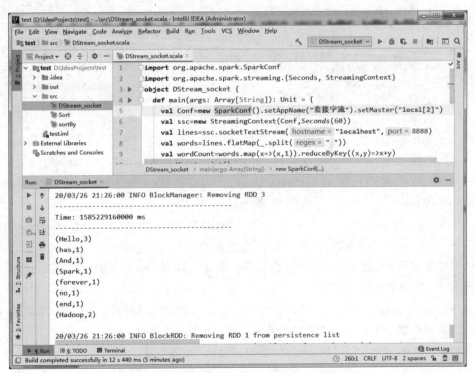

图 11-7 控制台输出的词频统计信息

11.4.3 创建输入源为 RDD 队列流的 DStream 对象

用户可以调用 streamingContext 对象的 queueStream(queue of RDD)方法创建以

RDD 队列为数据源的 DStream 对象。

下面给出定义 DStream 对象的输入数据源为 RDD 队列流的整个过程。

登录 Linux 系统,打开一个终端,首先创建一个 scala 目录。

```
$mkdir -p /usr/local/spark/streaming/src/main/scala    #递归创建 scala 目录
$cd /usr/local/spark/streaming/src/main/scala          #切换目录
```

在 /usr/local/spark/streaming/src/main/scala 目录使用 vim 编辑器新建一个 scala 代码文件 rddQueueStream.scala,并输入以下代码。

```scala
import org.apache.spark.SparkConf
import org.apache.spark.rdd.RDD
import org.apache.spark.streaming.StreamingContext._
import org.apache.spark.streaming.{Seconds, StreamingContext}
object rddQueueStream {
  def main(args: Array[String]):Unit = {
    val sparkConf = new SparkConf().setAppName("rddQueue").setMaster("local[2]")
    val ssc =new StreamingContext(sparkConf, Seconds(2))
    val rddQueue =new scala.collection.mutable.SynchronizedQueue[RDD[Int]]
    val queueStream =ssc.queueStream(rddQueue)
    val result =queueStream.map(r =>(r %5, 1)).reduceByKey(_ +_)
    result.print()
    ssc.start()
    for (i <-1 to 10){
        rddQueue +=ssc.sparkContext.makeRDD(1 to 100,2)
        Thread.sleep(2000)
    }
    ssc.stop()
  }
}
```

在上面的代码中,val ssc = new StreamingContext(sparkConf,Seconds(2))语句用于创建每隔 2s 对数据进行处理的 StreamingContext 对象;new scala.collection.mutable.SynchronizedQueue[RDD[Int]]语句用来创建一个 RDD 队列;val queueStream = ssc.queueStream(rddQueue)语句用于创建一个以"RDD 队列流"为数据源的 DStream 对象。

执行 ssc.start()语句以后,流计算过程就开始了,Spark Streaming 每隔 2s 从 rddQueue 这个队列中取出数据(若干个 RDD)进行处理。但是,这时的 RDD 队列 rddQueue 中还不存在任何 RDD,所以下面需要通过一个 for (i <- 1 to 10)循环不断向 rddQueue 中加入新生成的 RDD。ssc.sparkContext.makeRDD(1 to 100,2)的功能是创建一个 RDD,这个 RDD 将被分成两个分区,RDD 中包含 100 个元素,即 1,2,3,…,100。

执行 for 循环 10 次以后,ssc.stop()语句将被执行,整个流计算过程停止。

要想运行 rddQueueStream.scala 程序代码,需要先用 sbt 打包编译。首先在 /usr/local/spark/streaming 目录下创建一个 sbt 脚本文件 scalasbt.sbt,具体命令如下。

```
$cd /usr/local/spark/streaming
$vim scalasbt.sbt                    #使用 vim 编辑器创建文件
```

在 scalasbt.sbt 文件中输入以下代码。

```
name :="rddQueueStream Project"
version :="1.0"
scalaVersion :="2.12.15"
libraryDependencies +="org.apache.spark" %% "spark-core" % "3.2.0"
```

保存该文件并退出 vim 编辑器。然后,使用 sbt 打包编译,具体命令如下。

```
$ cd /usr/local/spark/streaming
$ /usr/local/sbt/sbt package
```

生成的 JAR 包的位置如下。

/usr/local/spark/streaming/target/scala-2.12/rddqueuestream-project_2.12-1.0.jar。

将生成的 JAR 包通过 spark-submit 提交到 Spark 中运行,命令如下。

```
$ cd /usr/local/spark/streaming
$ /usr/local/spark/bin/spark-submit --class "rddQueueStream" /usr/local/spark/streaming/target/scala-2.12/rddqueuestream-project_2.12-1.0.jar
```

执行上述命令以后,程序就开始运行,可以看到类似下面的结果。

```
-------------------------
Time: 1585289046000 ms
-------------------------
(4,20)
(0,20)
(2,20)
(1,20)
(3,20)
```

◆ 11.5 DStream 对象的常用操作

与 RDD 类似,DStream 对象也提供了一系列操作方法,这些操作可以分成 4 类:无状态转换操作、窗口转换操作、有状态转换操作、输出操作。

11.5.1 无状态转换操作

DStream 对象的无状态转换操作指的是每次只处理当前时间批次的数据,处理结果不依赖之前批次的数据。表 11-2 给出了 DStream 对象常用的无状态转换操作。

表 11-2 DStream 对象常用的无状态转换操作

操　　作	描　　述
map(func)	采用 func 函数对 DStream 对象中的每个元素进行转换,返回一个新的 DStream 对象
flatMap(func)	与 map 操作类似,不同的是 DStream 对象中的每个元素在被函数 func 转换后可以被映射为 0 个或多个元素
filter(func)	返回一个新的 DStream 对象,仅包含源 DStream 对象中满足 func 函数要求的元素

续表

操 作	描 述
repartition(numPartitions)	增加或减少 DStream 对象中的分区数,从而改变 DStream 对象的并行度
union(otherStream)	将源 DStream 对象和输入参数为 otherDStream 对象的元素合并,并返回一个新的 DStream 对象
count()	计算 DStream 对象中的每个 RDD 中的元素数量,返回一个由元素数量组成的新 DStream 对象
reduce(func)	利用函数 func(有两个参数并返回一个结果)对源 DStream 对象中的各个 RDD 中的元素进行聚合操作,返回只有一个元素的 RDD 构成的新 DStream 对象
countByValue()	计算 DStream 对象中每个 RDD 内的元素出现的频次并返回一个(K,V)"键-值"对类型的 DStream 对象,其中 K 是 RDD 中元素的值,V 是 K 出现的次数
reduceByKey(func, [numTasks])	当在由(K,V)"键-值"对组成的 DStream 对象上调用时,返回一个新的 (K_1,V_1)"键-值"对组成的 DStream 对象,其中每个键 K_1 的值 V_1 由源 DStream 对象中键为 K_1 的值使用 func 聚合而成
join(otherStream, [numTasks])	对(K,V)和(K,W)两个"键-值"对类型的 DStreams 对象进行操作,返回一个$(K,(V,W))$"键-值"对类型的新 DStream 对象
cogroup(otherStream, [numTasks])	对于(K,V)和(K,W)两个"键-值"对类型的 DStream 对象,返回$(K, Seq[V], Seq[W])$类型的 DStream 对象
transform(func)	为 DStream 对象中的每个 RDD 应用 RDD-to-RDD 函数,创建一个新的 DStream 对象

下面给出在 spark shell 中为 DStream 对象创建 HDFS 文件流以及对 DStream 对象进行简单操作的示例。

首先,在 Linux 系统中打开一个终端(为了便于区分多个终端,这里将之称为数据源终端),创建一个 logfile 目录,命令如下。

```
$mkdir -p /usr/local/spark/mydata/streaming/logfile    #递归创建 logfile 目录
$cd /usr/local/spark/mydata/streaming/logfile
```

然后,在 Linux 系统中再打开一个终端(这里将之称为流计算终端),启动 spark shell,输入如下 Spark Streaming 应用程序语句。

```
scala>import org.apache.spark.streaming._
scala>val ssc =new StreamingContext(sc, Seconds(30))    //创建 StreamingContext
                                                         //对象
scala>val lines =ssc.textFileStream("/user/hadoop/input")
scala>val words =lines.flatMap(_.split(" "))
scala>val wordPair =words.map((_,1))
scala>val wordCounts =wordPair.reduceByKey(_+_)
scala>wordCounts .print()
scala>ssc.start()
scala>ssc.awaitTermination()
```

在上面的代码中,ssc.textFileStream()语句用于创建一个文件流类型的数据输入源;接下来的 lines.flatMap()、words.map()、wordPair.reduceByKey()和 wordCounts.print()等

方法是流的计算处理过程,负责对获取到的文件流数据进行词频统计;ssc.start()语句用于启动流的计算过程,执行该语句后程序就将开始循环监听/user/hadoop/input 目录,该目录是 HDFS 上的目录,运行 ssc.start()命令之前,需要先启动 Hadoop 系统;ssc.awaitTermination() 方法用来等待流计算流程结束,该语句是无法输入到命令提示符后的,用户可以使用 Ctrl+C 组合键随时手动停止流计算的过程。

在 spark shell 中执行 ssc.start()方法后,程序将自动进入循环监听状态,屏幕上会不断显示类似如下信息。

```
-------------------------
Time: 1585744560000 ms
-------------------------
```

11.4.1 节笔者已经在/usr/local/spark/mydata/streaming/logfile 目录下新建了一个 log1.txt 文件,下面将使用 cat 命令显示其文件内容。

```
$ cat /usr/local/spark/mydata/streaming/logfile/log1.txt
Hello World
Hello Scala
Hello Spark
Hello Python
```

由于监测的路径/user/hadoop/input 位于 HDFS 上,在启动 Hadoop 的终端后,通过如下命令将 log1.txt 文件放到监测路径就可以使其被文件流 InputDStream 监测到。

```
$ ./bin/hdfs dfs - put /usr/local/spark/mydata/streaming/logfile/log1.txt /user/hadoop/input
```

然后,在运行 ssc.start()命令的终端最多等待 30s 就可以看到词频统计结果,具体输出结果如图 11-8 所示。

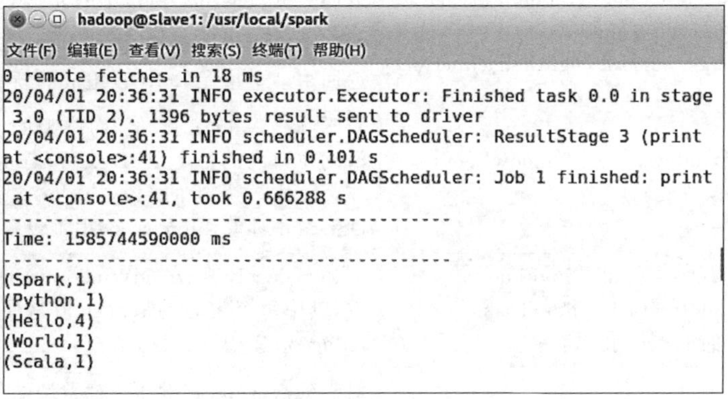

图 11-8 输出结果

11.5.2 窗口转换操作

对于窗口转换操作 window()而言,其窗口内部会有 N 个批次数据,这些批次数据的大小由批次时间间隔决定。在窗口转换操作中,只有窗口长度(间隔)得到满足才会触发批数据的处理,并控制每次计算最近的若干个批次的数据。除了窗口的长度,窗口操作还有另一个重要的参数即滑动时间间隔,它指的是经过多长时间窗口滑动一次形成新的窗口,被用来控制对新的DStream进行计算的间隔。需注意的是,滑动间隔和窗口间隔的大小一定得设置为批次间隔的整数倍。

如图11-9所示,批次间隔是1个时间单位,窗口长度(间隔)是3个时间单位,滑动间隔是2个时间单位。初始的窗口(time 1~time 3)只有在长度得到满足才会触发数据的处理机制。每经过2个时间单位,窗口滑动一次,这时会有新的数据流入窗口,窗口也会移去最早的2个时间单位的数据,而与最新的2个时间单位的数据形成新的窗口(time 3~ time 5)中的数据。

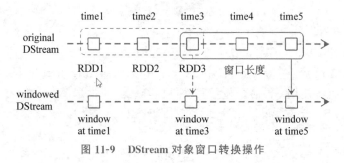

图11-9 DStream对象窗口转换操作

在图11-9中,original DStream表示源DStream对象,windowed DStream表示窗口DStream对象。通过滑动窗口对数据进行转换的窗口转换操作如表11-3所示,其中windowLength表示窗口的长度,slideInterval表示窗口滑动间隔。

表11-3 窗口转换操作

操 作	描 述
window(windowLength, slideInterval)	取某个滑动窗口所覆盖的若干批次数据,返回一个新的DStream对象
countByWindow(windowLength, slideInterval)	返回数据流的滑动窗口中的元素数量
reduceByWindow(func, windowLength, slideInterval)	对滑动窗口内的每个RDD中的元素进行聚合操作,返回由多个单元数RDD组成的新DStream对象
reduceByKeyAndWindow(func, windowLength, slideInterval, [numTasks])	对于(key,value)"键-值"对类型的DStream对象,对滑动窗口内的每个RDD执行reduceByKey(func)操作,返回一个新的(key,value)"键-值"对类型的DStream对象,numTasks用于设置任务数量
reduceByKeyAndWindow(func, invFunc, windowLength, slideInterval, [numTasks]), invFunc表示可逆的reduce函数	上述reduceByKeyAndWindow()的一个更高效的版本,其中每个窗口的reduce值是使用前一个窗口的reduce值递增计算得到
countByValueAndWindow(windowLength, slideInterval, [numTasks])	对于(key,value)"键-值"对类型的DStream对象,基于滑动窗口计算源DStream对象中每个RDD内每个元素出现的频次并返回DStream[(key,Long)],其中Long是key元素出现的数量

例如,每隔10s,统计最近20s的词出现的次数的代码实现如下。

```
pairsDStream.reduceByKeyAndWindow((a: Int, b: Int) =>a +b,Seconds(20),Seconds(10))
```

上述介绍的滑动窗口转换操作只能对当前窗口内的数据进行计算,无法在不同批次之间维护状态。如果要跨批次维护状态,就必须使用 updateStateByKey(func)进行有状态转换操作。

11.5.3 有状态转换操作

在 Spark Streaming 中,数据处理是按批进行的,而数据采集是逐条进行的。因此,在 Spark Streaming 中需要先设置好批处理间隔,当超过批处理间隔时再把采集到的数据汇总起来作为一批数据交给系统去处理。

DStream 对象的有状态转换操作依赖之前的批次数据或者中间结果来计算当前批次的数据,updateStateByKey()操作为每一个键 key 维护一个状态,状态的类型可以是任意类型的,可以是一个自定义的对象,更新函数也可以是自定义的。通过更新函数对该 key 的状态不断更新,对于每个新的批次而言,可以使用 updateStateByKey()为已经存在的 key 进行状态更新。

使用 updateStateByKey()操作时,需要设置检查点目录(checkpoint)保存历史数据。Spark 对设置的检查点目录做了优化,该目录并非保存所有的历史数据,而是只保存了当前计算结果,以便下一次计算时调用,这也大大简化了对历史数据的读写操作。

具体在操作 updateStateByKey()时,需要完成下面两个操作。

(1)定义状态,状态可以是一个任意的数据类型。

(2)定义状态更新函数,用此函数结合之前的状态和来自输入流的新值对状态进行更新。

在 Windows 环境下,用 IntelliJ IDEA 创建工程,配置运行环境,编写如下 StreamingUpdateByKey 源程序文件实现词频统计,其可以演示 updateStateByKey()的用法。

```
import org.apache.log4j.{Level, Logger}
import org.apache.spark.SparkConf
import org.apache.spark.streaming.{Seconds, StreamingContext}
object StreamingUpdateByKey {
  Logger.getLogger("org.apache.spark").setLevel(Level.WARN)
  def main(args: Array[String]): Unit ={
    val conf =new SparkConf().setMaster("local[*]").setAppName(
    "StreamingUpdateByKey")
    val ssc =new StreamingContext(conf, Seconds(5))
    //设置checkpoint 检查点目录
    ssc.checkpoint("D:\IdeaProjects\SparkScala\ckpt")
    val streams =ssc.socketTextStream("localhost", 8888)
    val wordCounts =streams.flatMap(_.split(" ")).map(w =>(w,1)).reduceByKey(_
    +_).updateStateByKey[Int](updateFunction _)
    wordCounts.print()
    ssc.start()
    ssc.awaitTermination()
  }
  /*
```

参数 newValues：当前批次某个单词出现的次数的序列集合
参数 runningCount：上一个批次计算出来的某个单词出现的次数
    */
  def updateFunction(newValues: Seq[Int], runningCount: Option[Int]): Option[Int] = {
    val newCount = newValues.sum + runningCount.getOrElse(0)   //更新状态
    Some(newCount)
  }
}
```

在 IntelliJ IDEA 中，运行 StreamingUpdateByKey 程序就相当于启动了 Socket 客户端。打开 cmd 窗口，启动一个 Socket 服务器，让该服务器接受客户端的请求，并给客户端不断发送数据流。在 cmd 窗口中输入"nc -l -p 8888"命令生成一个 Socket 服务器并输入 3 行数据，如下所示。

```
>nc -l -p 8888
hello world
hello python
hello spark
```

StreamingUpdateByKey 程序会接收到 nc 发来的数据并进行词频统计，在控制台输出如下词频统计信息。

```
(python,1)
(spark,1)
(hello,3)
(world,1)
```

11.5.4　输出操作

Spark Streaming 可以使用 DStream 对象的输出操作把 DStream 对象中的数据输出到外部系统，如数据库或文件系统。DStream 对象的输出操作将触发所有对 DStream 对象的转换操作的实际执行（类似于 RDD 操作）。表 11-4 列出了主要的输出操作。

表 11-4　输出操作

输出操作	描述
print()	在运行流应用程序的驱动程序节点上输出 DStream 对象中每批数据的前 10 个元素
saveAsTextFiles（prefix, [suffix]）	将 DStream 对象的内容保存为文本文件。每个批处理间隔的文件的文件名将基于前缀 prefix 和后缀 suffix 生成为 prefix-TIME_IN_MS [.suffix]
saveAsObjectFiles（prefix, [suffix]）	将 DStream 对象的内容保存为序列化的文件 SequenceFiles。每个批处理间隔的文件名将基于前缀和后缀生成为 prefix-TIME_IN_MS [.suffix]
saveAsHadoopFiles（prefix, [suffix]）	将 DStream 对象的内容保存为 Hadoop 文件。每个批处理间隔的文件名将基于前缀和后缀生成为 prefix-TIME_IN_MS [.suffix]
foreachRDD(func)	最通用的输出操作，将函数 func 应用于从流中生成的每个 RDD。将每个 RDD 中的数据推送到外部系统，例如，将 RDD 保存到文件，或通过网络将其写入数据库
```

11.6 项目实战：实时统计"文件流"的词频

调用 streamingContext 的 start() 方法启动接收和处理数据的流程；调用 StreamingContext 的 awaitTermination() 方法等待程序处理结束，可手动停止或出错停止，或者让它持续不断地运行计算；调用 streamingContext 的 stop() 方法来结束程序的运行。

在 Windows 的 IntelliJ IDEA 开发环境下，编写演示 Spark Streaming 的相关操作的程序代码如下。

```
import org.apache.spark.SparkConf
import org.apache.spark.streaming.{Seconds, StreamingContext}
object StreamWordCount {
  def main(args: Array[String]): Unit = {
    val conf = new SparkConf().setMaster("local[2]").setAppName("StreamWordCount")
    val ssc = new StreamingContext(conf,Seconds(20))
//创建"文件流"类型的数据输入源
    val lines = ssc.textFileStream("D:/shuju")
    lines.cache()//持久化
    val words = lines.flatMap(_.split(" ")) //用" "拆分 lines
    val wordPair = words.map((_,1))
    val count = wordPair.reduceByKey(_+_)
    count.print()
//启动 StreamingContext
    ssc.start()
    ssc.awaitTermination()
  }
}
```

运行上述流计算程序文件后，流计算程序将自动进入循环监听状态，屏幕上会不断显示类似如下信息。

```
-------------------
Time: 1583589700000 ms
-------------------
```

这时打开 cmd 窗口，在 D:/shuju 目录下新建一个 test.txt 文件，在文件中输入 Hello world Hello Spark Hello Python 后保存并退出，具体命令如下。

```
D:\shuju>>test.txt echo Hello world Hello Spark Hello Python
```

执行 test.txt echo Hello world Hello Spark Hello Python 命令后，它会在 D:/shuju 目录下生成一个名叫 test.txt 的文件，文件内容为 Hello world Hello Spark Hello Python。

在控制台最多等待 20s 就可以看到词频统计结果，具体输出结果如下。

```
(Python,1)
(Spark,1)
(Hello,3)
(world,1)
```

11.7 拓展阅读——源自 Spark Streaming 流处理过程的启示

每种大数据处理框架都有自己的大数据处理流程，编写 Spark Streaming 流处理程序包括 5 个步骤，编写具体的流处理程序时要严格按照这 5 个步骤进行。

只有符合程序编程规则，才能编写出能够正确运行的程序，才能解决实际问题。这反映到日常学习生活中，做任何事情都要符合行业和所在集体的规则，俗话说"欲知平直，则必准绳；欲知方圆，则必规矩"，意思是，要想知道平直与否，就必须借助水准墨线；要想知道方圆与否，就必须借助圆规矩尺。正所谓"国不可一日无法，家不可一日无规"，规则规范着人们的行为。一个文明的社会必然是崇尚法治的社会。法治是调整和规范社会生活的重要途径，是现代国家社会文明的重要标志。因此，提高社会文明程度必须加强法治建设。诚然，文明行为的教育、引导和规范需要德法兼治，但是仅仅依靠道德教育和思想教育是远远不够的。针对一些不文明的行为，除了道德约束和个人自觉外，必须依靠立法加以规范和管理，从而唤起人们对文明的敬畏，最终让文明内化于心、外化于行。

11.8 习　　题

1. 简述流数据的特点。
2. 简述批处理和流处理的区别。
3. 简述 Spark Streaming 的工作原理。
4. 简述编写 Spark Streaming 程序的步骤。
5. Spark Streaming 主要包括哪三种类型的输入数据源？

第 12 章 Spark Structured Streaming 流处理

Structured Streaming(结构化流)是建立在 Spark SQL 基础之上的流数据处理引擎,其可以把流式处理统一到 DataFrame/Dataset 中。本章主要介绍 Structured Streaming 流处理的概述、编程模型。

◆ 12.1 Structured Streaming 流处理概述

2016 年,Spark 2.0 版本引入 Structured Streaming(结构化流)。虽然用户目前依然可以使用 Spark SQL 的 Dataset/DataFrame API 处理流数据(操作方式类似 Spark SQL 的批数据处理),但是默认情况下,在 Spark 内部,结构化流查询是使用微批处理引擎实现的,该引擎将数据流作为一系列小批作业来处理,能够保障实现端到端的低于 100ms 至少一次的处理。Spark 2.3 版本之后提供了 Continuous Processing 持续(连续)计算引擎,能够保障实现端对端的低于 1ms 最少一次的处理。Structured Streaming 的主要特点如下。

1. 简洁的模型

Structured Streaming 的模型很简洁,易于理解。用户可以直接把一个流想象成是无限增长的表格。

2. 一致的 API

Structured Streaming 和 Spark SQL 共用大部分 API,对 Spark SQL 熟悉的用户可以很容易地应用程序代码。同时批处理和流处理程序还可以共用代码,用户不再需要开发两套不同的代码,显著提高了开发效率。

3. 保证与批处理作业的强一致性

开发人员可以通过 Dataset、DataFrame API 以开发批处理作业的方式来开发流式处理作业,进而以增量的方式处理数据。在任何时刻,流式处理作业的计算结果都与处理同一份数据的批处理作业的计算结果完全一致。而大多数的流式计算引擎,如 Storm、Kafka、Flink 等是无法提供这种保证的。

4. 与存储系统进行事务性的整合

Structured Streaming 在设计时就考虑到了要能够基于存储系统保证数据被处理一次且仅一次,同时用户能够以事务的方式来操作存储系统,这样才能保证对外提供服务的实时数据在任何时刻都保持一致性。Structured Streaming 希望事务性的更新在内核中能自动实现,其他的流式计算引擎往往都需要手动来实现。

5. 与 Spark 的其他部分无缝整合

Structured Streaming 在未来将支持基于 Spark SQL 和 JDBC 来对流计算状态进行实时查询，同时提供与 Spark ML 整合的功能。

SparkStructured Streaming 与 Spark SQL 的异同点如下。

Structured Streaming 中的数据模型是 DataFrame 和 Dataset。

Structured Streaming 和 Spark SQL 几乎唯一的区别是 Structured Streaming 通过 readStream()方法读流数据，通过 writeStream()方法将流数据输出，而 Spark SQL 中的批处理则使用 read()方法和 write()方法。

◆ 12.2 Structured Streaming 编程模型

Structured Streaming 的核心思想是将实时数据流视为一个正在不断追加的表，因而这种新的流处理模型与离线的批处理模型具有很大的相似性。人们可把流计算视作在静态表上做批处理查询，而 Spark 将其作为一个在无界的输入表中的增量查询。

12.2.1 Structured Streaming 的 WordCount

下面给出一个监听数据服务器的 TCP 套接字获得服务器输入的文本数据案例（其中累计获得的文本数据包含单词计数），并展示使用 Structured Streaming 实现该应用的步骤。

1. 初始化 Spark 实例

在 Spark 2.0 之后，SparkSession 封装了 SparkContext 和 SqlContext，为批处理和基于 Structured Streaming 的流处理提供了统一的入口。在程序脚本文件中，首先实例化一个 SparkSession 对象，然后就可以创建 DataFrame、Dataset 和 Structured Streaming 对象了。实例化一个 SparkSession 对象的示例如下。

```
val spark =SparkSession
    .builder()
    .appName("StreamProcessing")
    .master("local[*]")
    .getOrCreate()
```

在使用 Spark shell 研究 Structured Streaming 时，启动 Spark shell 交互界面后 Spark 会自动创建一个 SparkSession 对象（即 spark），用户不必额外创建 SparkSession 对象来使用 Structured Streaming。

2. 连接流数据源 source

在 Structured Streaming 中，source 是从流式数据生产者中消费流数据的抽象，通过 SparkSession 调用 readStream()方法返回的 DataStreamReader 对象的 format()方法指定流数据源类型，进而调用 load()方法创建一张存放流数据的 DataFrame 类型的无界输入表（用于接收到达的流数据），然后即可在创建输入表时进行某些配置，下面在 Spark shell 交互界面演示具体示例。

```
//导入必要的类
scala>import org.apache.spark.sql.functions._
scala>import spark.implicits._
//创建输入表 DataFrame,通过 TCP socket 连接指定服务器产生的数据流
//socket 连接由服务器地址和监听端口定义,创建 socket source 时须指定这两个参数
scala > val lines = spark.readStream.format("socket").option("host",
"localhost").option("port", 9999).load()    //连接"socket"类型的流数据源
lines: org.apache.spark.sql.DataFrame =[value: string]
```

流数据输入源 source 的类型主要如下。

(1) Socket(套接字)source 类型。

Socket 方式是最简单的数据输入源,如上面所示的程序语句就是使用的这种方式,用户只需要通过 format()方法指定 socket 类型,并使用 option()方法配置监听的 host(主机地址)和 port(端口号)即可。

(2) File(文件)source 类型。

指定一个目录的文件作为流数据输入源,其支持的文件格式有 TXT、CSV、JSON、Parquet 等,文件必须被原子性地放入目录(通常可通过 mv 操作实现)。构建文件 source 的示例如下。

```
scala>import org.apache.spark.sql.types._
//创建一种 Schema
scala> val userSchema = new StructType().add("name","string").add("age",
"integer")
userSchema: org.apache.spark.sql.types.StructType = StructType(StructField
(name, StringType, true), StructField(age, IntegerType, true))
scala> val jsonDF = spark.readStream.schema(userSchema).json("file:/home/
hadoop/input")
jsonDF: org.apache.spark.sql.DataFrame =[name: string, age: int]
```

上面这条语句等价于下面这条语句。

```
scala > val jsonDF = spark.readStream.schema(userSchema).format("json").
load("file:/home/hadoop/input")
jsonDF: org.apache.spark.sql.DataFrame =[name: string, age: int]
```

总的来说,DataStreamReader 对象读取文件的接口有 5 个。

format(source).load(path): source 参数是指文件的形式,有 TXT、JSON、CSV、Parquet 四种形式;

txt(path): 其封装了 format("txt").load(path),即 TXT 文件。

json(path): 其封装了 format("json").load(path),即 JSON 文件。

csv(path): 其封装了 format("csv").load(path),即 CSV 文件。

parquet(path): 其封装了 format("parquet").load(path),即 Parquet 文件。

其中,path 参数为文件的路径,若在该路径发现新增文件,则 Spark 会以数据流的形式获取之。但该路径只能存放指定的格式文件,不能存放其他文件格式的文件。

若是以 Spark 集群方式运行,则路径是 HDFS 中的文件路径。

并不是每种格式都需要调用 schema()方法来配置文件信息:对于 CSV、JSON、Parquet 三种格式的文件,用户需要通过 schema()方法配置解析文件中数据的模式;对于

TXT 格式的文件,不需要用户指定 schema,其返回的列只有一个 value。

```
//需设置 option("checkpointLocation", "file:/home/hadoop/output")选项,否则报错
scala>val query =jsonDF.writeStream.option("checkpointLocation", "file:/home/hadoop/output").format("console").start()
scala>query.awaitTermination()   //当监控的文件夹中有新的 JSON 文件生成就会进行处理
```

向 /home/hadoop/input 目录中存放一个 Student.json 文件,文件内容如下。

```
{"name":"DingHua","age":18}
{"name":"YanHua","age":19}
{"name":"Feng","age":20}
```

然后,在运行 query.awaitTermination() 的终端输出如下内容。

```
+-------+---+
| name  |age|
+-------+---+
|DingHua| 18|
| YanHua| 19|
|  Feng | 20|
+-------+---+
```

下面的配置项适用于所有基于文件的 source。

① option("maxFilesPerTrigger",100):表示每次查询触发时消费多少个文件,这里为 100。

② option("latestFirst", true):是否首先处理最新的文件,默认为 false,设置为 true 时,会优先处理最新文件。

③ option("maxFileAge",7):给目录中文件定义一个时间阈值,超过该时间阈值的文件会被忽略处理,该阈值是相对于目录中的最新文件而言的,默认为 7 天。

④ .option("fileNameOnly", false):默认为 false,设置为 true 时,若两个文件名称相同则 Spark 会认为其是相同的文件。

下面给出 CSV 文件 source 格式解析时最常用的配置项。

默认需要显式指定 schema,设置 spark.sql.streaming.schemaInference 为 true 启用自动推断 schema,设置方式如下。

```
scala>spark.conf.set("spark.sql.streaming.schemaInference",true)
scala>val jsonDF =spark.readStream.json("file:/home/hadoop/input")
                                                   //修改上面例子演示
jsonDF: org.apache.spark.sql.DataFrame=[age: bigint, name: string]
                                                   //自动推断列名及类型
scala>val query = jsonDF.writeStream.option("checkpointLocation", "file:/home/hadoop/output").format("console").start()
scala>query.awaitTermination()            //之后放入 Student.json 文件将生成下述结果
+---+-------+
|age| name  |
+---+-------+
| 18|DingHua|
| 19| YanHua|
| 20|  Feng |
+---+-------+
```

① option("comment"，"")：配置一个字符作为行注释的标记，默认为空字符串，设置为 option("comment"，"#")后便可在解析 CSV 文件时将行首为#的行当作注释。

② option("header"，false)：配置是否忽略标题行，默认为 false，在设置为 true 时会忽略标题行。

③ option("multiline"，false)：把一个文件的所有行当成一条记录，默认为 false。

④ option("sep"，",")：设置字段分隔符，默认为逗号","。

（3）Kafka source 类型

Structured Streaming 提供了接收 kafka 数据源的接口，使用起来也非常方便，只是需要注意开发环境所依赖的库以及 Structured Streaming 运行环境的 Kafka 版本。

3. 流数据的转换操作

socket source 会生成一个流式 DataFrame，并且内容只有一列，值为从流中接收到的数据。

```
//这里 lines 是 DataFrame,使用 as[String]将类型转换为 Dataset
//之后在 Dataset 里切分单词
scala>val words =lines.as[String].flatMap(_.split(" "))
words: org.apache.spark.sql.Dataset[String] =[value: string]
//根据 value 做 groupby()计算,并统计个数,得到多行二列的 DataFrame,即结果表
scala>val wordCounts =words.groupBy("value").count()
wordCounts: org.apache.spark.sql.DataFrame =[value: string, count: bigint]
```

4. 启动流处理

到目前为止，以上所做的就是定义流处理的过程，定义从哪里消费数据和要做什么操作，但此时仍然没有任何数据流经系统，也没有启动数据处理。启动一个 Structured Streaming 作业需要指定 sink(定义结果数据的存储位置，如文件系统中的文件、内存表或者 Kafka 等其他流式系统)和输出模式(定义如何处理流的结果数据，如每次看到所有的数据，或者仅仅是更新的部分等)，在 API 层面，可以通过对 DataFrame 和 Dataset 调用 writeStream()方法和设置相关配置项来实现这两个要求，具体示例如下。

```
//在默认情况下,自适应查询是被禁用的
//为了启用,需将 spark.sql.adaptive.enabled 设置为 true。不启用将报错
scala>spark.conf.set("spark.sql.adaptive.enabled",true)
```

执行 start()语句就相当于启动了 Socket 客户端，但在执行这条语句之前需再打开一个 cmd 窗口，启动一个 Socket 服务器，以便让该服务器接受客户端的请求，并向客户端不断发送数据流。在 cmd 窗口中输入命令生成一个 Socket 服务器，命令如下。

```
$nc -l -p 9999
```

回到原来的窗口执行如下命令创建并启动一个查询，另外这里需设置 checkpointLocation 选项的值，否则会报错。

```
scala > val query = wordCounts. writeStream. outputMode ( " complete"). option
("checkpointLocation", "file:/home/hadoop/output").format("console").start()
//需设置 option("checkpointLocation", "file:/home/hadoop/output")选项,否则报错
scala> val query = jsonDF.writeStream.option ("checkpointLocation", "file:/
home/hadoop/output").format("console").start()
```

回到执行"nc -l -p 9999"命令的窗口,输入如下内容并按 Enter 键。

```
hello world
hello world
hello scala
```

这时候就会在原来的窗口生成如下输出。

```
+-----+-----+
|value|count|
+-----+-----+
|hello|  3  |
|scala|  1  |
|world|  2  |
+-----+-----+
```

调用 DataFrame 的 writeStream()方法转换输出流,创建一个 DataStreamWriter 对象,可设置的配置项如下。

(1) outputMode()方法指定以哪种方式将结果表的数据写入 sink,具体包括 3 种方式: Complete、Append 和 Update。

① Complete(完整)模式:结果表所有行都输出,每次触发后,整个结果表将输出到接收器,其仅适用于包含聚合操作的查询。

② Append(追加)模式:输出新增的行,默认模式。每次更新结果集时,只将新添加到结果集的结果行输出到接收器。其仅支持针对添加到结果表中的行永远不会更改的查询。因此,使用此模式需保证每行仅输出一次。例如,仅查询 select、where、map、flatMap、filter、join 等会支持追加模式,不支持聚合。

③ Update(更新)模式:输出更新的行,每次更新结果集时,仅将被更新的结果行输出到接收器(自 Spark 2.1.1 版本起可用),不支持排序。

(2) 通过 format()方法以内置或者自定义 sink 的方式来定义将流处理的结果表输出到什么地方,包括以下几种。

终端 sink:如 format("console")输出结果表到控制台 console,示例如下。

```
writeStream
.outputMode("complete")      //指定以哪种方式将结果表的数据写入 sink
.format("console")           //指定输出到什么地方,这里是控制台
.start()
```

文件 sink:指定文件的格式和文件的位置将结果表写入文件系统,示例如下。

```
writeStream
.format("json")              //指定文件格式,还可以是"orc"、"parquet"、"csv"、"hive"、"text"
.option("path", "path/to/destination/dir")    //指定文件路径
.start()
```

Kafka sink:输出到 kafka 内的一到多个 topic,示例如下。

```
writeStream
.format("kafka")
.option("kafka.bootstrap.servers", "host1:port1,host2:port2")
.option("topic", "updates")
.start()
```

foreach sink：提供一个编程接口来访问流中的内容，一次访问一个元素，示例如下。

```
writeStream
.foreach(...)
.start()
```

内存 sink：通过 queryName() 方法指定的名称作为表名创建内存表，该表会接收流的结果数据并持续更新，示例如下。

```
writeStream
.format("memory")            //指定输出到内存
.queryName("tableName")      //指定将要创建的内存表的表名
.start()
```

（3）通过 queryName() 方法指定查询 query 的标识，其类似临时性视图的名字，某些 sink 会用到它，同时会展示在 Spark 控制台的作业描述中，示例如下。

```
writeStream
.format("json")              //指定文件格式,还可以是"orc"、"parquet"、"csv"、"hive"、"text"
.queryName("json-writer")
.option("path", "path/to/destination/dir")    //指定文件路径
.start()
```

（4）通过 option() 方法可以创建的查询 query 提供特定的"键-值"对配置，每个类型的 sink 都有自己特定的配置。

（5）通过 trigger() 方法设置触发间隔，如果不指定，程序会默认尽可能快速地处理输入数据并输出结果。org.apache.spark.sql.streaming.Trigger 包支持以下几种触发器。

① ProcessingTime()：定义一个时间间隔，如 trigger(ProcessingTime("5 seconds"))。

② Once()，仅执行一次查询，执行后，查询终止，即使有新数据到达，查询也不会再次开始。

③ Continuous()：该触发器会将执行引擎切换到实验性的连续引擎，来实现更低延迟的处理，如 trigger(Continuous("1 second"))，这里的 1 second 代表 1 秒进行一次状态保存，而非批次处理间隔时间。

（6）checkpoint 故障恢复：如果发生故障或关机，Spark 可以恢复之前的查询的进度和状态，并从停止的地方继续执行。这是使用 checkpoint 和预写日志完成的。用户可以使用检查点位置配置查询，将所有进度信息（即每个触发器中处理的偏移范围）和运行聚合（例如，示例中的 wordcount）保存到检查点位置。此检查点位置必须是 HDFS 兼容文件系统中的路径，并且可以在启动查询时将其设置为 DataStreamWriter 中的选项。Spark 给出了默认路径 path/to/HDFS/dir，注意：Socket 不支持数据恢复，如果设置了数据恢复，第二次启动会报错，而 Kafka 支持数据恢复。checkpoint 用法示例如下。

```
writeStream
.outputMode("complete")
.option("checkpointLocation", "path/to/HDFS/dir")
.format("memory")
.queryName("tableName")      //指定将要创建的内存表的表名
.start()
```

（7）start()：启动流计算，并启动内部的调度进程，从流数据源 source 到处理数据，以及最

终输出到 sink。start()方法会返回一个 StreamingQuery 对象，该对象调用 awaitTermination()方法以阻塞主线程，防止程序在处理数据时停止，直到调用 stop()结束查询或遇到错误。

```
scala>query.awaitTermination()
```

借助 StreamingQuery 对象可管理具体的查询，StreamingQuery 对象的属性和方法如下。

① query.id：获取正在运行的查询的唯一识别号。
② query.name：得到查询的名字，该名字可能是系统自动产生的，也可能由用户指定。
③ query.explain()：返回查询的具体细节说明。
④ query.stop()：停止查询。
⑤ query.awaitTermination()：阻塞主线程直到调用 stop()结束查询或发生错误。
⑥ query.exception()：返回查询因错误终止时发生的异常。
⑦ query.sourceStatus()：返回从输入流数据源读取数据的进度信息。
⑧ query.sinkStatus()：返回向输出 sink 写入数据的进度信息。

下面将在 Windows 系统以运行程序文件的方式演示上述过程代码，在 IntelliJ IDEA 中创建如下程序文件。

```scala
import org.apache.log4j.{Level, Logger}
import org.apache.spark.sql.SparkSession

object WordCountApplication {
  def main(args: Array[String]): Unit ={
    Logger.getLogger("org").setLevel(Level.ERROR)
    //调整 log 级别,屏蔽过多的 log
    Logger.getLogger("org.eclipse.jetty.server").setLevel(Level.OFF)
    val spark = SparkSession.builder().appName("WordCount").master("local").getOrCreate()
    import spark.implicits._
    val lines = spark.readStream.format("socket").
        option("host", "localhost").option("port", 9999).load()
    val words = lines.as[String].flatMap(_.split(" "))
    val wordCounts = words.groupBy("value").count()
    // Complete Mode：输出最新的完整的结果表数据
    //输出最新的完整的结果表数据到控制台
    val query = wordCounts.writeStream.outputMode("complete").format("console").start()
    //append 模式不支持基于数据流的聚合操作
    //val query = words.writeStream.outputMode("append").format("console").start()
    //Update Mode：只输出结果表中被本批次修改的数据
    //val query = words.writeStream.outputMode("update").format("console").start()
    //阻塞主线程,使程序不断循环调用
    query.awaitTermination()
  }
}
```

运行上述程序文件。然后打开一个 cmd 窗口，输入如下内容并按 Enter 键。

```
C:\Users\caojie\Desktop>nc -l -p 9999
hello spark
hello hadoop
hello scala
```

然后在 IDEA 的控制台输出如下内容。

```
+------+-----+
|value |count|
+------+-----+
|hello |3    |
|scala |1    |
|spark |1    |
|hadoop|1    |
+------+-----+
```

⚠️注意：WordCountApplication 程序会一直处于执行状态，若要停止，需要在 IDEA 中手动结束程序

12.2.2 Structured Streaming 编程模型

用户可以将输入数据流想象成是一张无界输入表，数据流中每条新到达的数据都将被作为一行数据添加到输入表中，如图 12-1 所示。这样用户就可以用静态结构化数据的批处理查询方式进行流计算，如使用 SQL 对到来的每一行数据进行实时查询处理，即可将之理解为 SparkSQL ＋ Spark Streaming＝Structured Streaming。

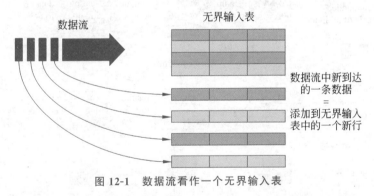

图 12-1　数据流看作一个无界输入表

对输入表的查询将生成一个结果表，如图 12-2 所示。每一个触发间隔（如每 1 秒），新的行会被追加到输入表中，最终更新到结果表中。每当结果表被更新时，人们希望将改变后的结果行写到一个外部 sink 接收器中。

"输出"为写入外部存储的内容。用户可以定义每次结果表中的数据更新时，以何种方式将哪些数据写入外部存储。结构化的流处理有多种模式的输出：Complete（完整模式）、Append（追加模式）和 Update（更新模式）。注意，每种模式只适用于指定类型的查询。

下面将基于前面的 WordCount 入门程序，用一个官方举例来说明结构化的流处理编程模型。如图 12-3 所示，第 1 行表示从 Socket 不断接收数据；第 2 行是时间轴，表示每隔 1 秒进行一次流数据处理；第 3 行可以被看成是之前提到的无界输入表；而第 4 行是记录词频的结果表。当有新的流数据到达时，Spark 会执行"增量"查询，并更新结果表。该示例的输出

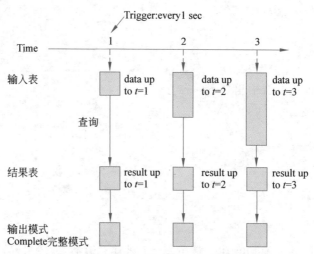

图 12-2 Structured Streaming 编程模型

模式为 Complete 完整模式,因此其每次都会将所有数据输出到控制台。

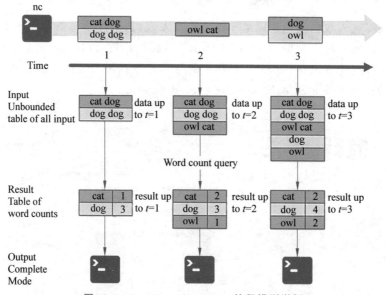

图 12-3 Structured Streaming 编程模型举例

12.3 拓展阅读——女排精神

1978 年,郴州女排训练基地初建时,只有一个四面透风的竹棚训练馆,女排姑娘们就是在这样简陋的训练场地上开启了之后的"五连冠"辉煌。在那个国家还不富裕的年代,女排和许许多多艰苦奋斗的中国人一样,对物质无欲无求,但是对心中的理想有着无限渴望,浑身充满了奋发的力量。

1981 年至 1986 年,中国女排在世界杯、世界锦标赛和奥运会上 5 次获得世界冠军,成为世界排球史上第一支连续 5 次夺冠的队伍。女排姑娘们在比赛中表现出来的"顽强拼搏、为国争光"的奋斗精神给处在改革开放初期的中国人民以巨大的鼓舞,成为中华民族精神的象征。

祖国至上、团结协作、顽强拼搏、永不言败、为国争光,无论时代如何变迁,这种发自内心的朴素共鸣都是点燃亿万国人奋斗激情的动力引擎,都是成就中国各项伟业的强大推动力。钱学森、钱三强、邓稼先等一大批科学家把知识和生命奉献给新中国国防事业;王继才用32年的执着坚守,践行"家就是岛,岛就是国,我会一直守到守不动为止"的承诺;57岁的聂海胜第三次代表祖国出征太空,因为"只要祖国需要、任务需要,我们都会以最佳状态,随时准备为祖国出征太空"……

每个人前进的脚步,叠加成一个国家昂首向前的步伐;每个人创造的价值,汇聚为中华民族伟大复兴的磅礴力量。

12.4 习 题

1. 简述 Structured Streaming 的主要特点。
2. 简述编写 Structured Streaming 应用程序的步骤。

第 13 章 Spark GraphX 图计算

图因具有直观、清晰、表达能力强等特点,被广泛应用于社交网络、生物数据分析、推荐系统等领域。GraphX 是 Spark 专门处理图数据的组件,本章主要介绍 GraphX 图计算模型、GraphX 属性图的创建、属性图的操作、GraphX 中的 Pregel 计算模型,项目实战为《平凡的世界》孙家人物关系图分析。

13.1 GraphX 图计算模型

13.1.1 属性图

GraphX 是一个分布式图处理框架,是一个基于 Spark 平台的、提供图计算和图挖掘的简洁易用的接口,极大地方便了人们对分布式图处理的需求。Spark 的每一个模块都有一个基于 RDD 的、便于自己计算的抽象数据结构,如 SQL 的 DataFrame、Streaming 的 DStream。为了方便图计算,GraphX 通过扩展 RDD 引入了图抽象数据结构 Resilient Distributed Property Graph(弹性分布式属性图)。

GraphX 的属性图是由带有属性信息的顶点和边构成的,这些属性主要用来描述结点和边的特征。一个属性图具体包括:顶点标识(也称编号)与顶点属性所组成的集合,边标识与边的属性所组成的集合。GraphX 中,顶点有编号和顶点属性,边有源顶点、目的顶点编号和边属性。

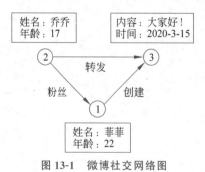

图 13-1 微博社交网络图

以微博社交网络图为例,如图 13-1 所示,图中顶点集 Vertex={1,2,3}有 3 个顶点,图中边集 Edge={"粉丝","创建","转发"}有 3 条边。顶点 1 和顶点 2 分别表示用户菲菲和乔乔,顶点 3 表示发布的某条微博。表示用户的顶点可以具有姓名和年龄等属性信息,表示微博的顶点可以具有微博内容和发布时间等属性信息。顶点与顶点之间的关系用有向边表示,包括粉丝关系、创建关系和转发关系。边的属性可以是具体的关系信息,也可以是具体的数值。

通过对 GraphX 提供的图类 Graph 进行实例化就可以得到一个属性图。与 RDD 一样,属性图是不可变的,对属性图的值或者结构的改变将生成一个新的属性图。注意,原始图中不受影响的部分都可以在新图中得到重用,用来减少存储的成本。用户可以使用顶点分区的方法来对图进行分区存储,如 RDD 一样,图的每个分区可以在发生故障的情况下被重新创建在不同的机器上。

图是由顶点集合和边集合构成的一种数据结构,而 Spark 的 RDD 就类似这样一个集合,所以图可以用两个 RDD 分别表示顶点集合和边集合。

① RDD[(VertexID,VD)]:表示一系列的顶点编号、顶点数据(属性)。

② RDD[Edge[ED]]:表示一系列的边数据(包括边的源顶点、目的顶点的编号和边属性)。

在逻辑上,属性图对应一对 RDD,这两个 RDD 分别包含每一个顶点和边的属性。因此,Graph 图类中包含顶点和边的成员变量。

```
class Graph[VD, ED] {
  val vertices: VertexRDD[VD]
  val edges: EdgeRDD[ED]
}
```

VertexRDD[VD]和 EdgeRDD[ED]分别是对 RDD[(VertexID,VD)]和 RDD[Edge[ED]]的继承和优化,是更高级的封装。VD 和 ED 为 Graph 的类型参数,表示图的顶点和边。

假设想构造一个包括不同用户的属性图。用户信息包括标识符,用户属性包含姓名和职业,将用户信息保存在 vertices.txt 文件里,则文件内容将如图 13-2 所示,3 个字段分别表示用户标识、姓名和职业。

将用户之间的关系信息保存在 edges.txt 文件(放在/home/hadoop 目录下)中,如图 13-3 所示,其含有 3 个字段,第 1 个字段和第 2 个字段分别表示两个用户的标识符,第 3 个字段表示这两个用户之间的关系,如"2 5 Colleague"表示标识符为 2 和 5 的两个用户是同事。

图 13-2　vertices.txt 文件

图 13-3　edges.txt 文件

将 vertices.txt 文件中的每个用户信息作为图的顶点数据,用户标识作为顶点 ID,其他字段作为顶点属性。将 edges.txt 文件中用户之间的关系信息作为边数据,三个字段分别表示边的源用户 ID、目标用户 ID、边属性。根据顶点数据和边数据,可以构建图 13-4 所示的用户关系网络图,使顶点包含用户 ID 和用户属性,边有源顶点和目的顶点,并且有边属性和指向,如顶点 5 指向顶点 3,属性 Advisor 表示 ID 为 5 的用户是 ID 为 3 的用户的顾问。

13.1.2　GraphX 图存储模式

在工业级的应用中,图的规模很大,为了提高处理速度和处理吞吐量,人们希望使用分

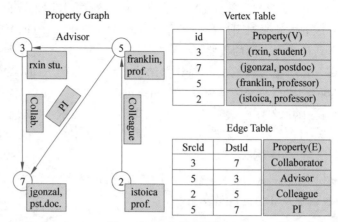

图 13-4 用户关系网络图

布式的方式来存储、处理图数据。在分布式环境下处理图数据,必须对图数据进行有效的图分割。由于图数据本身固有的连通性和图计算表现出来的强耦合性等特点,要想实现图的高效并行处理,必须尽可能地降低分布式处理的各子图之间的耦合度。有效的图分割就是实现解耦的重要手段。将一个大图分割为若干子图有两个主要原则:提高子图内部的连通性,降低子图之间的连通性,这尤其适合分布式的并行处理机制;考虑子图规模的均衡性,尽量保证各子图的数据规模均衡,防止各并行任务的执行时间相差过大,从而降低任务同步控制的影响。

图分割的分布式存储大致有两种方式:边分割(Edge Cut)存储和点分割(Vertex Cut)存储。

1. 边分割存储模式

边分割能够保持图的顶点在各计算结点均匀分布,让每个顶点都能存储一次,但有的边会被打断分到两台计算结点上。这样做的好处是节省存储空间;坏处是对图进行基于边的计算时,对于一条两个顶点被分到不同计算结点上的边来说,要跨计算结点通信传输数据。顶点复制策略可以减少跨结点的边数目,如图 13-5 所示,但不可避免地增加了邻接顶点和边的存储开销,而任何顶点和边的更新都要进行数据同步和通信,这也增加了相应的网络开销。

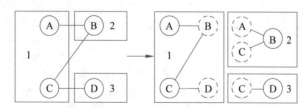

图 13-5 边分割存储模式

2. 点分割存储模式

点分割是保持各个边在各计算结点均匀分布,每条边只存储一次,每条边只会出现在一个计算结点上,而点与点之间的邻接信息是通过复制邻接点维持的,如图 13-6 所示。邻居多的点会被复制到多个计算结点上,维持各个边的邻接顶点信息,增加了存储开销,同时会引发数据同步问题,好处是能够减少跨计算结点之间的数据通信。

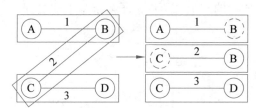

图 13-6　点分割存储模式

GraphX 使用点分割方式存储图,用三个 RDD 存储图数据信息。

① VertexTable(id, data):id 为顶点,data 为顶点属性。

② EdgeTable(pid, src, dst, data):pid 为分区 id,src 为源顶点 id,dst 为目的顶点 id,data 为边属性。

③ RoutingTable(id, pid):id 为顶点 id,pid 为分区 id。

图 13-7 是官方的点分割存储实现介绍图。

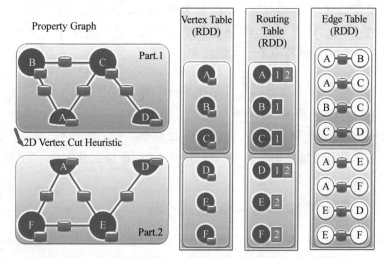

图 13-7　点分割存储实现

GraphX 图的分布式存储由用户指定划分策略(partition strategy),目前有 EdgePartition2d、EdgePartition1d、RandomVertexCut 和 CanonicalRandomVertexCut 这 4 种划分策略。

13.1.3　GraphX 图计算流程

GraphX 是基于 Pregel 图计算处理模型实现的,Spark 原生地支持类 Pregel 接口及操作。Pregel 以顶点(Vertex)为中心进行操作上的抽象,一个典型的 Pregel 计算过程主要包括:读取顶点数据和边数据初始化图;图初始化完成后,运行一系列超步,直到整个计算结束;最后,输出计算结果。

初始时,图的每个结点都是活动结点。一个结点通过投票停止(voting to halt)机制来使自身失效,之后 Pregel 不再计算失效点,直到失效点接收到消息,在收到消息并处理后,结点必须再次使自身失效。当图中所有结点失效并且没有消息传递时,算法结束。

下面使用如图 13-8 所示的求最大值的例子来解释上述过程。

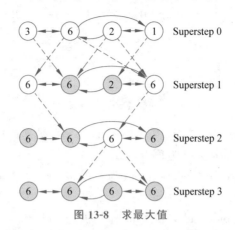

图 13-8　求最大值

在 Superstep 0 超步中，每个结点都是活动点，且向相邻结点传递自身属性值。结点接收到相邻结点属性值后，更新当前结点属性值为当前已知最大值。需要更新值的结点保持活动状态，无须更新值的结点则自动转入失效状态。重复这个过程，直到图中不存在活动结点且没有消息传递。最后得到图中最大值为 6。

13.2　GraphX 属性图的创建

在 GraphX 中，Graph 属性图对象是用户的操作入口，其由 Graph 类实例化生成。Graph 属性图对象具有边属性 edges、顶点属性 vertices、图的创建方法、查询方法和转换方法等。

13.2.1　使用顶点 RDD 和边 RDD 构建属性图

用户有多种方式可从文件、RDD 构造一个属性图，最一般的方法是利用 Graph 类实例化来生成属性图。下面的代码将展示在 spark shell 中依据顶点 RDD 和边 RDD 生成属性图的方法。

```
scala>import org.apache.spark.graphx._
scala>import org.apache.spark.rdd.RDD
//创建一个顶点集的 RDD，VertextId 是一个 long 类型，顶点属性是一个二元组
scala>val users: RDD[(VertexId, (String, String))] = sc.parallelize(Array((3L,
("rxin", "student")), (7L, ("jgonzal", "postdoc")), (5L, ("franklin", "prof")),
(2L, ("istoica", "prof"))))
//创建一个边集的 RDD
scala>val relationships: RDD[Edge[String]] = sc.parallelize(Array(Edge(3L, 7L,
"collab"), Edge(5L, 3L, "advisor"), Edge(2L, 5L, "colleague"), Edge(5L, 7L,
"pi")))
```

上述语句中，使用 Edge 边类实例化边对象，如传递 3L 给 srcId 属性、传递 7L 给 dstId 属性分别指定边的源顶点和边的目的顶点的编号，传递 collab 给 attr 属性用来指定边的信息。

```
//定义边中用户缺失时的默认(缺失)用户
scala>val defaultUser =("John Doe", "Missing")
//使用 users 和 relationships 两个 RDD 实例化 Graph 属性图类创建一个 Graph 属性图对象
scala>val graph =Graph(users, relationships, defaultUser)
```

属性图对象 graph 被成功创建后,用户可以用 graph 对象的 vertices 属性查看图的顶点信息,用 edges 属性查看图的边信息,代码如下。

```
scala>graph.vertices.collect.foreach(println)        //查看图的顶点信息
(3,(rxin,student))
(7,(jgonzal,postdoc))
(5,(franklin,prof))
(2,(istoica,prof))
scala>graph.edges.collect.foreach(println)           //查看图的边信息
Edge(2,5,colleague)
Edge(3,7,collab)
Edge(5,3,advisor)
Edge(5,7,pi)
```

13.2.2 使用边的集合的 RDD 构建属性图

使用边 RDD 构建图的方法是 Graph.fromEdges(RDD[Edge[ED],defaultValue),如边的属性值缺失则可将之设置为一个固定值,"边"中出现的所有顶点(包括源点 src 和目的点 dst)作为图的顶点集,顶点的属性值则将被设置为一个默认值 defaultValue。fromEdges()方法的两个参数的含义如下。

① RDD[Edge[ED]]:Edge 类型的 RDD,Edge 类型包含源点 srcId、目的点 dstId、边信息 attr 三个属性。

② defaultValue:顶点的默认属性值。

创建图的 Graph.fromEdges(RDD[Edge[ED],defaultValue)方法只用到边数据,下面给出使用 edges.txt 文件中的边数据创建属性图的过程。

edges.txt 文件中的数据如下。

```
3 7 Collaborator
5 3 Advisor
2 5 Colleague
5 7 PI
```

使用 edges.txt 文件创建属性图的过程如下。

```
scala>import org.apache.spark.graphx._
scala>import org.apache.spark.rdd.RDD
//读取本地文件 edges.txt 创建 RDD
scala>val recordRDD: RDD[String] =sc.textFile("file:/home/hadoop/edges.txt")
scala>val EdgeRDD =recordRDD.map{ x=>val fields=x.split(" "); Edge(fields(0).toLong, fields(1).toLong, fields(2) )}
//使用 EdgeRDD 创建一个 Graph 对象
scala>val graph_fromEdges =Graph.fromEdges(EdgeRDD, "VerDefaultAttr")
```

下面将对创建成功的 graph_fromEdges 图进行顶点和边的查询。

```
scala>graph_fromEdges.vertices.collect.foreach(println)        //查看图的顶点信息
(3,VerDefaultAttr)
(7,VerDefaultAttr)
(5,VerDefaultAttr)
(2,VerDefaultAttr)
scala>graph_fromEdges.edges.collect.foreach(println)           //查看图的边信息
Edge(2,5,Colleague)
Edge(3,7,Collaborator)
Edge(5,3,Advisor)
Edge(5,7,PI)
```

13.2.3 使用边的两个顶点的 ID 所组成的二元组 RDD 构建属性图

使用边的源顶点 ID 和目的顶点 ID 所组成的二元组 RDD 构建属性图的方法如下。

```
Graph.fromEdgeTuples(RDD[(VertexId,VertexId)], defaultValue)
```

上述方法使用边的源点 ID 和目的点 ID 所组成的二元组构建的属性图,该方法的两个参数的含义如下。

① RDD[(VertexId,VertexId)]:源点 ID 和目的点 ID 的二元组组成的 RDD。

② defaultValue:顶点默认属性值。

下面将给出使用 edges.txt 文件中的边的源点 ID 和目的点 ID 创建属性图的过程。

```
scala>import org.apache.spark.graphx._
scala>import org.apache.spark.rdd.RDD
//读取本地文件 edges.txt 创建 RDD
scala>val recordRDD: RDD[String] =sc.textFile("file:/home/hadoop/edges.txt")
//创建源点 ID 和目的点 ID 二元组组成的 RDD
scala>val EdgeTupleRDD =recordRDD.map{ x=>val fields=x.split(" "); (fields(0).
toLong, fields(1).toLong) }
//使用 EdgeTupleRDD 实例化 Graph 类建立一个 Graph 对象
scala>val graph_fromEdgeTuples =Graph.fromEdgeTuples(EdgeTupleRDD, 168L)
```

下面将对创建成功的 graph_fromEdgeTuples 图进行顶点和边的查询。

```
scala>graph_fromEdgeTuples.vertices.collect.foreach(println)
                                                               //查看图的顶点信息
(3,168)
(7,168)
(5,168)
(2,168)
scala>graph_fromEdgeTuples.edges.collect.foreach(println)      //查看图的边信息
Edge(2,5,1)
Edge(3,7,1)
Edge(5,3,1)
Edge(5,7,1)
```

从边的输出结果可以看出,边的默认属性值为 1。

13.3 属性图的操作

属性图对象提供了大量操作属性图属性的方法，用户可以将之用于操作顶点的属性和边的属性。但是顶点的编号、边的源顶点编号和目标顶点编号都是不能操作的，因为更改编号相当于创建新图。

下面首先创建如图13-9所示的用户关系的有向图。

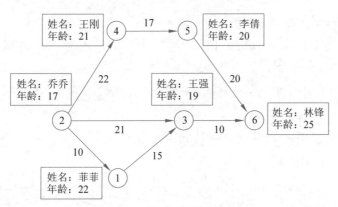

图13-9　用户关系的有向图

代码如下所示。

```
scala>import org.apache.spark.graphx._
scala>import org.apache.spark.rdd.RDD
//创建一个顶点集的RDD,VertextId是一个long类型数据,顶点属性是一个二元组
scala> val users: RDD[(VertexId, (String, Int))]=sc.parallelize(Array((1L, ("菲菲", 22)), (2L, ("乔乔", 17)), (3L, ("王强", 19)), (4L, ("王刚", 21)), (5L, ("李倩", 20)),(6L, ("林锋", 25))))
//创建一个边集的RDD
scala> val relationships: RDD[Edge[Int]] = sc.parallelize(Array(Edge(1L, 3L, 15),Edge(2L, 1L, 10), Edge(2L, 3L, 21), Edge(2L, 4L, 22), Edge(3L, 6L, 10), Edge(4L, 5L, 17), Edge(5L, 6L, 20)))
//定义边中用户缺失时的默认(缺失)用户
scala>val defaultUser =("某某", 18)
//使用users和relationships两个RDD实例化Graph类建立一个Graph对象
scala>val userGraph =Graph(users, relationships, defaultUser)
```

13.3.1　获取图的基本信息

下面通过图的属性获取属性图边的数量、顶点的数量、所有顶点的入度、所有顶点的出度、所有顶点的入度与出度之和。

1. 获取属性图的边的数量

属性图对象的numEdges属性可以返回属性图的边的数量,返回值类型为Long,示例如下。

```
scala>userGraph.numEdges            //获取属性图的边的数量
res1: Long =7
```

2. 获取属性图的顶点的数量

属性图对象的 numVertices 属性可以返回属性图的顶点数量,返回值类型为 Long,示例如下。

```
scala>userGraph.numVertices         //获取顶点的数量
res2: Long =6
```

3. 获取属性图的所有顶点的入度

属性图对象的 inDegrees 属性可以返回属性图的所有顶点的入度,返回值类型为 VertexRDD[Int],示例如下。

```
scala>userGraph.inDegrees.collect.foreach(println)    //输出所有顶点的入度
```

4. 获取属性图的所有顶点的出度

属性图对象的 outDegrees 属性可以返回属性图的所有顶点的出度,返回值类型为 VertexRDD[Int],示例如下。

```
scala>userGraph.outDegrees.collect.foreach(x=>print(x+","))
                                                      //输出所有顶点的出度
(4,1),(1,1),(5,1),(2,3),(3,1),
```

5. 获取属性图的所有顶点的入度与出度之和

属性图对象的 degrees 属性可以返回属性图的所有顶点的入度与出度之和,返回值类型为 VertexRDD[Int],示例如下。

```
scala>userGraph.degrees.collect.foreach(x=>print(x+","))
(4,2),(1,2),(6,2),(3,3),(5,2),(2,3),
```

13.3.2 图的视图操作

GraphX 中有图 13-10 所示的 3 种视图,包括顶点视图(调用图对象的 vertices 属性实现)、边视图(调用图对象的 edges 属性实现)和边点三元组视图(调用图对象的 triplets 属性实现)。边点三元组视图也称整体视图,其中每个元的含义如图 13-11 所示。

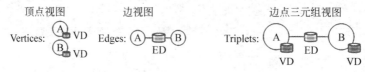

图 13-10　GraphX 图的 3 种视图

边点三元组视图实际上是继承了 Edge,原先的边只有 srcId 和 destId,现在加上了 srtAttr 和 destAttr,信息更加丰富。

通过顶点视图可以返回所有顶点信息,通过边视图可以返回所有边信息,通过顶点与边的三元组视图可以同时返回所有源点、目的点和边的信息。

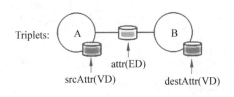

图 13-11　边点三元组中每个元的含义

1. 顶点视图

顶点视图可以查看顶点信息,包括顶点 ID 和顶点属性。使用属性图的 vertices 属性获取顶点视图,其可以返回属性图的所有顶点的信息,返回值的数据类型为 VertexRDD[VD],VD 为顶点属性,它继承于 RDD[(VertexID,VD)]。下面给出顶点视图的具体实现方法。

(1) 直接查看顶点信息,代码如下。

```
scala>userGraph.vertices.collect.foreach(println)      //输出所有顶点
(4,(王刚,21))
(1,(菲菲,22))
(6,(林锋,25))
(3,(王强,19))
(5,(李倩,20))
(2,(乔乔,17))
```

(2) 通过模式匹配解构顶点视图,可以由调用 vertices 属性的 VertexRDD 顶点视图数据返回指定的顶点信息呈现样式,代码如下。

```
scala>userGraph.vertices.map{
case (id, (name, age)) =>       //利用 case 进行模式匹配
(age, name)                     //定义所需的输出数据及样式
}.collect.foreach(println)
(21,王刚)
(22,菲菲)
(25,林锋)
(19,王强)
(20,李倩)
(17,乔乔)
```

在上述语句中,vertices 返回的是 RDD[(VertexId,(String,Int))],通过 case 模式匹配对其进行解构,去掉顶点 ID 后输出结果。

(3) 增加过滤条件的顶点视图,可以通过 filter() 方法过滤出感兴趣的顶点信息,例如,只查询年龄小于 20 的用户的顶点信息,代码如下。

```
scala>userGraph.vertices.filter{case (id, (name, age)) =>age<20}.collect.
foreach(println)
(3,(王强,19))
(2,(乔乔,17))
```

(4) 通过元组下标的方式查看顶点信息,代码如下。

```
scala>userGraph.vertices.map{v=>("姓名:"+v._2._1, "年龄:"+v._2._2, "ID:"+v._
1)}.collect.foreach(println)
```

```
(姓名:王刚,年龄:21,ID:4)
(姓名:菲菲,年龄:22,ID:1)
(姓名:林锋,年龄:25,ID:6)
(姓名:王强,年龄:19,ID:3)
(姓名:李倩,年龄:20,ID:5)
(姓名:乔乔,年龄:17,ID:2)
```

2. 边视图

边视图返回边的信息,包括源点 ID、目的点 ID 和边属性。边视图通过调用图对象的 edges 属性来实现,此属性可以返回一个包含 Edge[ED]对象的 RDD,ED 表示边属性的类型。Edge 类型包括 3 个字段,分别为源点 ID、目的点 ID 和边属性,下面给出具体用法。

(1) 直接查看所有边信息,代码如下。

```
scala>userGraph.edges.collect.foreach(println)        //输出所有边
Edge(1,3,15)
Edge(2,1,10)
Edge(2,3,21)
Edge(2,4,22)
Edge(3,6,10)
Edge(4,5,17)
Edge(5,6,20)
```

(2) 增加过滤条件的边视图,可以通过 filter()方法过滤出感兴趣的边信息,例如,过滤出源点 ID 大于目的点 ID 的边,代码如下。

```
scala>userGraph.edges.filter{case Edge(src, dst, attr) => src>dst}.collect.
foreach(println)
Edge(2,1,10)
```

(3) 通过下标查看边的属性信息,由于 Edge 类型具有 srcId、dstId、attr 三个属性,因此可以使用这三个属性来查看边的属性信息,代码如下。

```
scala>userGraph.edges.map{v =>("源点 ID:"+v.srcId+",目的点 ID:"+v.dstId+",边属
性:"+v.attr)}.collect.foreach(println)
源点 ID:1,目的点 ID:3,边属性:15
源点 ID:2,目的点 ID:1,边属性:10
源点 ID:2,目的点 ID:3,边属性:21
源点 ID:2,目的点 ID:4,边属性:22
源点 ID:3,目的点 ID:6,边属性:10
源点 ID:4,目的点 ID:5,边属性:17
源点 ID:5,目的点 ID:6,边属性:20
```

3. 边点三元组视图

调用图对象的 triplets 属性可获取边点三元组视图(完整视图),可同时看到边和顶点的所有信息,其返回的数据元素类型为 EdgeTriplet[VD, ED]的 RDD,EdgeTriplet 类继承自 Edge 类,所以用户可以直接访问 Edge 类的 3 个属性以及 srcAttr 和 dstAttr 属性,后两个属性分别为源点和目的点的属性。

(1) 直接查看顶点和边的所有信息,代码如下。

```
scala>userGraph.triplets.collect.foreach(println)        //输出所有边的三元组
```

```
((1,(菲菲,22)),(3,(王强,19)),15)
((2,(乔乔,17)),(1,(菲菲,22)),10)
((2,(乔乔,17)),(3,(王强,19)),21)
((2,(乔乔,17)),(4,(王刚,21)),22)
((3,(王强,19)),(6,(林锋,25)),10)
((4,(王刚,21)),(5,(李倩,20)),17)
((5,(李倩,20)),(6,(林锋,25)),20)
```

上述返回结果包含顶点和边的所有信息,包括源点信息、目的点信息和边属性。

(2)通过下标查询顶点和边的属性信息,需要通过 EdgeTriplet 对象的 srcAttr 和 dstAttr 属性分别获取源顶点属性值和目的顶点属性值,通过 attr 属性获取边的属性值。例如,查询源顶点的姓名、目的顶点的姓名和边的属性值,具体命令如下。

```
scala> userGraph.triplets.map{v = > (v.srcAttr._1, v.dstAttr._1, v.attr)}.
collect.foreach(println)
(菲菲,王强,15)
(乔乔,菲菲,10)
(乔乔,王强,21)
(乔乔,王刚,22)
(王强,林锋,10)
(王刚,李倩,17)
(李倩,林锋,20)
```

13.3.3 图的缓存操作

下面给出对图进行缓存的操作和释放图缓存的方法。

1. 图的缓存操作

当一个图需要被多次计算使用时,就需要对图进行缓存,这样在多次使用该图时就不需要再重复计算,可以提高运行效率。对图进行缓存的方法有 persist()和 cache()两种。

1) def persist(StorageLevel.MEMORY_ONLY):Graph[VD,ED]方法

persist()方法可以缓存整个图,可以指定存储类型。如果想指定缓存类型,需要先导入 org.apache.spark.storage.StorageLevel 包,示例如下。

```
scala>import org.apache.spark.storage.StorageLevel
scala>userGraph.persist(StorageLevel.MEMORY_ONLY)        //指定缓存位置为内存
```

2) def cache():Graph[VD,ED]方法

该方法可以缓存整个图,其默认将图存储在内存中,示例如下。

```
scala>userGraph.cache()
```

2. 释放缓存

已经完成计算且以后不再使用的图缓存可以释放出来,在迭代过程中不再使用的缓存也可以释放。释放整个图缓存的方法如下。

```
def unpersist(blocking: Boolean =true): Graph[VD, ED]
scala>userGraph.unpersist(blocking =true)        //释放图缓存
```

13.3.4 图顶点和边属性的变换

用户能够通过调用图的属性变换方法对图的顶点和边进行属性变换（Property Operator）操作，从而产生新图。属性变换操作方法具体包括以下 3 个。

1. 对顶点属性进行变换

图对象的 mapVertices()方法可对顶点属性进行变换，该方法的语法格式如下所示。

```
def mapVertices[VD2](map: (VertexID, VD) =>VD2): Graph[VD2, ED]
```

mapVertices()方法通过按指定的函数对顶点属性进行 map 操作，可以返回一个改变图中顶点属性值或类型之后的新图。例如，用户关系图 userGraph 中顶点有姓名和年龄两个属性值，通过 mapVertices()方法只取姓名作为属性值可得到一个新图，具体实现命令如下。

```
scala>val new_userGraph =userGraph.mapVertices((VertexID, VD) =>VD._1)
scala>new_userGraph.vertices.collect.foreach(println)    //输出所有顶点
(4,王刚)
……
(2,乔乔)
```

2. 使用 mapEdges()方法对边属性进行变换

图对象的 mapEdges()方法可对边属性进行变换，该方法的语法格式如下所示。

```
def mapEdges[ED2](map: Edge[ED] =>ED2): Graph[VD, ED2]
```

mapEdges()方法可以按指定的函数对边属性进行 map 操作，返回一个改变图中边属性值或类型之后的新图。通过 map 操作对 Edge 类型的数据进行边属性变换就是对 Edge 类型的 attr 属性进行变换。例如，用户关系图 userGraph 中边有一个属性值，通过 mapEdges()方法可以将边属性值乘 10 得到一个新图，具体实现命令如下。

```
scala>val new_edges_userGraph =userGraph.mapEdges(e=>e.attr * 10)
scala>new_edges_userGraph.edges.collect.foreach(println)    //输出所有边
Edge(1,3,150)
……
Edge(5,6,200)
```

3. 使用 mapTriplets()方法对边属性进行变换

该方法也可以改变边的属性值并得到一个新图，具体语法格式如下。

```
def mapTriplets[ED2](map: EdgeTriplet[VD, ED] =>ED2): Graph[VD, ED2]
```

mapTriplets()方法的 map 操作所得元素类型是 triplet(点边三元组类型)，其包含源点信息、目的点信息和边属性，因而修改边属性时可以使用顶点的属性值。例如，将顶点的姓名属性作为字符串添加到边属性里，具体命令如下。

```
scala>val new_userGraph =userGraph.mapTriplets(triplet =>triplet.srcAttr._1
+triplet.attr +triplet.dstAttr._1)
scala>new_userGraph.edges.collect.foreach(println)    //输出所有边
Edge(1,3,菲菲 15 王强)
……
Edge(5,6,李倩 20 林锋)
```

13.3.5 图的关联操作

在许多情况下,用户可能需要将外部数据加入图中。例如,可能有额外的用户属性需要合并到已有的图中或者可能需要从一个图中取出顶点特征加入另外一个图中。执行这些任务可以使用 join 连接操作。

1. joinVertices() 连接

joinVertices() 方法的语法格式如下。

```
def joinVertices[U: ClassTag](table: RDD[(VertexId, U)])(mapFunc: (VertexId, VD, U) =>VD): Graph[VD, ED]
```

joinVertices() 操作通过 mapFunc 函数将 table 中提供的额外属性 U 更新到 VertexId 相同的属性里。mapFunc 方法定义了将额外的属性和顶点的已有属性合并的方式。joinVertices() 方法会返回一个新的带有顶点属性的图,示例如下。

```
//创建顶点 RDD
scala>val join =sc.parallelize(Array((1L,("女生", 5)), (2L,("女生", 5))))
join: org.apache.spark.rdd.RDD[(Long, (String, Int))] = ParallelCollectionRDD
[43] at parallelize at <console>:31
//更新图顶点属性并输出更新后的图的所有顶点
scala>userGraph.joinVertices(join)((VertexId, VD, U) =>(U._1+VD._1,VD._2 +U._2)).
vertices.collect.foreach(println)
(4,(王刚,21).)
(1,(女生菲菲,27))
(6,(林锋,25))
(3,(王强,19))
(5,(李倩,20))
(2,(女生乔乔,22))
```

2. outerJoinVertices() 连接

outerJoinVertices() 方法可以将顶点信息更新到图中,顶点属性值个数和类型可变,table 中没有的顶点默认值为 None。outerJoinVertices() 方法的语法格式如下。

```
def outerJoinVertices[U, VD2](table: RDD[(VertexId, U)])(mapFunc: (VertexId, VD, Option[U]) =>VD2): Graph[VD2, ED]
```

示例代码如下所示。

```
//创建顶点 RDD
scala>val join1 =sc.parallelize(Array((1L,"管理员"), (2L,"管理员")))
//更新图顶点属性并输出更新后的图的所有顶点
scala>userGraph.outerJoinVertices(join1)((VertexId, VD, U) =>(VD._1,VD._2,U )).
vertices.collect.foreach(println)
(4,(王刚,21,None))
(1,(菲菲,22,Some(管理员)))
(6,(林锋,25,None))
(3,(王强,19,None))
(5,(李倩,20,None))
(2,(乔乔,17,Some(管理员)))
```

13.3.6 图的结构操作

下面给出图的有向边翻转、获取子图、查找子图和合并图中的并行边的方法。

1. 有向边翻转

通过调用图的 reverse 操作可以实现有向边的翻转,如下所示。

```
def reverse: Graph[VD, ED]
```

reverse 操作主要用来对图中所有的有向边进行翻转操作,其可保留原图的顶点和边的数量以及所有属性信息,示例如下。

```
scala>userGraph.inDegrees.collect.foreach(println)           //输出所有顶点的入度
scala>val reverseGraph =userGraph.reverse                    //有向边翻转
scala>reverseGraph.inDegrees.collect.foreach(println)        //输出子图所有顶点的入度
(4,1)
(1,1)
(3,1)
(5,1)
(2,3)
```

2. 获取子图

通过调用图的 subgraph()方法可以获取图的子图,语法如下所示。

```
def subgraph(epred: EdgeTriplet[VD,ED] =>Boolean = (x =>true),
  vpred: (VertexID, VD) =>Boolean =((v, d) =>true)): Graph[VD, ED]
```

其中,subgraph()方法利用边(epred)或/和顶点(vpred)满足一定条件,以此来提取子图。从功能上看,其类似 RDD 中的 filter 操作。

子图(subgraph)是图论的基本概念之一,是指结点集和边集分别是某一图的结点集的子集和边集的子集的图。

用户可以使用以下三种操作方法获取满足条件的子图。

(1) 通过顶点获取子图,示例如下。

```
//获取顶点的 age<22 的子图
scala>val subGraph1=userGraph.subgraph(vpred=(id,attr)=>attr._2<22)
scala>subGraph1.vertices.collect.foreach(println)        //输出子图的顶点
(4,(王刚,21))
(3,(王强,19))
(5,(李倩,20))
(2,(乔乔,17))
scala>subGraph1.edges.collect.foreach(println)           //输出子图的边
Edge(2,3,21)
Edge(2,4,22)
Edge(4,5,17)
```

(2) 对 EdgeTriplet 进行操作获取子图,示例如下。

```
//获取边的属性 attr<22 的子图
scala>val subGraph2=userGraph.subgraph(epred=>epred.attr<22)
scala>subGraph2.edges.collect.foreach(println)           //输出子图的边
Edge(1,3,15)
Edge(2,1,10)
```

```
Edge(2,3,21)
Edge(3,6,10)
Edge(4,5,17)
Edge(5,6,20)
//可以定义如下的操作获取源点年龄大于目的点年龄的子图
scala> val subGraph3 = userGraph.subgraph(epred = > epred.srcAttr._2 > epred.dstAttr._2)
scala>subGraph3.edges.collect.foreach(println)        //输出子图的边
Edge(1,3,15)
Edge(4,5,17)
```

(3) 对顶点和边同时操作获取子图,示例如下。

```
scala>val subGraph4=userGraph.subgraph(epred=>epred.attr<22,vpred=(id,attr)=>attr._2<22)
scala>subGraph4.edges.collect.foreach(println)        //输出子图的边
Edge(2,3,21)
Edge(4,5,17)
scala>subGraph4.vertices.collect.foreach(println)     //输出子图的顶点
(4,(王刚,21))
(3,(王强,19))
(5,(李倩,20))
(2,(乔乔,17))
```

3. 查找子图

通过调用图的 mask() 方法可以得到两个图具有相同结点和边的子图,语法如下。

```
def mask[VD2, ED2](other: Graph[VD2, ED2]): Graph[VD, ED]
```

设有 a、b 两个图,b.mask(a) 就是对 b 和 a 两个图进行比对,返回与 a 具有相同结点和边的子图。

4. 合并图中的并行边

调用图的 groupEdges() 方法可以合并图中的并行边,语法如下。

```
def groupEdges(merge: (ED, ED) =>ED): Graph[VD, ED]
```

groupEdges() 操作可以合并多重图中的并行边(如顶点对之间重复的边),并可以根据传入的合并函数来合并两个边的属性。在大量的应用程序中,并行的边可以合并(它们的权重合并)为一条边,从而降低图的大小。

13.4　GraphX 中的 Pregel 计算模型

Pregel 计算模型借鉴 MapReduce 的思想,采用消息在点之间传递数据的方式提出了"像顶点一样思考"的图计算模式,采用消息在点之间传递数据的方式让用户无须考虑并行分布式计算的细节,只需要实现一个顶点更新函数,让框架在遍历顶点时调用即可。Spark 中的 pregel() 函数定义如下。

```
def pregel[A: ClassTag](
    initialMsg: A,
```

```
maxIterations: Int =Int.MaxValue,
activeDirection: EdgeDirection =EdgeDirection.Either)(
vprog: (VertexId, VD, A) =>VD,
sendMsg: EdgeTriplet[VD, ED] =>Iterator[(VertexId, A)],
mergeMsg: (A, A) =>A)
  : Graph[VD, ED] ={
  Pregel(graph, initialMsg, maxIterations, activeDirection)(vprog, sendMsg,
  mergeMsg)
}
```

其中,各个参数的含义如下。

① initialMsg:图初始化时(开始模型计算时),所有结点都收到的消息。

② maxIterations:最大迭代次数。

③ activeDirection:控制 sendMsg 发送消息的方向,为 out 时,只有 src->dst 方向发送消息。

④ vprog:更新结点属性的函数。结点收到消息后,通过 mergeMsg 参数合并消息,然后通过 vprog 参数更新结点信息。

⑤ sendMsg:消息发送函数,以 Iterator[(VertexID,Msg)]的格式把消息 Msg 发送给 VertexID,如果什么消息也不发送,则可以返回一个空的 Iterator:Iterator.empty。

⑥ mergeMsg:当接收到多条消息时,用 mergeMsg 函数合并多条信息。

在迭代过程中有一个重要概念即活跃结点,只有上一次迭代中活跃的结点才能在当前迭代中执行 sendMsg。使用 initialMsg 初始化结点时,所有结点都处于活跃状态。活跃顶点定义为在上一次迭代中成功发送消息和成功收到消息的结点。

下面给出用 Pregel 算子计算图 13-9 所示的用户关系的有向图中顶点 2L 到其他各顶点的最短距离的代码实现。

```
import org.apache.spark.{SparkConf, SparkContext}
import org.apache.spark.graphx._
import org.apache.spark.rdd.RDD
object GraphxSingleSourceShortestPath extends App{
//1. 创建 SparkContext
val sparkConf =new SparkConf().setAppName("GraphxSingleSourceShortestPath").
setMaster("local[*]")
val sc =new SparkContext(sparkConf)
//2. 创建一个顶点集的 RDD,VertextId 是一个 long 类型,顶点属性是一个二元组
val users: RDD[(VertexId, (String, Int))] =sc.parallelize(Array((1L, ("菲菲",
22)), (2L, ("乔乔", 17)), (3L, ("王强", 19)), (4L, ("王刚", 21)),(5L, ("李倩", 20)),
(6L, ("林锋", 25))))
//3. 创建一个边集的 RDD
val relationships: RDD[Edge[Int]] =sc.parallelize(Array(Edge(1L, 3L, 15),Edge
(2L, 1L, 10), Edge(2L, 3L, 21), Edge(2L, 4L, 22), Edge(3L, 6L, 10), Edge(4L, 5L,
17), Edge(5L, 6L, 20)))
//定义边中用户缺失时的默认(缺失)用户
val defaultUser =("某某", 18)
//4. 使用 users 和 relationships 两个 RDD 实例化 Graph 类建立一个 Graph 对象
val userGraph =Graph(users, relationships, defaultUser)
//使用 pregle 算法计算,顶点 2 到各个顶点的最短距离
//被计算的图中起始顶点 id
```

```
val srcVertexId = 2L
//对图顶点属性进行变换,源点 2L 的属性初始化为 0.0,其他初始化为 Double.PositiveInfinity
val initialGraph = userGraph.mapVertices { case (vertexId, (name, age)) = > if
(vertexId==srcVertexId) 0.0 else Double.PositiveInfinity}

//5. 调用 pregel
val pregelGraph =initialGraph.pregel(
Double.PositiveInfinity,                  //初始化信息
Int.MaxValue,
EdgeDirection.Out
) (
(vertexId: VertexId, vertexValue: Double, distMsg: Double) =>{
val minDist =math.min(vertexValue, distMsg)   //vprog 的作用是处理到达顶点的参数,
       //取较小的那个作为顶点的值
println(s"顶点${vertexId},属性${vertexValue},收到消息${distMsg},合并后的属性
${minDist}")
  minDist
},
  (edgeTriplet : EdgeTriplet[Double,PartitionID]) =>{
                                  //sendMsg,计算权重,如果相邻结点的属性加上边上
    //的距离小于该结点的属性,说明从源结点比从相邻结点到该顶点的距离更小,更新值
  if (edgeTriplet.srcAttr +edgeTriplet.attr <edgeTriplet.dstAttr) {
    println (s"顶点${edgeTriplet.srcId} 给顶点${edgeTriplet.dstId} 发送消息
${edgeTriplet.srcAttr +edgeTriplet.attr}")
    Iterator[(VertexId, Double)] ((edgeTriplet.dstId, edgeTriplet.srcAttr +
edgeTriplet.attr))
  } else {
    Iterator.empty
  }
},
  (msg1: Double, msg2: Double) =>math.min(msg1, msg2)
  )
//6. 输出结果
  pregelGraph.triplets.collect().foreach(println)
  println(pregelGraph.vertices.collect.mkString("\n"))
//7. 关闭 sc
  sc.stop()
}
```

运行上述程序文件,得到的输出结果如下。

```
顶点 1,属性 Infinity,收到消息 Infinity,合并后的属性 Infinity
顶点 5,属性 Infinity,收到消息 Infinity,合并后的属性 Infinity
顶点 6,属性 Infinity,收到消息 Infinity,合并后的属性 Infinity
顶点 2,属性 0.0,收到消息 Infinity,合并后的属性 0.0
顶点 3,属性 Infinity,收到消息 Infinity,合并后的属性 Infinity
顶点 4,属性 Infinity,收到消息 Infinity,合并后的属性 Infinity
顶点 2 给顶点 4 发送消息 22.0
顶点 2 给顶点 1 发送消息 10.0
顶点 2 给顶点 3 发送消息 21.0
顶点 4,属性 Infinity,收到消息 22.0,合并后的属性 22.0
顶点 1,属性 Infinity,收到消息 10.0,合并后的属性 10.0
```

```
顶点 3,属性 Infinity,收到消息 21.0,合并后的属性 21.0
顶点 3 给顶点 6 发送消息 31.0
顶点 4 给顶点 5 发送消息 39.0
顶点 6,属性 Infinity,收到消息 31.0,合并后的属性 31.0
顶点 5,属性 Infinity,收到消息 39.0,合并后的属性 39.0
((1,10.0),(3,21.0),15)
((2,0.0),(1,10.0),10)
((2,0.0),(3,21.0),21)
((2,0.0),(4,22.0),22)
((3,21.0),(6,31.0),10)
((4,22.0),(5,39.0),17)
((5,39.0),(6,31.0),20)
(4,22.0)
(1,10.0)
(5,39.0)
(6,31.0)
(2,0.0)
(3,21.0)
```

🔶 13.5 项目实战：分析《平凡的世界》中孙家人物关系图

使用 GraphX 提供的属性图创建《平凡的世界》孙家人物关系图。GraphX 属性图通过顶点 RDD 和边 RDD 构建。在利用 RDD 建立属性图后,借助 GraphStream 第三方库实现图的可视化,具体为加载属性图的 vertices(顶点)到 GraphStream 结点中,即从属性图中取顶点数据添加到 GraphStream 结点中,加载 graphx 图的边到 GraphStream 边中,即添加边上的关系值等。最后调用 display()进行图的可视化。

13.5.1 在项目中添加关系图可视化组件

Spark 的 GraphX 模块并未提供对数据可视化的支持,故用户可通过第三方库 GraphStream 和 Breeze 来实现图的可视化。其中,GraphStream：用于画出网络图；BreezeViz：用户绘制图的结构化信息,如度的分布。

1. 下载 GraphStream 和 BreezeViz 的 jar

这里只绘制静态网络,只需下载 GraphStream 的 core 和 ui 两个 jar 包就可以了。

```
gs-core-1.2.jar
gs-ui-1.2.jar
```

对于 BreezeViz,这里也只需要两个 jar 包。

```
breeze_2.13-1.0.jar
breeze-viz_2.13-1.0.jar
```

由于 BreezeViz 是一个 Scala 库,它依赖了另一个叫作 JfreeChart 的 Java 库,故其需要安装如下两个 jar 包。

```
jcommon-1.0.23.jar
jfreechart-1.0.19.jar
```

用户可到 Maven 仓库官方网站 https://search.maven.org/ 中下载上述 jar 包。

2. 添加 GraphStream 和 BreezeViz 的 jar 包

首先,打开 IntelliJ IDEA 软件,新建一个 Project,这里项目命名为 spark。右击项目名 spark,在弹出的快捷菜单中选择 Open Module Settings 菜单项,在弹出的 Project Structure 窗口中单击左边栏的 Modules 项,选择右中部的 Dependencies 项,然后单击 Export 上方的 "+"按钮,选择按钮下的 JARs or directories 选项,在弹出的窗口中找到 jar 包所在位置,选择要添加的 jar 包(按住 Shift 键可多选),单击 OK 按钮。回到 Project Structure 窗口,完成 jar 包的添加。

3. styles.css 文件的内容

GraphStream 的最大优点是将图的结构和可视化用一个类 CSS 的样式文件完全分离开,人们可以通过这个样式文件来控制可视化的外观。例如,新建一个 CSS 类型的 stylesheet.css 文件,文件内容如下。

```
node {
    fill-color: black;
    size: 15px;
    text-size: 12;
    text-alignment: at-right;
    text-padding: 2;
    text-background-color:         #b47481;
}
edge {
    shape: cubic-curve;
    fill-color:                    #aa823f;
    z-index: 0;
    text-background-mode: rounded-box;
    text-background-color:         #287bde;
    text-alignment: above;
    text-padding: 2;
}
```

上面的样式文件定义了结点与边的样式。将 stylesheet.css 文件放到 Scala 源程序文件所在的目录下或将之放到其他目录下均可。

13.5.2 分析人物关系图

存放人物数据的 person.txt 文本文件的内容如图 13-12 所示,其中,各字段之间由一个空格隔开,3 个字段分别为顶点 ID、顶点属性值的人物姓名、顶点属性值的人物身份;存放人物之间关系的 social.txt 文本文件的内容如图 13-13 所示,其中字段之间也由一个空格隔开,3 个字段分别表示边的源顶点 ID、边的关系、目的顶点的 ID。

创建属性图、实现图的变化及图的可视化的代码如下所示。

```
import org.apache.spark.{SparkConf, SparkContext}
import org.apache.spark.graphx._
import org.apache.spark.rdd.RDD
import org.graphstream.graph.implementations.{AbstractEdge, SingleGraph, SingleNode}
object GraphxPingFan {
```

图 13-12　person.txt

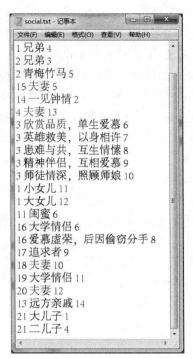

图 13-13　social.txt

```
def main(args: Array[String]): Unit ={
  val conf =new SparkConf().setAppName("GraphX").setMaster("local")
  val sc =new SparkContext(conf)
  sc.setLogLevel("ERROR")                    //屏蔽日志
  val path1 ="D:\IdeaProjects1\Spark\src\SparkTeaching\GraphX\person.txt"
  val path2 ="D:\IdeaProjects1\Spark\src\SparkTeaching\GraphX\social.txt"
  //创建顶点 RDD[(顶点 ID,顶点属性值)],VertextId 是 Long 类型,顶点属性值是二元组
  val users: RDD[(VertexId, (String, String))] =sc.textFile(path1).map { line
    =>val vertexId =line.split(" ")(0).toLong; val vertexName =line.split(" ")
    (1); val vertexValue = line. split ( " ") (2); (vertexId, (vertexName,
    vertexValue))}
  //创建边 RDD[ Edge(起始点 id,终点 id,边的属性)]
  val relationships: RDD[Edge[String]] =sc.textFile(path2).map { line =>val
    arr =line.split(" "); val edge =Edge(arr(0).toLong, arr(2).toLong, arr(1));
    edge}
  //定义边中用户缺失时的默认(缺失)用户
  val defaultUser =("mou", "null")
  //使用顶点 RDD 和边 RDD 实例化 Graph 类建立一个 Graph 对象
  val srcGraph =Graph(users, relationships, defaultUser)
  val graph: SingleGraph =new SingleGraph("graphDemo")

  //将 srcGraph 中的顶点添加到 GraphStream 实例化的 graph 中
  for ((id, name) <-srcGraph.vertices.collect()) {
       //从 srcGraph 中取顶点数据添加到 graph 的结点中
```

```scala
        val node =graph.addNode(id.toString).asInstanceOf[SingleNode]
        //为graph中的结点添加可视化属性
        node.addAttribute("ui.label", name._1+" "+name._2.replace("null",""))
        if("富二代".equals(name._2)){
          node.setAttribute("ui.style", "fill-color: rgb(255,83,112);")
        }
        if("官二代".equals(name._2)){
          node.setAttribute("ui.style", "fill-color: rgb(66, 136, 159);")
        }
    }
    //将srcGraph中的边添加到graph的边中
    for (Edge(x, y, relation) <-srcGraph.edges.collect()) {
        val edge = graph. addEdge (x.toString ++ y.toString, x.toString, y.
        toString, true).asInstanceOf[AbstractEdge]
        //给边添加可视化属性
        edge.addAttribute("ui.label", relation)
        if("夫妻".equals(relation)){
          edge.setAttribute("ui.style", "fill-color: rgb(243, 73, 6);")
        }
    }
    //设置图的可视化属性
    graph.addAttribute("ui.stylesheet", "url(D:\IdeaProjects1\Spark\src\
    SparkTeaching\GraphX\styles.css)")
    graph.setAttribute("ui.quality")
    graph.setAttribute("ui.antialias")
    println("初始图可视化: ")
    graph.display()
    //利用点边三元组查看图的信息
    println("*---------------------------------------------*")
    println("输出图的所有顶点及边信息: ")
    srcGraph.triplets.map { v=>(v.srcAttr._1,v.dstAttr._1,v.attr) }.foreach
    (println)
    //利用模式匹配找出图中属性值为富二代的顶点
    println("*---------------------------------------------*")
    println("找出图中属性值为富二代的顶点: ")
    srcGraph.vertices.filter { case (id, (name, ulabel)) =>ulabel =="富二代" }.
    foreach {
        case (id, (name, ulabel)) =>println(s"$name 是 $ulabel")
    }
    //利用点边三元组找出图中关系为兄弟的顶点信息
    println("*---------------------------------------------*")
    println("找出图中关系为兄弟的顶点信息: ")
    srcGraph.triplets.filter(_.attr=="兄弟").foreach(x=>println(x.srcAttr._1
    +" 和 "+x.dstAttr._1+" 是兄弟"))
    //减少顶点属性值的个数,即对顶点属性进行变化
    val new_graph =srcGraph.mapVertices((VertexID,VD) =>VD._1)
    println("减少顶点属性值的个数后的图的顶点信息: ")
    new_graph.vertices.collect.foreach(println)
    //第1个子图可视化
    val ngraph: SingleGraph =new SingleGraph("graphDemos")
    //new_graph中的顶点添加到ngraph中
    for ((id, name) <-new_graph.vertices.collect()) {
        val node =ngraph.addNode(id.toString).asInstanceOf[SingleNode]
```

```
            //设置可视化结点上显示的值
            node.addAttribute("ui.label", name)
            //node.addAttribute("ui.label", name._2)
        }

        //将new_graph中的边添加到ngraph的边中
        for (Edge(x, y, relation) <-new_graph.edges.collect()) {
            val edge = ngraph.addEdge (x.toString ++ y.toString, x.toString, y.
            toString, true).asInstanceOf[AbstractEdge]
            //设置可视化边上显示的值
            edge.addAttribute("ui.label", relation)
        }
        ngraph.addAttribute("ui.stylesheet", "url(D:\IdeaProjects1\Spark\src\
        SparkTeaching\GraphX\styles.css)")
        ngraph.setAttribute("ui.quality")
        ngraph.setAttribute("ui.antialias")
        println("第 1 个子图可视化: ")
        ngraph.display()
        //对边属性进行变化
        val new_graphS = srcGraph.mapEdges(x =>{if("夫妻".equals(x.attr)) "marry"
        else x.attr})
        println("对边属性进行变化后的图的边信息: ")
        new_graphS.edges.collect.foreach(println)
        //第 2 个子图可视化
        val ngraphS: SingleGraph =new SingleGraph("graphDemos")
        //把 new_graphS 中的顶点添加到 ngraphS 的顶点中
        for ((id, name) <-new_graphS.vertices.collect()) {
            val node =ngraphS.addNode(id.toString).asInstanceOf[SingleNode]
            //添加可视化结点上显示的值
            node.addAttribute("ui.label",name._1+" "+name._2.replace("null",""))
        }

        //将 new_graph 中的边添加到 ngraphS 的边中
        for (Edge(x, y, relation) <-new_graphS.edges.collect()) {
            val edge = ngraphS. addEdge (x.toString ++ y.toString, x.toString,
            y.toString, true).asInstanceOf[AbstractEdge]
            //添加可视化边上的显示的关系值
            edge.addAttribute("ui.label", relation)
            //设置可视化属性
            if ("marry".equals(relation)){
                edge.setAttribute("ui.style", "fill-color: rgb(243, 73, 6);")
            }
        }
        ngraphS.addAttribute("ui.stylesheet", "url(D:\IdeaProjects1\Spark\src\
        SparkTeaching\GraphX\styles.css)")
        ngraphS.setAttribute("ui.quality")
        ngraphS.setAttribute("ui.antialias")
        println("第 2 个子图可视化: ")
        ngraphS.display()
    }
}
```

运行上述程序代码,得到的输出结果及 3 个可视化图如下所示。

初始图可视化如图 13-14 所示。

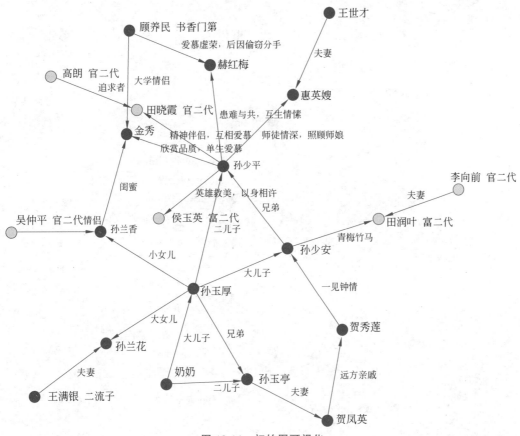

图 13-14　初始图可视化

输出结果如下所示。

```
*-----------------------------------------------------------*
输出图的所有顶点及边信息：
(孙玉厚,孙少安,大儿子)
(孙玉厚,孙少平,二儿子)
......
(高朗,田晓霞,追求者)
(王世才,惠英嫂,夫妻)
(吴仲平,孙兰香,大学情侣)
(王满银,孙兰花,夫妻)
(奶奶,孙玉厚,大儿子)
(奶奶,孙玉亭,二儿子)
*-----------------------------------------------------------*
找出图中属性值为富二代的顶点：
侯玉英 是 富二代
田润叶 是 富二代
*-----------------------------------------------------------*
找出图中关系为兄弟的顶点信息：
孙玉厚 和 孙玉亭 是兄弟
孙少安 和 孙少平 是兄弟
```

减少顶点属性值的个数后的图的顶点信息：
(13,贺凤英)
(19,吴仲平)
……
(5,田润叶)
(2,孙少安)

第 1 个子图可视化如图 13-15 所示。

图 13-15　第 1 个子图可视化

输出结果如下所示。

对边属性进行变化后的图的边信息：
Edge(1,2,大儿子)
Edge(1,3,二儿子)
Edge(3,6,欣赏品质,单生爱慕)
Edge(3,7,英雄救美,以身相许)
Edge(3,8,患难与共,互生情愫)
Edge(3,9,精神伴侣,互相爱慕)
……
Edge(21,4,二儿子)

第 2 个子图可视化如图 13-16 所示。

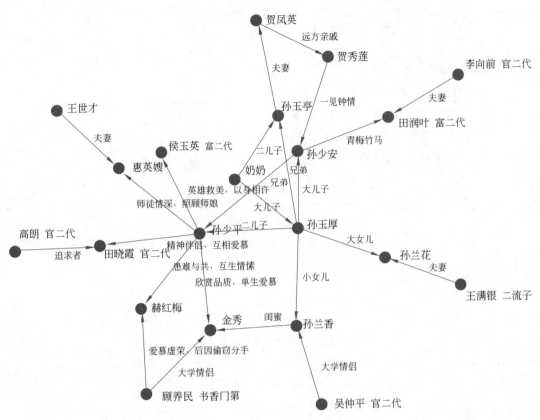

图 13-16 第 2 个子图可视化

13.6 拓展阅读——社交中的六度空间理论

  六度空间理论是一个数学领域的猜想,该理论指出一个人和任何一个陌生人之间建立关联时所间隔的人不会超过六个,也就是说,一个人最多通过五个中间人就能够认识任何一个陌生人。哈佛大学的心理学教授斯坦利·米尔格拉姆根据这个概念做过一次连锁信件实验,他将一套连锁信件随机发送给居住在内布拉斯加州奥马哈的 160 个人,信中放了一个波士顿股票经纪人的名字,信中要求每个收信人将这套信寄给自己认为是比较接近那个股票经纪人的朋友。朋友收信后照此办理。最终,大部分信在经过五六个步骤后都抵达了该股票经纪人手中。这是人们第一次用实验的方法证明了六度空间理论的科学性,这表明任何两个素不相识的人,通过一定的方式,总能产生某种必然的联系或关系。

  最早关注六度空间理论的是商家,在商家眼里,人际关系链就是传播链。例如,谷歌公司就成功借助六度空间理论推动了 Gmail 的普及。最初,Gmail 借助邀请码开展注册,在邀请码刚出现时,Gmail 的邀请码甚至都可以卖到 60 美元 1 个,这种邀请码在六度空间网络中疯狂传播,人人都以拥有一个 Gmail 账号为荣。豆瓣在早期同样也运用六度空间理论采用邀请码来限制用户群体,保证了豆瓣内容的价值,这为口碑传播提供了基础。

13.7 习题

1. 简述常见的图计算模型。
2. 创建 GraphX 属性图有哪三种方式?
3. 列举 GraphX 属性图的常用属性操作。
4. GraphX 属性图有哪三种视图操作?
5. 获取 GraphX 属性图的子图有哪三种方式?

第14章 Spark ML 机器学习

ML 是 Spark 提供的可扩展的机器学习库，其包含了一些通用的学习算法和工具，如分类、回归、聚类、协同过滤、降维以及底层的优化原语等算法和工具。本章主要介绍 Spark 机器学习库概述、Spark ML 的数据类型、管道的主要概念、基本统计、TF-IDF 特征提取、特征变换转换器、分类和回归算法、聚类算法、推荐算法等，项目实战为识别垃圾邮件。

14.1 Spark 机器学习库概述

14.1.1 机器学习简介

1. 机器学习的概念

学习是人类具有的一种重要行为，但究竟什么是学习长期以来却众说纷纭、争议不断，社会学家、逻辑学家和心理学家对此都各有不同的看法。同样，不同的人所站的角度不同，对机器学习的定义也不相同。

目前业内多数人认为机器学习是指计算机软件从已知数据中获得规律，并利用规律对未知数据进行预测的方法，就是让计算机具有人的学习能力的技术，是从众多数据中归纳出有用知识的数据挖掘技术。通过运用机器学习技术，人们可以使计算机能够从图片数据库中寻找出一个人喜欢的照片，或者根据用户的购买记录向用户推荐其他相关产品。

2. 机器学习的形式

按照学习形式的不同可以将机器学习分为监督学习（supervised learning）、无监督学习（unsupervised learning）和强化学习（reinforcement learning）几种。

1）监督学习

监督学习是最常见的一类机器学习的学习形式，其是从具有标记（标签）的训练数据集学习（训练）出一个基于推断功能模型的机器学习任务，所得的推断功能模型可用于预测新的特征向量对应的标签。此种数据集每一条训练数据都含有两部分信息：特征向量与标签。所谓监督是指训练数据集中的每一条训练数据均有一个已知的类标（标签）。

监督学习又可分为"分类"和"回归"两种类型。

2) 无监督学习

在监督学习中，训练模型之前，需要已知各训练样本对应的目标值。在无监督学习的形式下，训练样本对应的目标值则是未知的。无监督学习的任务是学习无标签数据的分布或数据与数据之间的关系，训练目标是能对观察值进行分类或者区分等。例如，无监督学习通过学习所有"猫"的图片的特征，然后能够将"猫"的图片从大量各种各样的图片中区分出来。

无监督学习里典型的例子是聚类，聚类是在没有任何相关先验信息的情况下将数据分类到不同的类或者簇的过程，其可使同一个簇中的对象有很大的相似性，而不同簇间的对象有很大的相异性，这也是聚类有时被称为"无监督分类"的原因。通常来说，簇内的相似性越大，簇间差别越大，聚类就越好。总之，聚类是获取数据的组织结构信息，根据获取的组织结构信息将新样本归为某一簇（类）的过程。

3) 强化学习

强化学习强调基于环境而行动，以取得最大化的预期利益，其灵感来源于心理学中的行为主义理论，即有机体在环境给予的奖励或惩罚的刺激下，逐步形成对刺激的预期，产生能获得最大利益的习惯性行为。

强化学习的目标是构建一个系统（Agent），在与环境交互的过程中提高系统的性能。环境的当前状态信息中通常包含一个反馈值，这个反馈值不是一个确定的类标或者连续类型的值，而是一个通过反馈函数产生的、对当前系统行为的评价。通过与环境的交互和强化学习，系统可以得到一系列行为，通过试探性的试错或借助精心设计的激励使得系统正向反馈最大化。

简单来说，强化学习就如将一条狗放在迷宫里面，目的是让狗找到出口，如果它走出了正确的步子，就给它正反馈（奖励食物），否则给出负反馈（轻拍头部），那么，当它多次走完所有的道路后，无论把它放到哪儿，它都能通过以往的学习找到通往出口最正确的道路。

14.1.2 ML 和 MLlib 概述

ML 和 MLlib 都是 Spark 中的机器学习库，这 2 个库都能满足目前常用的机器学习功能需求。

MLlib（machine learning library，机器学习库）是 Spark 的机器学习库，其旨在简化机器学习的工程实践工作。MLlib 由一些通用的学习算法和工具组成，其中学习算法包括分类、回归、聚类、协同过滤、降维等，可在 Spark 支持的所有编程语言中使用。MLlib 的设计理念是将数据以 RDD 的形式表示，然后在分布式数据集上调用各种算法。实际上，MLlib 就是 RDD 上一系列可供调用的函数的集合。

ML 克服了 MLlib 在处理复杂机器学习问题上的一些不足，如处理流程复杂、不清晰等，提供了基于 DataFrame 的高层次 API，可以用来构建机器学习 Pipeline（一般被翻译为管道、管线、流水线等），可以把很多操作（处理数据、转换数据、提取特征、转换特征等）以管道的形式串联起来，然后让数据在这个管道中流动。相比于 MLlib 为 RDD 提供的基础操作，ML 在 DataFrame 上的抽象级别更高，数据和操作耦合度更低。Spark 官方推荐使用 ML 也是因为 ML 功能更全面、更灵活，Spark 未来会主要支持 ML。在 ML 中，无论是什么机器学习模型，都可利用其提供的统一算法操作接口，如训练模型都使用 fit；不像 MLlib 中不同模型会有各种各样的 train。

◆ 14.2　Spark ML 的数据类型

ML 提供了一系列基本数据类型以支持底层的机器学习算法,具体包括 local vector(本地向量)、labeled point(标记点、带标签的点)、local matrix(本地矩阵)等。

14.2.1　本地向量

本地向量由从 0 开始的整数类型索引和 double 类型的值组成,被存储在本地计算机中。Spark ML 支持两种类型的本地向量:稠密型向量(dense vector)和稀疏型向量(sparse vector)。稠密型向量使用一个双精度浮点型数组来表示向量中的每个元素,而稀疏型向量则是由一个整型索引数组、一个双精度浮点型数组来分别表示非零元素在向量中的索引和非零元素。例如,向量(1.0, 0.0, 3.0)的稠密向量表示为[1.0, 0.0, 3.0];稀疏向量表示为(3, [0,2], [1.0, 3.0]),元组的第 1 个值 3 是向量的长度,[0, 2]是由向量的非零元素的索引所组成的数组,[1.0, 3.0]是由向量中的非零元素组成的数组。

所有本地向量的基类都是 org.apache.spark.ml.linalg.Vector,DenseVector 和 SparseVector 分别是它的两个实现类,即两个都是 Vector 基类的具体实现。下面给出了一个创建本地向量的实例。

```
scala>import org.apache.spark.ml.linalg.{Vector,Vectors}
scala>val dv: Vector =Vectors.dense(1.0, 0.0, 3.0)         //创建一个稠密本地向量
dv: org.apache.spark.ml.linalg.Vector =[1.0,0.0,3.0]
//创建一个稀疏本地向量
scala>val sv1: Vector =Vectors.sparse(3, Array(0, 2), Array(1.0, 3.0))
sv1: org.apache.spark.ml.linalg.Vector =(3,[0,2],[1.0,3.0])
```

以下为另一种创建稀疏本地向量的方法,方法的第 2 个参数是一个序列,序列中的每个元素都是由向量中非零元素索引及其对应的元素所组成的二元组。

```
scala>val sv2: Vector =Vectors.sparse(3, Seq((0, 1.0), (2, 3.0)))
sv2: org.apache.spark.ml.linalg.Vector =(3,[0,2],[1.0,3.0])
scala>println(dv)            //输出 dv 向量
[1.0,0.0,3.0]
scala>println(sv1)
(3,[0,2],[1.0,3.0])
scala>println(sv2)
(3,[0,2],[1.0,3.0])
```

14.2.2　带标签的点

带标签的点是一种带有标签(label)的本地向量,它可以是稠密的或者稀疏的。在 ML 中,带标签的点被用于监督学习算法。在带标签的点所表示的本地向量中,标签的数据类型是双精度浮点型,故带标签的点可用于回归(regression)和分类(classification)算法中。例如,对于二分类问题,标签的取值为 1(正的)或 0(负的);而对于多分类问题,标签的取值则为 0, 1, 2 等。

带标签的点的样例类是 org.apache.spark.ml.feature.LabeledPoint,下面给出了创建带

标签的点的实例。

```
scala>import org.apache.spark.ml.linalg.Vectors
scala>import org.apache.spark.ml.feature.LabeledPoint
import org.apache.spark.ml.feature.LabeledPoint
//创建一个标签为 1.0 的带标签的点,其特征向量为稠密本地向量
scala>val pos =LabeledPoint(1.0, Vectors.dense(1.0, 0.0, 3.0))
pos: org.apache.spark.ml.feature.LabeledPoint =(1.0,[1.0,0.0,3.0])
scala>println(pos)              //输出 pos
(1.0,[1.0,0.0,3.0])
//创建一个标签为 0.0 的带标签的点,其特征向量为稀疏本地向量
scala>val neg = LabeledPoint(0.0, Vectors.sparse(3, Array(0, 2), Array(1.0,
3.0)))
scala>println(neg)              //输出 neg
(0.0,(3,[0,2],[1.0,3.0]))
```

14.2.3 本地矩阵

ML 支持稠密矩阵(dense matrix)和稀疏矩阵(sparse matrix)两种本地矩阵。稠密矩阵将所有元素的值存储在一个列优先的双精度型数组中,而稀疏矩阵则将非零元素按列优先的次序以 CSC(Compressed Sparse Column,压缩的稀疏列)格式进行存储。例如,下面的矩阵

$$\begin{pmatrix} 1.0 & 2.0 \\ 3.0 & 4.0 \\ 5.0 & 6.0 \end{pmatrix}$$

将会被存储到一维数组[1.0,3.0,5.0,2.0,4.0,6.0],这个矩阵的大小是(3,2),即 3 行 2 列。

本地矩阵的基类是 org.apache.spark.ml.linalg.Matrix,DenseMatrix 和 SparseMatrix 均是它的实现类,和本地向量类似,下面给出建本地矩阵的实例。

```
scala>import org.apache.spark.ml.linalg.{Matrix, Matrices}
//创建一个 3 行 2 列的稠密矩阵[[1.0,2.0], [3.0,4.0], [5.0,6.0]]
scala>val dm: Matrix =Matrices.dense(3, 2, Array(1.0, 3.0, 5.0, 2.0, 4.0, 6.0))
dm: org.apache.spark.ml.linalg.Matrix =
1.0 2.0
3.0 4.0
5.0 6.0
```

这里可以看出列优先的排列方式,即按照列的方式从数组中提取元素,如下所示。

```
//创建一个 4 行 3 列的稀疏矩阵
scala>val sm: Matrix =Matrices.sparse(4, 3, Array(0, 2, 4, 6), Array(0,1,1,2,2,
3), Array(1,2,3,4,5,6))
sm: org.apache.spark.ml.linalg.Matrix =
4 x 3 CSCMatrix
(0,0) 1.0
(1,0) 2.0
(1,1) 3.0
(2,1) 4.0
```

```
(2,2) 5.0
(3,2) 6.0
```

上面创建了一个4行3列的稀疏矩阵[[1.0,0.0,0.0],[2.0,3.0,0.0],[0.0,4.0,5.0],[0.0,0.0,6.0]]。Matrices.sparse()方法的第1个参数4表示要创建的矩阵行数为4;第2个参数3表示要创建的矩阵列数为3;第1个数组参数Array(0,2,4,6)表示要创建的矩阵索引为0的列有2−0(2)个元素,索引为1的列有4−2(2)个元素,索引为2的列有6−4(2)个元素,6表示矩阵的非零元素个数,第1个数组参数的数组的长度=列数+1;第2个数组参数Array(0,1,1,2,2,3)表示列优先排序的非0元素的行索引,其数组长度等于非零元素的个数;第3个数组参数Array(1,2,3,4,5,6)是按列优先排序的所有非零元素。

◆ 14.3 管道的主要概念

ML提倡使用Pipeline,用于将多种算法组合成一个工作流。一个Pipeline通常包含一个或多个阶段(Stage),每个阶段都会完成一个任务,如预处理数据、转换数据、训练模型、设置参数或预测数据,其中的两个主要阶段为Transformer(转换器)和Estimator(评估器)。

14.3.1　Transformer 转换器类

Transformer转换器类实现了一个方法transform(),用于将一个或多个新列附加到一个DataFrame对象中,从而将其转换为新的DataFrame对象。一个机器学习模型转换器对输入的特征向量列构成的DataFrame对象中的每个特征向量列预测相应的标签,然后将预测的每个标签组成的标签列添加到特征DataFrame对象中,得到一个带有预测标签列的DataFrame对象。

将一个数据集转换为另一个数据集的转换器抽象类Transformer具有的主要方法如下。

1. explainParam(param)

解释单个参数param,并以字符串形式返回其参数的名称、文档和可选的默认值以及用户提供的值。

2. explainParams()

返回所有参数的文档及其可选的默认值和用户提供的值。

3. extractParamMap([extra])

提取嵌入的默认参数值和用户提供的值,然后将它们与输入的参数extra合并到平坦参数映射中,其中在存在冲突时使用后者的值。

4. getParam(paramName)

通过名字paramName得到一个参数。

5. hasDefault(param)

检查参数param是否有默认值。

6. hasParam(paramName)

检查实例是否包含具有给定(字符串)名称paramName的参数。

7. isDefined(param)

检查参数 param 是否由用户明确设置或具有默认值。

8. isSet(param)

检查参数 param 是否由用户明确设置。

9. transform(dataset, params=None)

使用可选参数映射 params 来转换输入的数据集 dataset。

下面给出 Transformer 转换器类的 1 个具体实现——停用词去除转换器 StopWordsRemover，它接受一个字符串数组序列，然后输出一个删除其中的停用词后形成的字符串数组序列。该转换器默认带有一组标准的英语停用词。下面给出具体使用示例。

```
scala>import org.apache.spark.ml.feature.StopWordsRemover
scala>import org.apache.spark.ml.feature.RegexTokenizer      //导入正则表达式分词器
scala> val regexTok = new RegexTokenizer("regexTok").setInputCol("text").
setPattern("\\W+")                                            //正则表达式分词器实例化
regexTok: org.apache.spark.ml.feature.RegexTokenizer = RegexTokenizer: uid=
regexTok, minTokenLength=1, gaps=true, pattern=\W+, toLowercase=true
scala>val stopWords = new StopWordsRemover("stopWords").setInputCol(regexTok.
getOutputCol)                                                 //停用词去除转换器实例化
stopWords: org.apache.spark.ml.feature.StopWordsRemover = StopWordsRemover:
uid=stopWords, numStopWords=181, locale=zh_CN, caseSensitive=false
scala>val df = Seq("Doubt is the key to knowledge", "Keep on going and never give up!",
"Believe in yourself.").zipWithIndex.toDF("text", "id")     //创建 DataFrame 对象
df: org.apache.spark.sql.DataFrame =[text: string, id: int]
scala>stopWords.transform(regexTok.transform(df)).show(false)    //去除停用词
+---------------------------------+---+----------------------------------------+------------------------------+
|text                             |id |regexTok__output                        |stopWords__output             |
+---------------------------------+---+----------------------------------------+------------------------------+
|Doubt is the key to knowledge    |0  |[doubt, is, the, key, to, knowledge]    |[doubt, key, knowledge]       |
|Keep on going and never give up! |1  |[keep, on, going, and, never, give, up] |[keep, going, never, give]    |
|Believe in yourself.             |2  |[believe, in, yourself]                 |[believe]                     |
+---------------------------------+---+----------------------------------------+------------------------------+
```

14.3.2　Estimator 评估器类

Estimator（评估器、估计器）是机器学习算法在训练数据上拟合模型的抽象。从技术上理解，一个 Estimator 按设定的参数在特征数据对象 DataFrame 上拟合出一个模型，即产生一个转换器。该转换器能对 DataFrame 形式的输入数据集进行预测。实质上，Estimator 类可以调用 fit()方法拟合 DataFrame 形式的输入数据并生成一个转换器，即一个训练好的模型，该模型能对未知标签的输入数据进行预测。Estimator 类是 org.apache.spark.ml.Estimator 抽象类的实例，该实例具有 fit()方法，可以传入一个 DataFrame 类型的数据，并返回一个模型（即一个转换器）。例如，一个主成分分析评估器 Estimator 通过调用 fit()方法训练特征数据得到一个主成分分析转换器。下面给出 Estimator 评估器类的一个具体实现——字符串转索引评估器 StringIndexer 的应用举例。

Spark 的机器学习处理经常需要把标签数据（一般是字符串）转化成整数索引，而在计算结束又需要把整数索引还原为标签。StringIndexer（字符串-索引变换）评估器用于将字符串类型的标签列编码为索引类型的标签列，索引从 0 开始，直到标签列中标签种类的个数减 1 为止，标签列中标签出现得越频繁，编码后的索引越小，因此，最频繁出现的标签的索引为 0，代码如下。

```
scala>import org.apache.spark.ml.feature.{IndexToString, StringIndexer}
scala>val df = spark.createDataFrame(Seq((0, "a"), (1, "c"), (2, "d"), (3, "a"),
(4, "a"), (5, "d"))).toDF("id", "label")
df: org.apache.spark.sql.DataFrame =[id: int, label: string]
//StringIndexer 类型实例化
scala> val strIndex = new StringIndexer().setInputCol("label").setOutputCol
("index")
scala>val model =strIndex.fit(df)          //拟合数据生成转换器模型
scala>val indexed =model.transform(df)     //将字符串标签转化成整数索引
indexed: org.apache.spark.sql.DataFrame = [id: int, label: string ... 1 more
field]
scala>indexed.show
+---+-----+-----+
| id|label|index|
+---+-----+-----+
|  0|    a|  0.0|
|  1|    c|  2.0|
|  2|    d|  1.0|
|  3|    a|  0.0|
|  4|    a|  0.0|
|  5|    d|  1.0|
+---+-----+-----+
```

与 StringIndexer 转换器相对应，IndexToString（索引-字符串变换）转换器的作用是把已经索引化的列标签重新映射回原有的字符串形式，但要搭配前面的 StringIndexer 一起使用，具体实现过程如下。

```
scala>val inputColSchema =indexed.schema(model.getOutputCol)
inputColSchema: org.apache.spark.sql.types.StructField = StructField(index,
DoubleType, false)
//IndexToString 类型实例化
scala>val converter = new IndexToString().setInputCol("index").setOutputCol
("originalLabel")
scala>val converted =converter.transform(indexed)
converted: org.apache.spark.sql.DataFrame =[id: int, label: string ... 2 more
fields]
scala>converted.show
+---+-----+-----+-------------+
| id|label|index|originalLabel|
+---+-----+-----+-------------+
|  0|    a|  0.0|            a|
|  1|    c|  2.0|            c|
|  2|    d|  1.0|            d|
|  3|    a|  0.0|            a|
|  4|    a|  0.0|            a|
|  5|    d|  1.0|            d|
+---+-----+-----+-------------+
```

14.3.3 Pipeline 管道类

在机器学习过程中，通常需要运行一系列算法来处理和挖掘数据。例如，一个简单的文本文档处理工作流程可能包括几个阶段。

(1) 将每个文档的文本拆分为单词。
(2) 将每个文档的单词转换为数字特征向量。
(3) 使用特征向量和标签挖掘预测模型。

Spark ML 将这样的工作流表示为一个 Pipeline，它由一系列按特定顺序运行的 PipelineStages（管道阶段）组成，这些阶段将按顺序运行，每个阶段是一个 Transformer 或一个 Estimator，输入数据 DataFrame 被转换为新的 DataFrame 或被用来创建新的 Transformer。输入数据 DataFrame 经过 Transformer 阶段，调用 transform(DataFrame) 方法转换 DataFrame；经过 Estimator 阶段，调用 fit(DataFrame) 生成 Transformer，进而调用 transform(DataFrame) 方法转换 DataFrame。Pipeline 就是一个 Estimator。

要构建一个 Pipeline，首先需要定义 Pipeline 中的各个 PipelineStage（如 Transformer 或 Estimator），有了这些处理特定问题的 Transformer 或 Estimator，就可以按照具体的处理逻辑有序地组织 PipelineStages 来创建一个 Pipeline。

【例 14-1】 由多个 Transformer 组成的 Pipeline 流水线代码如下。

```
scala>import org.apache.spark.ml.feature.{HashingTF, Tokenizer}
scala>val dataset = spark.createDataFrame(Seq((0, "I love Spark"), (0, "I love Scala"), (1, "No pains, no gains"))).toDF("id", "text")
//创建 Transformer1,分词器 Transformer 实例化
scala > val tokenizer = new Tokenizer().setInputCol("text").setOutputCol("words")
```

HashingTF 是一个 Transformer，在文本处理中，接收词条的集合然后把这些集合转化成固定长度的特征向量，这个算法在哈希的同时会统计各个词条的词频。

```
//创建 Transformer2
scala > val hashingTF = new HashingTF().setInputCol("words").setOutputCol("features")
//利用两个 Transformer 创建 Pipeline 流水线
scala>import org.apache.spark.ml.Pipeline
scala>val pipeline =new Pipeline().setStages(Array(tokenizer, hashingTF))
                                             //实例化
scala>val featurize =pipeline.fit(dataset)       //拟合数据生成 Transformer 模型
featurize: org.apache.spark.ml.PipelineModel =pipeline_64ac89aa27d4
//使用 pipeline 模型进行一系列转换
scala>featurize.transform(dataset).show(false)
```

```
+---+------------------+-------------------------+-----------------------------------------------------+
|id |text              |words                    |features                                             |
+---+------------------+-------------------------+-----------------------------------------------------+
|0  |I love Spark      |[i, love, spark]         |(262144,[19036,173558,186480],[1.0,1.0,1.0])         |
|0  |I love Scala      |[i, love, scala]         |(262144,[19036,97448,186480],[1.0,1.0,1.0])          |
|1  |No pains, no gains|[no, pains,, no, gains]  |(262144,[117431,186312,189033],[1.0,2.0,1.0])        |
+---+------------------+-------------------------+-----------------------------------------------------+
```

◆ 14.4 基本统计

14.4.1 相关性分析

相关性分析是研究两个或两个以上的变量间的相关关系的统计分析方法。例如，人的身高和体重之间、空气中的相对湿度与降雨量之间的相关关系。在一段时期内商品房价格

随经济水平上升而上升,这说明此时两指标间是正相关关系;而在另一时期,随着经济水平进一步发展,出现商品房价格下降的现象,则说明此时两指标间就是负相关关系。

为了确定相关变量之间的相关关系,首先应该收集一些数据,这些数据应该是成对的。例如,每人的身高和体重。然后在直角坐标系上描述这些点,这称为"散点图"。如果这些数据在二维坐标轴中构成的数据点分布在一条直线的周围,那么就说明身高和体重间存在线性相关关系。

相关系数是变量间关联程度的最基本测度之一,如果想知道两个变量之间存在相关性,那么就可以通过两个变量之间的相关系数来度量相关性的大小。相关系数 r 的取值在-1~1。若变量 x、变量 y 之间的相关系数 r 的值在 0 和 1 之间,称 x 与 y 正相关,这时散点图是斜向上的,随着一个变量值增加,另一个变量值也在增加。若 r 值在 -1 和 0 之间,称 x 与 y 负相关,散点图是斜向下的,此时一个变量值增加,另一个变量值将减少。r 的绝对值越接近 1,两变量的关联程度越强,r 的绝对值越接近 0,两变量的关联程度越弱。具体示例如下。

① $|r| \geqslant 0.95$:存在显著性相关。
② $|r| \geqslant 0.8$:高度相关。
③ $0.5 \leqslant |r| < 0.8$:中度相关。
④ $0.3 \leqslant |r| < 0.5$:低度相关。
⑤ $|r| < 0.3$:相关关系极弱,可认为其不相关。

Spark ML 提供了计算多个序列之间成对相关性的函数,目前支持的相关性计算是皮尔逊(Pearson)相关性计算和斯皮尔曼(Spearman)相关性计算。

1. Pearson 相关系数

Pearson 相关系数表达的是两个数值变量的线性相关性,其一般适用于正态分布,变量 X 与 Y 的 Pearson 相关性系数 $r_{X,Y}$ 等于它们之间的协方差 $\text{cov}(X,Y)$ 除以它们各自标准差的乘积 $\sigma_X \sigma_Y$,具体计算公式表示如下。

$$r_{X,Y} = \frac{\text{cov}(X,Y)}{\sigma_X \sigma_Y} = \frac{\sum_{i=1}^{n}(x_i - \bar{x})(y_i - \bar{y})}{\sqrt{\sum_{i=1}^{n}(x_i - \bar{x})^2} \sqrt{\sum_{i=1}^{n}(y_i - \bar{y})^2}}$$

其中,$\bar{x}$ 表示变量 X 的均值,x_i 表示变量 X 的某个具体取值;$\bar{y}$ 表示变量 Y 的均值,y_i 表示变量 Y 的某个具体取值。Pearson 相关系数取值范围是$[-1,1]$,当取值为 0 表示不相关,取值为$[-1,0)$表示负相关,取值为$(0,1]$表示正相关。

2. Spearman 相关系数

Spearman 相关系数也可用来表达两个变量的相关性,但是它没有 Pearson 相关系数对变量的分布要求那么严格,其计算公式如下。

$$r_{X,Y} = 1 - \frac{6\sum_{i=1}^{n}(x_i - y_i)^2}{n(n^2 - 1)}$$

3. Correlation.corr( )函数

应用以上两种计算就需要使用 Correlation.corr( )函数,该函数用来按指定的方法计算由向量组成的 DataFrame 对象的相关性矩阵,其返回值是一个由有列向量之间的相关性组成的 DataFrame 对象,如下所示。

```
corr(dataset: Dataset[_], column: String, method: String)
```

参数说明如下。

① dataset:一个 Dataset 对象或 DataFrame。

② column:需要计算相关系数的列的名称,必须是数据集的一列,是一个 Vector 对象。

③ method:指定用于计算相关性的方法,包括 pearson (default) 和 spearman。

该函数的函数返回值 DataFrame 包含单行和单列名称。

4. 相关系数矩阵

相关系数矩阵也叫相关矩阵,是由矩阵各列间的相关系数构成的。也就是说,相关矩阵第 i 行第 j 列的元素是原矩阵第 i 列和第 j 列的相关系数。

【例 14-2】 Correlation.corr() 函数用法举例如下。

```
import org.apache.log4j.{Level, Logger}
import org.apache.spark.ml.linalg.{Matrix, Vectors}
import org.apache.spark.ml.stat.Correlation
import org.apache.spark.sql.{Row, SparkSession}
object CorrelationsDemo {
  Logger.getLogger("org").setLevel(Level.WARN)      //屏蔽日志
  def main(args: Array[String]): Unit = {
    Logger.getLogger("org").setLevel(Level.ERROR)
    val spark = SparkSession.builder.master("local").appName("CorrelationsDemo").getOrCreate()
    import spark.implicits._                         //导入,否则无法使用 toDF() 算子
    val data = Seq(
        Vectors.sparse(4, Seq((0, 1.0), (3, -2.0))),
        Vectors.dense(4.0, 5.0, 0.0, 3.0),
        Vectors.dense(6.0, 7.0, 0.0, 8.0),
        Vectors.sparse(4, Seq((0, 9.0), (3, 1.0)))
    )
    val df = data.map(Tuple1.apply).toDF("features")
                                    //创建只有 1 列且数据类型为 vector 的 DataFrame
    val Row(coeff1: Matrix) = Correlation.corr(df, "features").head
    println(s"Pearson correlation matrix:\n $coeff1")

    val Row(coeff2: Matrix) = Correlation.corr(df, "features", "spearman").head
    println(s"Spearman correlation matrix:\n $coeff2")
  }
}
```

运行上述程序文件,得到的输出结果如下。

```
Pearson correlation matrix:
1.0                    0.055641488407465814    NaN    0.4004714203168137
0.055641488407465814   1.0                     NaN    0.9135958615342522
NaN                    NaN                     1.0    NaN
0.4004714203168137     0.9135958615342522      NaN    1.0
```

```
Spearman correlation matrix:
1.0                      0.10540925533894532      NaN      0.40000000000000174
0.10540925533894532      1.0                      NaN      0.9486832980505141
NaN                      NaN                      1.0      NaN
0.40000000000000174      0.9486832980505141       NaN      1.0
```

14.4.2 汇总统计

给定一个数据集，数据分析人员一般会先观察一下数据集的整体情况，这被称为汇总统计或者概要性统计。

汇总统计的基本统计量包括描述数据集中趋势的统计值（平均数、中位数和众数）、描述数据离中趋势的统计量（极差、四分位数、平均差、方差、标准差和变异系数）和描述数据分布状况的统计量（偏态系数）。有了这些基本统计量，数据分析人员就掌握了数据的基本特征，进而能够基本确定对数据做进一步分析的方向。

Spark 的 ml.stat.Summarizer 模块提供了用于计算 DataFrame 中各向量列的最大值、最小值、均值、方差等统计摘要的函数。

【例 14-3】 ml.stat.Summarizer 模块用法示例。

```
import org.apache.log4j.{Level, Logger}
import org.apache.spark.ml.linalg.{Vector, Vectors}
import org.apache.spark.sql.SparkSession
import org.apache.spark.ml.stat.Summarizer._

object MLSummarizer {
  Logger.getLogger("org").setLevel(Level.WARN)            //设置日志级别
  def main(args: Array[String]) {
    val spark = SparkSession
        .builder
        .appName("MLSummarizer")
        .master("local[2]")
        .getOrCreate()

    import spark.implicits._
    val data = Seq(
        (Vectors.dense(7.0, 3.0, 4.0), 1.0),
        (Vectors.dense(4.0, 6.0, 7.0), 2.0)
    )
    val df = data.toDF("features", "weight")
    println("创建的 df 中的数据")
    df.show()
    // 带权重的均值、方差计算
    val (meanVal, varianceVal) = df.select(metrics("mean", "variance").summary
    ($"features", $"weight").as("summary"))
        .select("summary.mean", "summary.variance")
        .as[(Vector, Vector)]
        .first()
    println("每列的平均值")
    println(meanVal)
    println("每列的方差")
```

```
            println(varianceVal)

            //不带权重的统计计算
            val (minVal2,maxVal2, meanVal2, varianceVal2) =df.select(min($"features"),
            max($"features"), mean($"features"), variance($"features"))
                .as[(Vector, Vector,Vector, Vector)]
                .first()
            println("每列不带权重的最小值")
            println(minVal2)
            println("每列不带权重的最大值")
            println(maxVal2)
            println("每列不带权重的平均值")
            println(meanVal2)
            println("每列不带权重的方差")
            println(varianceVal2)
        }
    }
```

运行上述程序文件,得到的输出结果如下。

```
创建的 df 中的数据
+-------------+------+
| features    |weight|
+-------------+------+
|[7.0,3.0,4.0]| 1.0  |
|[4.0,6.0,7.0]| 2.0  |
+-------------+------+

每列的平均值
[5.0,5.0,6.0]
每列的方差
[4.5,4.5,4.5]
每列不带权重的最小值
[4.0,3.0,4.0]
每列不带权重的最大值
[7.0,6.0,7.0]
每列不带权重的平均值
[5.5,4.5,5.5]
每列不带权重的方差
[4.5,4.5,4.5]
```

14.4.3 分层抽样

当总体样本由明显差别的几部分组成时,人们常采用分层抽样的方法进行分析,即将总体中各个体首先按某种特征分成若干互不重叠的部分,每一部分就叫作层,然后在各层中按层在总体中所占的比例进行简单随机抽样或系统抽样。

与其他统计函数不同的是,Spark 用于分层抽样的 sampleaseByKey() 方法和 sampleaseByKeyExact() 方法可以在"键-值"对的 RDD 上进行,这两种方法无须通过 spark.mllib 库来支持,是"键-值"对 RDD 对象具有的原生方法。在分层抽样时,可将键看作标签(或类别),而将值看作一个特定的属性。

1. sampleByKey()方法

sampleByKey()方法需要作用于一个"键-值"对数组,其中"键-值"对的键用于分类(分层次)。该方法通过设置抽取函数 fractions 来定义分类条件和采样概率,示例如下。

```
//创建"键-值"对的RDD
scala>val data =sc.parallelize(Seq(("female","WangLi"),("female","LiuTao"),
("female","LiQian"), ("female","TangLi"), ("female","FeiFei"), ("male",
"WangQiang"), ("male","WangChao"), ("male","LiHua"), ("male","GeLin"), ("male",
"LiJian")))
//指定不同键的抽取概率
scala>val fractions =Map("female"->0.6,"male"->0.4)
```

这里,假定设置抽取 60% 的 female 和 40% 的 male,因为数据中 female 和 male 各有 5 个样本,所以理想中的抽样结果应该是有 3 个 female 和 2 个 male。接下来用 sampleByKey 进行抽样,如下所示。

```
scala>val approxSample =data.sampleByKey(withReplacement =false, fractions =
fractions)
scala>approxSample.collect().foreach (x=>println(x))         //输出抽样结果
(female,LiuTao)
(female,LiQian)
(male,WangQiang)
(male,WangChao)
(male,LiJian)
```

从上面输出结果可以看到,本应该抽取 3 个 female 和 2 个 male,但结果抽取了 2 个 female 和 3 个 male,并不够准确。参数 withReplacement 用来设置每次抽样是否放回,true 为抽取放回,false 为抽取不放回。

2. sampleByKeyExact()方法

sampleByKey()和 sampleByKeyExact()的区别在于:sampleByKey()每次都通过给定的概率以一种类似掷硬币的方式决定这个观察值是否被放入样本。而 sampleByKeyExtra()会对全量数据做采样计算,对于每个类别,其都会产生 $f_k n_k$ 个样本,其中 f_k 是对键为 k 的样本进行抽样的比例,n_k 是键 k 所拥有的"键-值"对数目,示例如下。

```
scala > val exactSample = data. sampleByKeyExact (withReplacement = false,
fractions =fractions)
scala>exactSample.collect().foreach (x=>println(x))         //输出抽样结果
(female,WangLi)
(female,LiuTao)
(female,FeiFei)
(male,WangQiang)
(male,WangChao)
```

14.4.4 假设检验

假设检验是一种强大的统计工具,其可用来确定结果是否具有统计学意义,以及确定该结果是否偶然发生。Spark ML 目前支持 Pearson 卡方 ChiSquare 测试独立性。

Pearson 卡方测试能够对每个特征与标签进行 Pearson 独立性检验。对于每个特征,其(特征,标签)对将被转换为一个概率矩阵,然后被用于计算 Chi-squared 统计量。Pearson

卡方测试要求所有标签和特征值必须是分类的,示例如下。

【例 14-4】 Pearson 卡方 ChiSquare 测试举例。

```scala
import org.apache.log4j.{Level, Logger}
import org.apache.spark.ml.linalg.{Vectors}
import org.apache.spark.ml.stat.ChiSquareTest
import org.apache.spark.sql.SparkSession

object MLChiSquareTest {
  Logger.getLogger("org").setLevel(Level.WARN)          //设置日志级别
  def main(args: Array[String]) {
    val spark = SparkSession
      .builder
      .appName("MLChiSquareTest")
      .master("local")
      .getOrCreate()

    import spark.implicits._
    val data = Seq(
      (0.0, Vectors.dense(0.5, 10.0)),
      (0.0, Vectors.dense(1.5, 20.0)),
      (1.0, Vectors.dense(1.5, 30.0)),
      (0.0, Vectors.dense(3.5, 30.0)),
      (0.0, Vectors.dense(3.5, 40.0)),
      (1.0, Vectors.dense(3.5, 40.0))
    )

    val df = data.toDF("label", "features")
    val chi = ChiSquareTest.test(df, "features", "label")
    chi.show(false)
  }
}
```

运行上述程序文件,得到的输出结果如下。

```
+----------------------------------------+----------------+----------+
|pValues                                 |degreesOfFreedom|statistics|
+----------------------------------------+----------------+----------+
|[0.6872892787909721,0.6822703303362126] |[2, 3]          |[0.75,1.5]|
+----------------------------------------+----------------+----------+
```

输出结果说明如下。

① pValues:评测值,越大(接近 1)代表该特征列越无意义、对标签的区分作用越低,反之,越小(接近 0)越有区分价值。

② degreeOfFreedom:自由度,degreeOfFreedom+1 等价于该特征值的种类。

③ statistics:越大分类价值越高,越小分类价值越低。

14.4.5 随机数生成

RandomRDDs 工具集提供了生成双精度随机数 RDD 和向量 RDD 的工厂方法,可由用户指定生成随机数的分布模式。下面的例子将生成一个双精度随机数 RDD,其元素值服从标准正态分布 $N(0,1)$,然后将其映射到 $N(1,4)$。

```
scala>import org.apache.spark.mllib.random.RandomRDDs._
//生成 10000 个服从正态分配 N(0,1) 的 RDD,分区的个数为 5
scala>val NRDD =normalRDD(sc, 10000, 5)
//把生成的随机数转化成 N(1,4) 正态分布
scala>val NRDD1 =NRDD.map(x =>1.0 +2.0 * x)
```

14.4.6 核密度估计

核密度估计(Kernel density estimation)不需要利用有关数据分布的先验知识,对数据分布也不附加任何假定,是一种从数据样本本身出发研究数据分布特征的方法。核密度估计是在概率论中用来估计未知的密度函数,其采用平滑的峰值函数("核")来拟合观察到的数据点,从而对真实的概率分布曲线进行模拟。

Spark 提供了一个工具类 KernelDensity 用于对样本数据集 RDD 进行核密度估计,示例如下。

```
scala>import org.apache.spark.mllib.stat.KernelDensity
scala>import org.apache.spark.rdd.RDD
scala>val data: RDD[Double] =sc.parallelize(Seq(1, 1, 1, 2, 3, 4, 5, 5, 6, 7, 8, 9, 9))
//用样本数据和高斯核的标准差构建密度估计器
//setBandwidth 表示高斯核的宽度,可以看作是高斯核的标准差
scala>val kd =new KernelDensity().setSample(data).setBandwidth(3.0)
//构造了核密度估计 kd,用它对给定数据进行核估计
scala>val densities =kd.estimate(Array(-1.0, 2.0, 5.0))
densities: Array[Double] = Array (0.04145944023341911, 0.07902016933085627, 0.08962920127312336)
```

输出结果表示:在 -1.0、2.0、5.0 等样本点上,估算的概率密度函数值分别是 0.04145944023341911、0.07902016933085627、0.08962920127312336。

◆ 14.5 TF-IDF 特征提取

在很多领域,数据的总量和特征数都会随时间推移而变得越来越大,如基因工程、文本分类、客户关系管理等。文本特征提取就是对文本数据进行特征值化,是为了让计算机更好地理解文本数据。Spark ML 提供了三种文本特征提取方法,分别为 TF-IDF、Word2Vec 以及 CountVectorizer(或 HashingTF)。

在自然语言处理领域,一个关键的问题是对关键词(也被称为特征)的提取,提取关键词的好坏将会直接影响算法的效果,常用的提取关键词方法有文档频率、互信息、词频-逆文件频率 TF-IDF(term frequency-inverse document frequency)等。

其中,TF-IDF 是一种统计方法,用于评估一个词对一个文件集(语料库)中的一份文件的重要程度。TF-IDF 的基本思想是:词语的重要性与它在文件中出现的次数成正比,但同时会随着它在文件集(语料库)中出现的次数成反比而下降。也就是说,如果一个词语 t 在一个文件 d 中出现的次数足够多,并且在其他文件中很少出现,则可以认为词语 t 具有很好的区分能力,该词语与文件 d 的相关程度足够高,能够代表该文件,适合用来把文件 d 和其他文件区分开来。

令 D 表示语料库，TF(t, d)表示词语 t 在文件 d 中出现的次数(也称词频)，DF(t, D)表示包含词语 t 的文件个数(也称文件频率)。如果只使用词频 TF 来衡量词语的重要性，则很容易过度强调在文件中经常出现而并没有包含太多与文件有关的信息的词语，比如 a、the 以及 of。如果一个词语在整个语料库中出现得都非常频繁，那么这意味着它并没有携带特定文件的某些特殊信息(换句话说，该单词对整个文档的重要程度较低)，意味着其不能很好地对文件进行区分。

逆文件频率(inverse document frequency, IDF)可以用来衡量某一词语在文件集的重要性，某一特定词语的 IDF，可以由文件集的总文件数目除以包含该词语的总文件数目，再将得到的商取对数得到，具体计算公式如下。

$$\text{IDF}(t, D) = \log_2 \frac{|D|+1}{\text{DF}(t, D)+1}$$

其中，$|D|$ 是语料库中的文件总数。由于采用对数，如果一个词语出现在所有的文件中，其 IDF 值将变为 0。为了防止分母为 0，分母需要加 1，同时分子也进行了加 1。

利用文件内较高的词语频率以及词语在整个文件集合中的较低文件频率，可以得到较高权重的 TF-IDF 词语，这些词语在该文件中具有较高的重要程度。因此，通过 TF-IDF 选取重要词语可用于过滤掉常见的词语，得到重要的词语。在语料库 D 中，词语 t 对文件 d 的词频-逆文件频率 TFIDF(t, d, D)定义为 TF 和 IDF 的乘积。

$$\text{TFIDF}(t, d, D) = \text{TF}(t, d) \times \text{IDF}(t, D)$$

TF-IDF 算法是建立在这样一个假设之上的：对区别文档最有价值的词语应该是那些在文档中出现频率高，而在整个文档集合的其他文档中出现频率低的词语。另外考虑到词语区别不同类别的能力，TF-IDF 算法认为一个词语出现的文本频数越小，它区别不同类别文本的能力就越大，因此其引入了逆向文件频率 IDF 的概念，以 TF 和 IDF 的乘积作为选取特征词的测度，并用它完成对权值 TF 的调整。调整权值的目的在于突出重要单词，抑制次要单词。

在 Spark ML 中，TF 和 IDF 是分离的，HashingTF 与 CountVectorizer 都可以用于生成词频 TF 向量。

HashingTF 是一个转换器，在文本处理中，它接收词集合然后把词集合转化成固定长度的特征向量，这个算法在哈希的同时还会统计各个词的词频。HashingTF 利用哈希函数将词映射到一个索引值，然后统计这些索引值的频率，就可以知道对应词的频率。

CountVectorizer 能够将文本文档转换为关键词计数的向量。

IDF 是权重 Estimator，在一个数据集上应用它的 fit()方法处理数据集产生相应的转换器(不同的词频对应不同的权重)。直观地看，特征词出现的文档越多，权重越低。

下面给出 TF-IDF 的一个具体实例。

```
//导入 TF-IDF 所需要的包
scala>import org.apache.spark.ml.feature.{HashingTF, IDF, Tokenizer}
//构建语料库,具体包括文件 ID、文件中的语句
scala>val sentenceData = spark.createDataFrame(Seq((0, "Very quietly I take my leave"), (1, "As quietly as I came here"), (2, "Gently I flick my sleeves"))).toDF("label", "sentence")
sentenceData: org.apache.spark.sql.DataFrame =[label: int, sentence: string]
```

```
scala>sentenceData.show(false)
+-----+-----------------------------+
|label|sentence                     |
+-----+-----------------------------+
|0    |Very quietly I take my leave |
|1    |As quietly as I came here    |
|2    |Gently I flick my sleeves    |
+-----+-----------------------------+
//Tokenizer 分词器实例化
scala> val tokenizer = new Tokenizer().setInputCol("sentence").setOutputCol
("words")
//通过分词器将句子转换成分词
scala>val wordsData =tokenizer.transform(sentenceData)
scala>wordsData.show(false)
+-----+-----------------------------+------------------------------------+
|label|sentence                     |words                               |
+-----+-----------------------------+------------------------------------+
|0    |Very quietly I take my leave |[very, quietly, i, take, my, leave] |
|1    |As quietly as I came here    |[as, quietly, as, i, came, here]    |
|2    |Gently I flick my sleeves    |[gently, i, flick, my, sleeves]     |
+-----+-----------------------------+------------------------------------+
```

从上面的输出结果可以看出，transform()方法把每个句子拆分成一个个单词，这些单词构成一个"词袋"（里面装了很多单词）。

```
//HashingTF 词频统计器实例化,这里设置哈希表的桶数为 2000
scala> val hashingTF = new HashingTF().setInputCol("words").setOutputCol
("rawFeatures").setNumFeatures(2000)
//通过词频统计器来统计词频,把每个"词袋"哈希成特征向量
scala>val featurizedData =hashingTF.transform(wordsData)
featurizedData: org.apache.spark.sql.DataFrame =[label: int, sentence: string
... 2 more fields]
scala>featurizedData.select("words","rawFeatures")show(false)

+-----------------------------------+--------------------------------------------------------------+
|words                              |rawFeatures                                                   |
+-----------------------------------+--------------------------------------------------------------+
|[very, quietly, i, take, my, leave]|(2000,[855,913,1568,1756,1782,1944],[1.0,1.0,1.0,1.0,1.0,1.0])|
|[as, quietly, as, i, came, here]   |(2000,[749,1135,1756,1780,1782],[2.0,1.0,1.0,1.0,1.0])        |
|[gently, i, flick, my, sleeves]    |(2000,[858,921,1251,1568,1756],[1.0,1.0,1.0,1.0,1.0])         |
+-----------------------------------+--------------------------------------------------------------+
```

可以看出，"词袋"中的每一个单词被哈希成了一个不同的索引值。

```
//IDF 逆文件频率评估器实例化
scala>val idf =new IDF().setInputCol("rawFeatures").setOutputCol("features")
scala>val idfModel =idf.fit(featurizedData)        //拟合数据得到一个 IDF 转换器模型
//转换数据,得到每一个词对应的 IDF 值
scala>val rescaledData =idfModel.transform(featurizedData)
rescaledData: org.apache.spark.sql.DataFrame =[label: int, sentence: string ...
3 more fields]
//查看每个词的 IDF 值
scala>rescaledData.select("label", "features").collect.foreach(println)
[0,(2000,[855, 913, 1568, 1756, 1782, 1944],[0.6931471805599453, 0.6931471805599453,
0.28768207245178085, 0.0, 0.28768207245178085, 0.6931471805599453])]
```

```
[1,(2000,[749,1135,1756,1780,1782],[1.3862943611198906,0.6931471805599453,0.0,
0.6931471805599453,0.28768207245178085])]
[2,(2000,[858,921,1251,1568,1756],[0.6931471805599453,0.6931471805599453,
0.6931471805599453,0.28768207245178085,0.0])]
```

◆ 14.6 特征变换转换器

机器学习中人们经常需要对特征进行转换,通过转换得到的新特征可以消除原特征之间的相关性或减少冗余。下面介绍常用的特征转换操作。

14.6.1 将多个列合成一个 VectorAssembler

VectorAssembler(向量列的转换器)用于将给定 DataFrame 对象的某些列合并成一个向量列的转换器。VectorAssembler 接收以下输入列类型:所有数值类型、布尔类型和向量类型,并按接收的输入列字段顺序将它们的值顺序连接到一个向量中。

表 14-1 是一个包含 ID、Minutes、UserFeatures 和 Clicked 列的 DataFrame 对象。

表 14-1 一个 DataFrame 对象

ID	Minutes	UserFeatures	Clicked
101	120	[0.0,8.0,0.8]	1.0

其中,UserFeatures 是一个包含 3 个特征的向量列。人们希望将 Minutes 和 UserFeatures 合并成一个被称为特征的单一特征向量,然后使用它来预测一个链接是否被点击 Clicked。如果将 VectorAssembler 的输入列设置为 Minutes 和 UserFeatures,并将合成列输出到特征 Features,则在转换后将得到如表 14-2 所示的新 DataFrame 对象。

表 14-2 新 DataFrame 对象

ID	Minutes	UserFeatures	Clicked	Features
101	120	[0.0,8.0,0.8]	1.0	[120,0.0,8.0,0.8]

下面给出具体的代码实现。

```
scala>import org.apache.spark.ml.feature.VectorAssembler
scala>import org.apache.spark.ml.linalg.Vectors
scala>val dataFrame = spark.createDataFrame(Seq((101, 120, Vectors.dense(0.0,
8.0, 0.8), 1.0))).toDF("ID", "Minutes", "UserFeatures", "Clicked")
scala> val assembler = new VectorAssembler().setInputCols(Array("Minutes",
"UserFeatures")).setOutputCol("Features")
assembler: org. apache. spark. ml. feature. VectorAssembler = vecAssembler
_4a18d5982551
scala>val output =assembler.transform(dataFrame)
scala>output.printSchema()
root
|--ID: integer (nullable =false)
|--Minutes: integer (nullable =false)
```

```
|--UserFeatures: vector (nullable=true)
|--Clicked: double (nullable=false)
|--Features: vector (nullable=true)
scala>println("组合'Minutes','UserFeatures'列成向量列'features'")
组合'Minutes','UserFeatures'列成向量列'features'
scala>output.show(false)
+---+-------+-------------+-------+-------------------+
|ID |Minutes|UserFeatures |Clicked|Features           |
+---+-------+-------------+-------+-------------------+
|101|120    |[0.0,8.0,0.8]|1.0    |[120.0,0.0,8.0,0.8]|
+---+-------+-------------+-------+-------------------+
```

14.6.2 VectorIndexer 向量列类别索引转换器

前面介绍的 StringIndexer 类是针对单个类别型特征进行转换，倘若所有特征都已经被组织在一个向量中，想对其中某些单个分量进行类别型特征处理时，可用 VectorIndexer 类对数据集特征向量中的类别（离散值）特征进行索引。它能够自动判断哪些特征是离散值型的特征，并对它们进行编号，具体做法是通过设置一个 maxCategories，特征向量中某一个特征不重复取值个数小于 maxCategories，则被重新编号为 $0 \sim K$。某一个特征不重复取值个数大于 maxCategories，则该特征视为连续值，不会重新类别索引（不会发生任何改变），示例如下。

```
scala>import org.apache.spark.ml.feature.VectorIndexer
scala>import org.apache.spark.ml.feature.VectorAssembler
scala>import org.apache.spark.ml.linalg.Vectors
scala>val dataFrame =spark.createDataFrame(Seq((-1.0, 2.0, -2.0),(-1.0, 3.0, 
-2.0),(-1.0, 4.0, -2.0),(0.0, 5.0, 0.0))).toDF("c0", "c1", "c2")
scala>val assembler = new VectorAssembler().setInputCols(Array("c0", "c1", 
"c2")).setOutputCol("Features")
scala>val output =assembler.transform(dataFrame)
scala>output.printSchema()
root
|--c0: double (nullable=false)
|--c1: double (nullable=false)
|--c2: double (nullable=false)
|--Features: vector (nullable=true)
scala> val vectorIndexer = new VectorIndexer().setInputCol("Features").
setOutputCol("indexed").setMaxCategories(2)
scala>val vectorIndexerModel =vectorIndexer.fit(output)
```

用户可以通过 VectorIndexer 模型的 categoryMaps 成员来获得被转换的特征及其映射，这里可以看到共有两个特征被转换，分别是 0 号特征和 2 号特征，如下所示。

```
scala>val categoricalFeatures =vectorIndexerModel.categoryMaps.keys.toSet
categoricalFeatures: scala.collection.immutable.Set[Int] =Set(0, 2)
scala>println(s"Chose ${categoricalFeatures.size} " +s"categorical features: 
${categoricalFeatures.mkString(", ")}")
Chose 2 categorical features: 0, 2
```

可以看到，0 号特征只有 -1.0、0.0 两种取值，分别被映射成 1、0；2 号特征只有 -2.0、0.0 两种取值，分别被映射成 1、0，结果如下。

```
//用转换生成的类别索引值创建新列 indexed
scala>val indexedData =vectorIndexerModel.transform(output)
scala>indexedData.show()
+----+---+----+---------------+--------------+
| c0 | c1 | c2 | Features      | indexed      |
+----+---+----+---------------+--------------+
|-1.0|2.0 |-2.0|[-1.0,2.0,-2.0]|[1.0,2.0,1.0] |
|-1.0|3.0 |-2.0|[-1.0,3.0,-2.0]|[1.0,3.0,1.0] |
|-1.0|4.0 |-2.0|[-1.0,4.0,-2.0]|[1.0,4.0,1.0] |
| 0.0|5.0 | 0.0|[0.0,5.0,0.0]  |[0.0,5.0,0.0] |
+----+---+----+---------------+--------------+
```

14.6.3　Binarizer(二值化)转换器

Binarizer(二值化)可以根据给定的阈值将数值型特征的值转化为 0-1 的二元特征值，大于阈值 threshold 的特征值被二元化为 1.0，小于或等于阈值 threshold 的特征值被二元化为 0.0，示例如下。

```
scala>import org.apache.spark.ml.feature.Binarizer
//Binarizer 类的实例化
scala>val bin =new Binarizer().setInputCol("rating").setOutputCol("label").setThreshold(3.5)
//返回 bin 的所有参数及其当前取值，包括可选参数及其默认值
scala>bin.explainParams
res10: String =
inputCol: input column name (current: rating)
inputCols: input column names (undefined)
outputCol: output column name (default: binarizer_25f742155814__output, current: label)
outputCols: output column names (undefined)
threshold: threshold used to binarize continuous features (default: 0.0, current: 3.5)
thresholds: Array of threshold used to binarize continuous features. This is for multiple columns input. If transforming multiple columns and thresholds is not set, but threshold is set, then threshold will be applied across all columns. (undefined)
scala>val doubles =Seq((0, 1d), (1, 1d), (2, 5d)).toDF("id", "rating")
doubles: org.apache.spark.sql.DataFrame =[id: int, rating: double]
scala>bin.transform(doubles).show
+---+------+-----+
| id|rating|label|
+---+------+-----+
| 0 | 1.0  | 0.0 |
| 1 | 1.0  | 0.0 |
| 2 | 5.0  | 1.0 |
+---+------+-----+
scala>import org.apache.spark.ml.linalg.Vectors
cala>val denseVec =Vectors.dense(Array(4.0, 0.4, 3.7, 1.5))
denseVec: org.apache.spark.ml.linalg.Vector =[4.0,0.4,3.7,1.5]
scala>val vectors =Seq((0, denseVec)).toDF("id", "rating")
vectors: org.apache.spark.sql.DataFrame =[id: int, rating: vector]
scala>bin.transform(vectors).show
```

```
+---+------------------+-----------------+
| id| rating           | label           |
+---+------------------+-----------------+
| 0 |[4.0,0.4,3.7,1.5] |[1.0,0.0,1.0,0.0]|
+---+------------------+-----------------+
```

14.6.4　PCA（主成分分析）数据降维转换器

PCA（principal component analysis）是一种使用最广泛的数据降维算法，其可以找出特征中最主要的特征，把原来的 n 个特征用 $k(k<n)$ 个特征代替。PCA 的工作就是从原始的空间中顺序地找一组相互正交的坐标轴，选择的第一个坐标轴的方向是原始数据中方差最大的，方差越大说明特征越重要；选取的第二个坐标轴是与第一个坐标轴正交的平面中方差最大的；第三个轴是与第 1、2 个轴正交的平面中方差最大的。以此类推，可以得到 n 个这样的坐标轴，通过这种方式获得新的坐标轴。实际上，大部分方差都包含在前面 k 个坐标轴中，后面的坐标轴所含的方差几乎为 0，于是，只保留前面 k 个含有绝大部分方差的坐标轴，就可以忽略余下的坐标轴。事实上，这相当于只保留包含绝大部分方差的维度特征，而忽略包含方差几乎为 0 的特征维度，实现对数据特征的降维处理。

下面给出使用 Spark ML 库实现 PCA 的实例。

```
scala>import org.apache.spark.ml.feature.{PCA, PCAModel}
scala>import org.apache.spark.ml.linalg
scala>import org.apache.spark.ml.linalg.Vectors
scala>import org.apache.spark.sql.DataFrame
//生成数据
scala>val arr =Array(Vectors.dense(4.0,1.0, 4.0, 5.0), Vectors.dense(2.0,3.0,
4.0, 5.0), Vectors.dense(4.0,0.0, 6.0, 7.0))
scala>val data =sc.parallelize(arr)
//data.map(Tuple1.apply)将 data 中的每个元素转化成一个一元组
scala>val df: DataFrame =spark.
    | createDataFrame(data.map(Tuple1.apply)).toDF("features")
scala> val pca = new PCA().setInputCol("features").setOutputCol("pca_
features").setK(2)
scala>val pcaModel: PCAModel =pca.fit(df)
scala>val pcaDf: DataFrame =pcaModel.transform(df)
scala>pcaDf.show(false)
+----------------+-----------------------------------------+
|features        |pca_features                             |
+----------------+-----------------------------------------+
|[4.0,1.0,4.0,5.0]|[-5.061524965038313,2.6731387750445608] |
|[2.0,3.0,4.0,5.0]|[-2.9078143281202276,4.506586481532503] |
|[4.0,0.0,6.0,7.0]|[-7.489827262491891,4.4347709591799624] |
+----------------+-----------------------------------------+
```

14.6.5　Normalizer（范数 p-norm 规范化）转换器

Normalizer 是一个转换器，它可以将一组特征向量规范化，参数 p 指定规范化中使用的 p-norm，默认值为 2 范数。规范化可以消除输入数据的量纲影响，示例如下。

```
scala>import org.apache.spark.ml.feature.Normalizer
scala>import org.apache.spark.ml.linalg.Vectors
scala>val data =Seq((0, Vectors.dense(0.0, 2.0, -2.0)), (1, Vectors.dense(2.0,
0.0, 3.0)), (2, Vectors.dense(4.0, 10.0, 5.0)))
data: Seq[(Int, org.apache.spark.ml.linalg.Vector)] =List((0,[0.0,2.0,-2.0]),
(1,[2.0,0.0,3.0]), (2,[4.0,10.0,5.0]))
scala>val df =spark.createDataFrame(data).toDF("Id", "features")
df: org.apache.spark.sql.DataFrame =[Id: int, features: vector]
//1范数规范化：首先累加向量中每一项的绝对值,然后每一项除以累加和
scala>val normalizer =new Normalizer().setInputCol("features").
    | setOutputCol("normFeatures").setP(1.0)
scala>val L1NormData =normalizer.transform(df)
```

1范数规范化的执行结果如图14-1所示。

```
scala> L1NormData.show(false)
+---+--------------+----------------------------------------------------------+
|Id |features      |normFeatures                                              |
+---+--------------+----------------------------------------------------------+
|0  |[0.0,2.0,-2.0]|[0.0,0.5,-0.5]                                            |
|1  |[2.0,0.0,3.0] |[0.4,0.0,0.6]                                             |
|2  |[4.0,10.0,5.0]|[0.21052631578947367,0.5263157894736842,0.2631578947368421]|
```

图14-1　1范数规范化的执行结果

```
scala>val normalizer2 =new Normalizer().setInputCol("features").
    | setOutputCol("normFeatures").setP(2.0)
//2范数规范化：向量中每一项除以向量中每一项平方和的算术平方根
scala>val L2NormData =normalizer2.transform(df)
```

2范数规范化的执行结果如图14-2所示。

```
scala> L2NormData.show(false)
+---+--------------+-----------------------------------------------------------+
|Id |features      |normFeatures                                               |
+---+--------------+-----------------------------------------------------------+
|0  |[0.0,2.0,-2.0]|[0.0,0.7071067811865475,-0.7071067811865475]               |
|1  |[2.0,0.0,3.0] |[0.5547001962252291,0.0,0.8320502943378437]                |
|2  |[4.0,10.0,5.0]|[0.3368607684266076,0.8421519210665189,0.42107596053325946]|
```

图14-2　2范数规范化的执行结果

14.6.6　数值型数据特征转换器

数值型数据特征转换器有三种。

1. StandardScaler（标准化）

StandardScaler的数据类型是数值型数据,其可以将每一个维度的特征标准化为具有单位标准差和或零均值。StandardScaler有两个参数比较重要：一个是setWithMean参数,用来设置每一列的每一个元素是否需要减去当前列的平均值,默认是false；另一个是setWithStd参数,用于定义每一列中的每一个数据是否需要除以当前列的样本标准差(注意是样本标准差而不是标准差),主要是分母除以$n-1$,默认是true。

2. MinMaxScaler（最大-最小规范化）

MinMaxScaler根据给定的最大值和最小值,将数据集中的每个特征缩放到该最大值和最小值范围之内,如果没有指定最大值和最小值则默认缩放到[0,1]区间。

下面给出 MinMaxScaler 的使用举例。

```
scala>import org.apache.spark.ml.feature.MinMaxScaler
scala>import org.apache.spark.ml.linalg.Vectors
scala>val data =Seq((0, Vectors.dense(0.0, 1.0, -2.0)), (1, Vectors.dense(2.0,
0.0, 3.0)), (2,
     | Vectors.dense(4.0, 10.0, 2.0)))
data: Seq[(Int, org.apache.spark.ml.linalg.Vector)] =List((0,[0.0,1.0,-2.0]),
(1,[2.0,0.0,3.0]), (2,[4.0,10.0,2.0]))
scala>val df =spark.createDataFrame(data).toDF("Id", "features")
scala>val scaler =new MinMaxScaler().setInputCol("features").
     | setOutputCol("scaledFeatures")
scala>val scaledData =scaler.fit(df).transform(df)
scaledData: org.apache.spark.sql.DataFrame =[Id: int, features: vector ... 1
more field]
scala>scaledData.show(false)
+---+--------------+--------------+
|Id |features      |scaledFeatures |
+---+--------------+--------------+
|0  |[0.0,1.0,-2.0]|[0.0,0.1,0.0]  |
|1  |[2.0,0.0,3.0] |[0.5,0.0,1.0]  |
|2  |[4.0,10.0,2.0]|[1.0,1.0,0.8]  |
+---+--------------+--------------+
```

3. MaxAbsScaler（绝对值规范化）

MaxAbsScaler 用每一维特征的最大绝对值对给定的数据集进行缩放，将每一维的特征都缩放到[-1,1]区间。

14.7 分类和回归算法

14.7.1 分类原理

从对与错、好与坏的简单分类，到复杂的生物学中的"界门纲目科属种"，人类对客观世界的认识离不开分类，通过将有共性的事物归到一类，以区别不同的事物，使大量的繁杂事物条理化和系统化。

分类指的是通过对事物特征的定量分析，形成能够进行分类预测的分类模型（分类函数、分类器）。利用该模型能够预测一个具体的事物所属的类别（注意，分类的类别取值必须是离散的，分类模型做出的分类预测不是归纳出的新类，而是预先定义好的目标类）。因此，分类也被称为有监督学习，与之相对应的是无监督学习，如聚类。分类与聚类的最大区别在于，分类数据中，一部分数据的类别是已知的，而聚类的数据中所有数据的类别是未知的。

现实商业活动中的许多问题都能抽象成分类问题，当前的市场营销行为很重要的一个特点是强调目标客户细分，如银行贷款员需要分析贷款申请者数据，搞清楚哪些贷款申请者是"安全的"，哪些贷款申请者是"不安全的"。其他场景如推荐系统、垃圾邮件过滤、信用卡分级等都能转化为分类问题。

分类任务的输入数据是记录的集合，记录也被称为样本、样例、实例、对象、数据点，用元组(x, y)表示，其中x是对象特征属性的集合，而y是一个特殊的属性，被称为类别属性、分类属性或目标属性,其可指出样例的类别是什么。表14-3列出了一个动物样本数据集,用来将动物分为两类:爬行类和鸟类。属性集指明了动物的性质,如翅膀数量、脚的只数、是否产蛋、是否有毛等。尽管表14-3中的属性主要是离散的,但是属性集也可以包含连续特征。另外,类别属性必须是离散属性,因为这是区别分类与回归的关键特征(也因为回归是一种预测模型,其目标属性 y 是连续的)。

表14-3 动物样本数据集

动 物	翅膀数量	脚的只数	是否产蛋	是否有毛	动物类别
狗	0	4	否	是	爬行类
猪	0	4	否	是	爬行类
牛	0	4	否	是	爬行类
麻雀	2	2	是	是	鸟类
鸽子	2	2	是	是	鸟类
天鹅	2	2	是	是	鸟类

分类的形式化定义是:通过学习样本数据集得到一个目标函数 f,把每个特征属性集 x 映射到一个预先定义的类标号 y。目标函数也被称为分类模型。

常用的分类模型主要有决策树分类、贝叶斯分类、人工神经网络分类、k-近邻分类、支持向量机分类和基于关联规则的分类等。

14.7.2 朴素贝叶斯分类算法

朴素贝叶斯分类是一种十分简单的分类算法,其主要思想是:对于给出的一个实例的特征属性集,求解在此特征属性集出现的条件下各个类别出现的概率,哪个概率最大,就可以认为此待分类实例属于该类别。朴素贝叶斯分类假定任何两个特征之间都是独立的。

朴素贝叶斯分类的流程如下。

(1) 设 $x=(a_1,a_2,\cdots,a_m)$ 为一个样本的特征属性向量,每个 a_i 为 x 的一个特征属性值。

(2) 设有类别集合 $C=\{c_1,c_2,\cdots,c_n\}$。

(3) 计算 $P(c_1|x),P(c_2|x),\cdots,P(c_n|x)$。

(4) 如果 $P(c_k|x)=\max\{P(c_1|x),P(c_2|x),\cdots,P(c_n|x)\}$,则 x 被认为属于类别 c_k。

在Spark中,可以通过调用spark.ml.classification.NaiveBayes类来实现朴素贝叶斯算法,该类支持多项(multinomial)朴素贝叶斯和伯努利(bernoulli)朴素贝叶斯,默认为多项朴素贝叶斯。

下面给出一个NaiveBayes朴素贝叶斯分类实例。

(1) 准备数据,在/home/hadoop目录下创建了一个CSV文件sample_naive_bayes_data.csv,数据格式如下。

```
类别,特征1,特征2,特征3
0,1,0,0
```

```
0,2,0,0
0,3,0,0
0,4,0,0
1,0,1,0
1,0,2,0
1,0,3,0
1,0,4,0
2,0,0,1
2,0,0,2
2,0,0,3
2,0,0,4
```

(2) 代码实现如下所示。

```
scala>import org.apache.spark.ml.classification.NaiveBayes
scala>import org.apache.spark.ml.evaluation.MulticlassClassificationEvaluator
scala>import org.apache.spark.ml.linalg.{Vectors}
scala>import spark.implicits._
//读取样本数据创建 DataFrame
scala>val data =sc.textFile("file:/home/hadoop/sample_naive_bayes_data.txt").
map{ line => val parts = line.split(','); (parts(0).toDouble, Vectors.dense
(parts(1).toDouble, parts(2).toDouble, parts(3).toDouble))}.toDF("label",
"features")
data: org.apache.spark.sql.DataFrame =[label: double, features: vector]
scala>data.show
+-----+--------------+
|label| features     |
+-----+--------------+
| 0.0 |[1.0,0.0,0.0] |
| 0.0 |[2.0,0.0,0.0] |
| 0.0 |[3.0,0.0,0.0] |
| 0.0 |[4.0,0.0,0.0] |
| 1.0 |[0.0,1.0,0.0] |
| 1.0 |[0.0,2.0,0.0] |
| 1.0 |[0.0,3.0,0.0] |
| 1.0 |[0.0,4.0,0.0] |
| 2.0 |[0.0,0.0,1.0] |
| 2.0 |[0.0,0.0,2.0] |
| 2.0 |[0.0,0.0,3.0] |
| 2.0 |[0.0,0.0,4.0] |
+-----+--------------+
//将数据集分割为训练集(占 70%)和测试集(占 30%)
scala>val Array(trainingData, testData) = data.randomSplit(Array(0.7, 0.3),
seed =1234L)
//训练 NaiveBayes 模型
scala>val model =new NaiveBayes().fit(trainingData)
model: org.apache.spark.ml.classification.NaiveBayesModel =NaiveBayesModel:
uid=nb_29b5e6c06630, modelType=multinomial, numClasses=3, numFeatures=3
//用训练好的模型对 testData 进行预测
scala>val predictions =model.transform(testData)
predictions: org.apache.spark.sql.DataFrame =[label: double, features: vector
... 3 more fields]
```

```
scala>predictions.show(false)        //展示预测结果,为便于观察,结果只保留了2位小数
+-----+-------------+----------------------+-------------------------+----------+
|label|features     |rawPrediction         |probability              |prediction|
+-----+-------------+----------------------+-------------------------+----------+
|0.0  |[1.0,0.0,0.0]|[-1.42,-3.40,-3.14]   |[0.75,0.10,0.13]         |0.0       |
|0.0  |[2.0,0.0,0.0]|[-1.65,-5.88,-5.09]   |[0.95,0.01,0.03]         |0.0       |
|1.0  |[0.0,1.0,0.0]|[-3.50,-1.09,-3.14]   |[0.07,0.82,0.10]         |1.0       |
|2.0  |[0.0,0.0,2.0]|[-5.80,-5.88,-1.87]   |[0.01,0.01,0.96]         |2.0       |
|2.0  |[0.0,0.0,4.0]|[-10.41,-10.85,-2.54] |[3.83E-4,2.46E-4,0.99]   |2.0       |
+-----+-------------+----------------------+-------------------------+----------+

//选择(prediction, true label)计算测试误差
scala> val evaluator = new MulticlassClassificationEvaluator().setLabelCol
("label").setPredictionCol("prediction").setMetricName("accuracy")
evaluator: org.apache.spark.ml.evaluation.MulticlassClassificationEvaluator
= MulticlassClassificationEvaluator: uid = mcEval_87b729b73aca, metricName =
accuracy, metricLabel=0.0, beta=1.0, eps=1.0E-15
scala>val accuracy =evaluator.evaluate(predictions)
accuracy: Double =1.0
scala>println(s"Test set accuracy =$accuracy")
Test set accuracy =1.0
```

14.7.3 决策树分类算法

在现实生活中,人们经常会遇到各种选择,如要去室外打羽毛球,一般会根据"天气""温度""湿度""刮风"这几个条件判断,最后得到结果:去打羽毛球还是不去打羽毛球。如果把判断背后的逻辑整理一下实际上可以得到一个树状图,这就是决策树。

1. 决策树的概念

简单来说,决策树就是带有判决规则的一种树,人们可以依据树中的判决规则来预测未知样本的类别和值。决策树通过树结构来表示各种可能的决策路径以及每个路径的结果。一棵决策树一般包含一个根结点、若干内部结点和若干叶子结点(也称子结点)。

(1) 叶子结点对应决策结果。

(2) 每个内部结点对应一个属性测试,该结点包含的样本集合根据属性测试的结果被划分到它的叶子结点中。

(3) 根结点包含全部训练样本。

(4) 从根结点到每个叶子结点的路径对应了一系列决策规则。

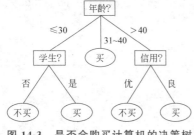

图14-3 是否会购买计算机的决策树

一棵预测顾客是否会购买计算机的决策树如图14-3所示,其中内部结点用矩形表示,叶子结点用椭圆表示,分支表示属性测试的结果。为了判断未知顾客是否会购买计算机,其将顾客的属性值放在决策树上进行判断、选取相应的分支,直到到达叶子结点,从而得到顾客所属的类别。决策树从根到叶子结点的一条路径就对应着一条合取规则,对应着一条分类规则,对应着样本的一个分类。

在是否会购买计算机的决策树中,根结点没有入边,有3条出边;内部结点(非叶子结

点)有一条入边和两条或多条出边;叶子结点只有一条入边,但没有出边。在这个例子中,用来进行类别决策的属性为年龄、学生、信用。

在沿着决策树从上到下的遍历过程中,每个内部结点都拥有一个测试决策,不同的测试决策结果引出不同的分支,最后会到达某一个叶子结点,这一过程就是利用决策树进行分类的过程。

决策树分类方法实际上是通过对训练样本的学习建立分类规则,依据分类规则实现对新样本的分类。决策树分类方法属于有指导(监督)的分类方法,其训练样本有两类属性:划分属性和类别属性。一旦构造了决策树,对新样本进行分类就将相当容易。从树的根结点开始将测试条件用于新样本,根据测试结果选择适当的分支,沿着该分支到达一个叶子结点,或者到达另一个内部结点,使用新的测试条件继续上述过程直到到达一个叶子结点,最终将得到新样本所属的类别。

2. 构建决策树

作为一种分类算法,决策树算法的目标就是将具有 m 维特征(属性)的 n 个样本分到 c 个类别中。相当于做一个映射 $C=f(n)$,为样本进行若干次变换后为之赋予一种类别标签。为了达到这一目的,决策树将分类的过程表示成一棵树,每次通过选择一个特征来分叉。不同的决策树算法往往选择不同的特征选择方案,如 ID3 决策树使用信息增益最大选择划分特征,C4.5 使用信息增益率最大选择划分特征,CART 使用基尼指数最小选择划分特征。

构建决策树的过程就是通过学习样本数据集获得分类知识的过程,也即得到一种逼近离散值的目标函数的过程。决策树学习本质上是从训练数据集中归纳出一组分类规则,这组分类规则被表示为一棵决策树。决策树学习是以样本为基础的归纳学习,它采用自顶向下递归的方式来生长决策树,随着树的生长完成对训练样本集的不断细分,最终样本都被细分到每个叶子结点上。决策树每个内部结点都表示一个在属性上的测试,每个分支都代表一个测试输出,每个叶子结点都代表一种类别。构建决策树的具体步骤如下。

(1) 选择一个属性作为测试属性并创建树的根结点,开始时,所有的训练样本都在根结点。

(2) 为测试属性每个可能的取值建立一个分支。

(3) 根据属性的每个可能值将训练样本划分到相应的分支形成子结点。

(4) 对每个子结点重复上面的过程,直到所有的结点都是叶子结点。

构建决策树的流程可用下述公式表示。

输入:训练样本集 $S=\{(x_1,y_1),(x_2,y_2),\cdots,(x_n,y_n)\}$

划分属性集 $A=\{a_1,a_2,\cdots,a_m\}$

输出:以 node 为根结点的一个决策树

伪代码的形式如下。

```
//根据给定训练样本集 S 和划分属性集 A 构建决策树
函数 GenerateDTree(S, A){
生成结点 node;
if S 中训练样本全属于同一类别 c_j then
    将 node 标记为 c_j 类叶结点; return
end if
```

```
if A = ∅ or S中样本在A上取值相同 then
    将node标记为叶结点,其类别标记为S中样本数最多的类; return
end if
从A中选择最优化分属性 a*
for a* 的每一值 a[i] do
    为node生成一个分支结点 node_i; 令 S_i 表示S中在a*上取值为a[i]的样本子集;
    if S_i = ∅ then
        将分支结点 node_i 标记为叶结点,其类别为S中样本最多的类; return
    else
        调用 GenerateDTree(S_i, A-{a*})递归创建分支结点;
    end if
end for }
```

在上述决策树算法中,有如下三种情形会导致函数的递归调用。

(1) 当前结点包含的样本全部属于同一类别,无须划分。

(2) 当前划分属性集为空,或者所有样本在当前所有划分属性上取值相同,无法划分。

(3) 当前结点包含的样本集为空,不能划分。

构建决策树的过程就是选择什么属性作为结点的过程,原则上讲,对于给定的属性集,可以构造的不同决策树的数目往往会达到指数级,在计算上找出最佳决策树通常是不可行的。因此,人们开发了一些有效的算法,能够在合理的时间内构造出具有一定准确率的次优决策树。这些算法通常都采用了贪心策略,在选择划分记录的属性时,采用一系列局部最优决策来构造决策树。

3. 选择划分属性的最佳度量

从构建决策树的步骤可以看出,其关键是如何选择划分属性的最佳度量。一般而言,随着构建决策树的过程不断推进,人们总是希望决策树的分支结点所包含的样本越来越归属于同一类别,结点的"不纯度"(不确定度、不确定性)越来越低,结点的"纯度"越来越高。因此,为了确定按某个属性(变量)划分的效果,需要比较划分前(父结点)的不纯度和划分后(所有子结点)的不纯度,不纯度的降低程度越大,即它们的差越大,划分属性的效果就越好。

变量的不确定性是指变量的取值结果不止一种。举个例子,一个班级有30名同学,每个同学都有且仅有一部智能手机,如果随机选择一名同学,问他的手机品牌可能是什么?如果这个班的同学全部都用华为手机,这个问题很好回答,这名同学的手机品牌一定是华为,这时学生用的手机品牌这个变量是确定的,不确定性为0。但如果这个班级中1/3的同学用小米手机,1/3的同学用苹果手机,其余1/3的同学用华为手机,那么学生用的手机品牌这个变量的不确定性就明显增大了。

若记不纯度的降低程度为Δ,则用其确定划分属性划分效果的度量值可以用下面的公式来定义。

$$\Delta_I = I(\text{parent}) - \sum_{j=1}^{k} \frac{N(j)}{N} I(j)$$

其中,$I(\text{parent})$是父结点的不纯度度量;k是划分属性取值的个数;N是父结点上样本的总数;$N(j)$是第j个子结点上样本的数目;$I(j)$是第j个子结点的不纯度度量。

给定任意结点t,结点t的不纯度度量主要包括信息熵和基尼指数。

1) 信息熵

信息熵是度量样本集合不纯度最常用的一种指标。令 $p_i(i=1,3,\cdots,c)$ 为结点 t 中第 i 类样本所占有的比例，则结点 t 的信息熵定义为

$$\text{Entropy}(t) = -\sum_{i=1}^{c} p_i \log_2 p_i$$

其中，c 为结点 t 中样本的类别数目，规定 $0\log_2 0 = 0$。$\text{Entropy}(t)$ 越小，t 的不纯度越低，t 的纯度越高。

信息熵是信息的度量方式，用来度量事物的不确定性，越不确定的事物，它的熵就越大。给定一个数据集，每个数据元素都标明所属的类别，如果所有数据元素都属于同一类别，那么就不存在不确定性了，这就是低熵情形；如果数据元素均匀地分布在各个类别中，那么不确定性就较大，这时可以说具有较大的熵。举个例子，t 有两个可能的取值，而取这两个值的概率各为 1/2 时 t 的熵最大，此时 t 具有最大的不确定性，值为

$$\text{Entropy}(t) = -\left(\frac{1}{2}\log_2 \frac{1}{2} + \frac{1}{2}\log_2 \frac{1}{2}\right) = 1$$

如果一个值概率大于 1/2，另一个值概率小于 1/2，则不确定性减少，对应的熵也会减少。如一个概率为 1/3，另一个概率为 2/3，则对应熵为

$$\text{Entropy}(t) = -\left(\frac{1}{3}\log_2 \frac{1}{3} + \frac{2}{3}\log_2 \frac{2}{3}\right) = \log_2 3 - \frac{2}{3}\log_2 2 \approx 0.918 < 1$$

假定划分属性 a 是离散型，a 有 k 个可能的取值 $\{a_1, a_2, \cdots, a_k\}$，若使用 a 来对结点 t 进行划分，则会产生 k 个分支结点，其中第 j 个分支结点包含了 t 中所有在属性 a 取值为 a_j 的样本，第 j 个分支结点上样本的数目记为 $N(j)$。可根据信息熵公式计算出第 j 个结点的信息熵 $\text{Entropy}(j)$，再考虑不同分支结点所包含的样本数不同，给分支结点 j 赋予权重 $N(j)/N$，其中，N 是结点 t 上样本的总数，即样本数越多的分支结点的影响越大，于是可计算出用属性 a 对结点 t 进行划分所得的不纯度的降低程度 Δ_{Entropy}，也就是用属性 a 对结点 t 进行划分所获得的"信息增益(information gain)" $\text{Gain}(t,a)$：

$$\Delta_{\text{Entropy}} = \text{Gain}(t,a) = \text{Entropy}(\text{parent}) - \sum_{j=1}^{k} \frac{N(j)}{N}\text{Entropy}(j)$$

通常，信息增益越大，则意味着使用属性 a 对结点 t 进行划分所获得的不确定程度降低越大，即所获得的纯度提升越大。因此，可用信息增益最大来进行决策树的最佳划分属性选择。ID3 决策树算法就是选择熵减少程度最大的属性来划分数据集，也就是选择产生信息熵增益最大的属性。

但是，信息增益标准存在一个内在的偏置，它偏好选择具有较多属性值的属性，为减少这种偏好可能带来的不利影响，C4.5 决策树算法不直接使用信息增益，而是使用"增益率"来选择最佳划分属性。

2) 基尼指数(系数)

基尼指数(基尼不纯度) Gini 表示在样本集合中一个随机选中的样本被分错的概率。Gini 指数越小表示集合中被选中的样本被分错的概率越小，也就是说集合的纯度越高，反之，集合越不纯。结点 t 的基尼指数 $\text{Gini}(t)$ 定义为

$$\text{Gini}(t) = 1 - \sum_{i=1}^{c} p_i^2$$

其中，c 为结点 t 中样本的类别数目。如果是二类分类问题，计算比较简单，若第 1 类样本所占有的比例是 p，那第 2 类样本所占有的比例是 $1-p$，则基尼指数的表达式为

$$\text{Gini}(t) = 2p(1-p)$$

基尼指数的性质与信息熵一样，可以度量变量的不确定度的大小，Gini 越大，数据的不确定性越高，当 $p_1 = p_2 = \cdots = 1/c$ 时，取得最大值，此时变量最不确定；Gini 越小，数据的不确定性越低，当数据集中的所有样本都是同一类别，Gini=0。

于是可计算出用属性 a 对结点 t 进行划分所得的 Gini 不纯度的降低程度 Δ_{Gini}

$$\Delta_{\text{Gini}} = \text{Gini}(\text{parent}) - \sum_{j=1}^{k} \frac{N(j)}{N} \text{Gini}(j)$$

其中，k 为划分属性取不同值的个数，j、$N(j)$ 和 N 的定义与前面信息熵中的定义相同。

【例 14-5】 通过 iris.txt 文本文件中存放的鸢尾花数据集演示 DecisionTreeClassifier 决策树分类用法，通过计算测试误差来衡量算法的准确度，iris.txt 文件中前 5 行内容如下所示。

```
5.1,3.5,1.4,0.2,Iris-setosa
4.9,3.0,1.4,0.2,Iris-setosa
4.7,3.2,1.3,0.2,Iris-setosa
4.6,3.1,1.5,0.2,Iris-setosa
5.0,3.6,1.4,0.2,Iris-setosa
```

实现题中要求的程序代码如下。

```
import org.apache.spark.sql.SparkSession
import org.apache.spark.ml.linalg.Vectors
import org.apache.spark.ml.Pipeline
import org.apache.spark.ml.classification.{DecisionTreeClassificationModel,
DecisionTreeClassifier}
import org.apache.spark.ml.evaluation.MulticlassClassificationEvaluator
import org.apache.spark.ml.feature.{IndexToString, StringIndexer, VectorIndexer}

object irisDecisionTree {
  //定义一个按指定字段名称和数据类型格式保存数据的样例类
  case class Iris(features: org.apache.spark.ml.linalg.Vector, label: String)
  def main(args: Array[String]): Unit = {
    val spark = SparkSession.builder().appName("irisDecisionTree").master
("local").getOrCreate()
    //导入 Spark 的隐式转换
    import spark.implicits._
    val data =spark.sparkContext.textFile(
"D:\IdeaProjects1\Spark\src\SparkTeaching\ML\iris.txt").map(_.split(",")).map
(p => Iris(Vectors.dense(p(0).toDouble, p(1).toDouble, p(2).toDouble, p(3).
toDouble),p(4).toString())).toDF("features","label")
    //把数据集随机分成训练集和测试集，其中训练集占 70%
    val Array(trainingData, testData) =data.randomSplit(Array(0.7, 0.3))
    //分别获取标签列和特征列，进行索引，并重命名
    val labelIndexer =new StringIndexer().setInputCol("label").setOutputCol(
        "indexedLabel").fit(trainingData)
    val featureIndexer =new VectorIndexer().setInputCol("features").
```

```
      setOutputCol("indexedFeatures").setMaxCategories(4).fit(trainingData)
    //这里设置一个labelConverter,目的是把预测的类别重新转化成字符型的
     val labelConverter = new IndexToString().setInputCol("prediction").
      setOutputCol("predictedLabel").setLabels(labelIndexer.labels)
    //创建决策树模型
     val dtClassifier = new DecisionTreeClassifier().setLabelCol("indexedLabel").
      setFeaturesCol("indexedFeatures")
    //创建 Pipeline
     val pipelinedClassifier = new Pipeline().setStages(Array(labelIndexer,
      featureIndexer, dtClassifier, labelConverter))
    //Pipeline 拟合数据生成转换器模型
     val modelClassifier =pipelinedClassifier.fit(trainingData)
    //使用 pipeline 模型进行一系列转换,即对测试数据集进行分类预测
     val predictionsClassifier =modelClassifier.transform(testData)
    //查看部分预测的结果
    //predictionsClassifier.select("predictedLabel","label","features").
      show(20)
     predictionsClassifier.show(10)
    //评估决策树分类模型
     val evaluatorClassifier = new MulticlassClassificationEvaluator().setLabelCol
     ("indexedLabel").setPredictionCol("prediction").setMetricName("accuracy")
     val accuracy =evaluatorClassifier.evaluate(predictionsClassifier)
     println("测试误差=" +(1.0 -accuracy))
     val treeModelClassifier = modelClassifier.stages(2).asInstanceOf
     [DecisionTreeClassificationModel]
     println("学习得到的决策树模型:\n" +treeModelClassifier.toDebugString)
    }
}
```

运行上述程序代码,得到的输出结果如下。

```
+---------------+---------------+------------+---------------+---------------+---------------+----------+---------------+
|       features|          label|indexedLabel|indexedFeatures|  rawPrediction|    probability|prediction| predictedLabel|
+---------------+---------------+------------+---------------+---------------+---------------+----------+---------------+
|[4.4,2.9,1.4,0.2]|    Iris-setosa|         0.0|[4.4,2.9,1.4,0.2]|[35.0,0.0,0.0]|  [1.0,0.0,0.0]|       0.0|    Iris-setosa|
|[4.4,3.0,1.3,0.2]|    Iris-setosa|         0.0|[4.4,3.0,1.3,0.2]|[35.0,0.0,0.0]|  [1.0,0.0,0.0]|       0.0|    Iris-setosa|
|[4.4,3.2,1.3,0.2]|    Iris-setosa|         0.0|[4.4,3.2,1.3,0.2]|[35.0,0.0,0.0]|  [1.0,0.0,0.0]|       0.0|    Iris-setosa|
|[4.6,3.6,1.0,0.2]|    Iris-setosa|         0.0|[4.6,3.6,1.0,0.2]|[35.0,0.0,0.0]|  [1.0,0.0,0.0]|       0.0|    Iris-setosa|
|[4.7,3.2,1.3,0.2]|    Iris-setosa|         0.0|[4.7,3.2,1.3,0.2]|[35.0,0.0,0.0]|  [1.0,0.0,0.0]|       0.0|    Iris-setosa|
|[4.7,3.2,1.6,0.2]|    Iris-setosa|         0.0|[4.7,3.2,1.6,0.2]|[35.0,0.0,0.0]|  [1.0,0.0,0.0]|       0.0|    Iris-setosa|
|[4.8,3.0,1.4,0.3]|    Iris-setosa|         0.0|[4.8,3.0,1.4,0.3]|[35.0,0.0,0.0]|  [1.0,0.0,0.0]|       0.0|    Iris-setosa|
|[4.9,2.5,4.5,1.7]| Iris-virginica|         2.0|[4.9,2.5,4.5,1.7]| [0.0,32.0,0.0]|  [0.0,1.0,0.0]|       1.0|Iris-versicolor|
|[4.9,3.1,1.5,0.1]|    Iris-setosa|         0.0|[4.9,3.1,1.5,0.1]|[35.0,0.0,0.0]|  [1.0,0.0,0.0]|       0.0|    Iris-setosa|
|[5.0,2.0,3.5,1.0]|Iris-versicolor|         1.0|[5.0,2.0,3.5,1.0]| [0.0,32.0,0.0]|  [0.0,1.0,0.0]|       1.0|Iris-versicolor|
+---------------+---------------+------------+---------------+---------------+---------------+----------+---------------+

测试误差=0.038461538461538436
学习得到的决策树模型:
DecisionTreeClassificationModel (uid=dtc_36e4d89e617b) of depth 4 with 13 nodes
  If (feature 2 <=2.45)
    Predict: 0.0
  Else (feature 2 >2.45)
    If (feature 3 <=1.75)
    If (feature 2 <=5.05)
      Predict: 1.0
    Else (feature 2 >5.05)
    If (feature 0 <=6.05)
```

```
              Predict: 1.0
          Else (feature 0 >6.05)
              Predict: 2.0
    Else (feature 3 >1.75)
        If (feature 2 <=4.85)
            If (feature 0 <=5.95)
              Predict: 1.0
            Else (feature 0 >5.95)
              Predict: 2.0
        Else (feature 2 >4.85)
            Predict: 2.0
```

14.7.4 逻辑回归算法

逻辑回归(Logistic Regression)是一种常用的预测分类的方法,是广义线性模型的一个特例,主要用于预测结果的概率。在 Spark ML 逻辑回归中,用户可以用二分类逻辑回归来预测二分类结果,也可以用多分类逻辑回归来预测多分类结果。

二分类回归模型中,因变量 Y 只有"是""否"两个取值,被记为 1 和 0;而多分类回归模型中因变量可以取多个值。

1. 二分类逻辑回归

考虑二分类问题,其输出标记 $y \in \{0,1\}$,而线性回归模型产生的预测值 $z=\boldsymbol{w}^T\boldsymbol{x}+b$ 是连续的实数值,于是,需要将实数值 z 转换为 0 或 1,即需要选择一个函数将 z 映射到 0 或 1 上,这样的函数常选用对数概率函数,也被称为 Sigmoid 函数,其函数表达式为

$$y = \text{Sigmoid}(z) = \frac{1}{1+e^{-z}}$$

Sigmoid 函数图形如图 14-4 所示。

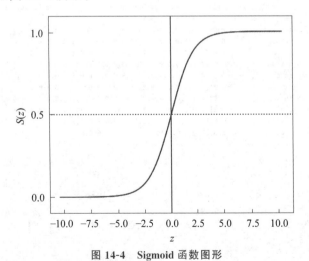

图 14-4 Sigmoid 函数图形

Sigmoid 函数的定义域为全体实数,当 z 趋近于负无穷时,y 趋近于 0;当 z 趋近于正无穷时,y 趋近于 1;当 $z=0$ 时,$y=0.5$。

将 $z=\boldsymbol{w}^T\boldsymbol{x}+b$ 代入 $\text{Sigmoid}(z)=1/(1+e^{-z})$,可得 $\text{Sigmoid}(\boldsymbol{w}^T\boldsymbol{x}+b)=1/(1+$

$e^{-w^T x - b}$),函数值是一个 0~1 的数,这样就将线性回归的输出值映射为 0~1 的值。

之所以使用 Sigmoid 函数,是因为以下几点原因。

(1) 可以将 $w^T x + b \in (-\infty, +\infty)$ 映射到 $(0,1)$,作为概率。

(2) 若 $w^T x + b < 0$,Sigmoid$(w^T x + b) < 1/2$,可以认为是 0 类问题;若 $w^T x + b > 0$,Sigmoid$(w^T x + b) > 1/2$,可以认为是 1 类问题;而若 $w^T x + b = 0$,Sigmoid$(w^T x + b) = 1/2$,则可以将之划分至 0 类或 1 类。通过 Sigmoid 函数可以将 1/2 作为决策边界,将线性回归的问题转化为二分类问题。

(3) 数学特性好,求导容易,Sigmoid$'(z) =$ Sigmoid$(z)(1 -$ Sigmoid$(z))$。

上述将输入变量 x 的线性回归值进行 Sigmoid 映射作为最终的预测输出值的算法被称为逻辑回归算法,即逻辑回归采用 Sigmoid 函数作为预测函数,将逻辑回归预测函数记为 $h_\theta(x)$。

$$h_\theta(x) = \text{Sigmoid}(w^T x + b) = \frac{1}{1 + e^{-w^T x - b}}$$

其中,$h_\theta(x)$ 表示在输入值为 x,参数为 θ 的条件下 $y = 1$ 的概率,用概率公式可以写成 $h_\theta(x) = P(y=1|x,\theta)$,设 $P(y=1|x,\theta)$ 的值为 p,则 y 取 0 的条件概率 $P(y=0|x,\theta) = 1 - p$。

对 $P(y=1|x,\theta)$ 进行线性模型分析,可将其表示成如下所示的线性表达式。

$$P(y=1 \mid x,\theta) = \beta_0 + \beta_1 x_1 + \beta_2 x_2 + \cdots + \beta_m x_m$$

而实际应用中,概率 p 与自变量往往是非线性的,为了解决该类问题,可引入 logit 变换,也称对数单位转换,其转换形式如下。

$$\text{logit}(p) = \ln\left(\frac{p}{1-p}\right)$$

使得 logit(p) 与自变量之间存在线性相关的关系,逻辑回归模型定义如下。

$$\text{logit}(p) = \ln\left(\frac{p}{1-p}\right) = \beta_0 + \beta_1 x_1 + \beta_2 x_2 + \cdots + \beta_m x_m$$

通过推导,上面的式子可变换为下面所示的式子。

$$P = \frac{1}{1 + e^{-(\beta_0 + \beta_1 x_1 + \beta_2 x_2 + \cdots + \beta_m x_m)}}$$

这与通过 Sigmoid 函数对线性回归输出值进行映射进而转化为二分类相符,同时也体现了概率 p 与自变量之间的非线性关系,以 0.5 为界限,预测 p 大于 0.5 时,判断此时类别为 1,否则类别为 0。得到所需的包含 $\beta_0 + \beta_1 x_1 + \beta_2 x_2 + \cdots + \beta_m x_m$ 的 Sigmoid 函数后,接下来只需要拟合出该式中 $m+1$ 个参数 β 即可。

2. 逻辑回归代码的实现

下面的代码说明了如何加载一个多类样本数据集 sample_libsvm_data.txt,并将其分为训练数据集和测试数据集。sample_libsvm_data.txt 是安装包提供的示例数据集,文件中的数据格式如下。

```
[label][index1]:[value1][index2]:[value2]…
```

各字段说明如下。

(1) label:目标值,即样本的类别 class,通常是一些整数。

(2) index:样本的特征编号,按照升序排列。

(3) value:样本的特征编号相应的特征值。

下面的例子显示了如何用弹性网正则化训练二分类和多分类逻辑回归模型。LogisticRegression 模型的相关参数如下。

(1) setMaxIter():设置最大迭代次数。

(2) setRegParam():设置正则项的参数,控制损失函数与惩罚项的比例,防止整个训练过程过拟合,默认为 0。

(3) setElasticNetParam():指定使用 L1 范数还是 L2 范数,值有如下三种。

① setElasticNetParam=0.0 为 L2 正则化。

② setElasticNetParam=1.0 为 L1 正则化。

③ setElasticNetParam=(0.0,1.0) 为 L1、L2 组合。

(4) setFeaturesCol():指定特征列的列名,传入 Array 类型,默认为 features。

(5) setLabelCol():指定标签列的列名,传入 String 类型,默认为 label。

(6) setPredictionCol():指定预测列的列名,默认为 prediction。

(7) setFitIntercept(value:Boolean):指定是否需要偏置,默认为 true(即是否需要 $y = wx + b$ 中的 b)。

(8) setStandardization(value:Boolean):指定模型训练时,是否对各特征值进行标准化处理,默认为 true。

(9) fit:基于训练集训练出模型。

(10) transform:基于训练出的模型对测试集进行预测。

(11) setTol(value:Double):设置迭代的收敛公差。值越小准确性越高但是迭代成本增加。默认值为 1E-6(即损失函数)。

(12) setWeightCol(value:String):设置某特征列的权重值,如果不设置或者为空,默认所有实例的权重为 1。

上面的参数与线性回归一致,还有一些特殊的参数,如下所示。

(1) setFamily:值为 auto,根据类的数量自动选择系列,如果 numClasses=1 或者 numClasses=2 则设置为二项式,否则设置为多项式;若值为 binomial,则为二元逻辑回归;若值为 multinomial,则为多元逻辑回归。

(2) setProbabilityCol:设置预测概率值的列名,默认为 probability(即每个类别预测的概率值)。

(3) setRawPredictionCol:指定原始预测列名,默认为 rawPrediction。

(4) setThreshold(value:Double):二元类阈值[0,1],默认为 0.5,如果预测值大于 0.5 则为 1,否则为 0。

(5) setThresholds(value:Array[Double]):多元分类阈值[0,1],默认为 0.5。

【例 14-6】 LogisticRegression 模型用法举例,代码如下。

```
scala>import org.apache.spark.ml.classification.LogisticRegression
scala>import org.apache.spark.ml.linalg.{Vectors}
scala> val training = spark.read.format("libsvm").load("file:/home/hadoop/sample_libsvm_data.txt")
```

```
training: org.apache.spark.sql.DataFrame =[label: double, features: vector]
scala>training.head(1)
res1: Array[org.apache.spark.sql.Row] = Array([0.0, (692,[127, 128, 129, 130, 131,
154,155, 156,157, 158, 159, 181, 182, 183, 184, 185, 186, 187, 188, 189, 207, 208, 209, 210,
211,212, 213, 214, 215, 216, 217, 235, 236, 237, 238, 239, 240, 241, 242, 243, 244, 245, 262,
263,264, 265, 266, 267, 268, 269, 270, 271, 272, 273, 289, 290, 291, 292, 293, 294, 295, 296,
297,300, 301, 302, 316, 317, 318, 319, 320, 321, 328, 329, 330, 343, 344, 345, 346, 347, 348,
349,356, 357, 358, 371, 372, 373, 374, 384, 385, 386, 399, 400, 401, 412, 413, 414, 426, 427,
428,429, 440, 441, 442, 454, 455, 456, 457, 466, 467, 468, 469, 470, 482, 483, 484, 493, 494,
495,496, 497, 510, 511, 512, 520, 521, 522, 523, 538, 539, 540, 547, 548, 549, 550, 566, 567,
568,569, 570, 571, 572, 573, 574, 575, 576, 577, 578, 594, 595, 596, 597, 598, 599, 600, 601,
602,603, 604, 622, 623, 624, 625, 626, 627, 628, 629, 630, 651, 652, 653, 654, 655, 656, 657],
[51.0,159...
//创建模型
scala> val lr = new LogisticRegression().setMaxIter(10).setRegParam(0.3).
setElasticNetParam(0.8)
//拟合模型
scala>val lrModel =lr.fit(training)
lrModel: org.apache.spark.ml.classification.LogisticRegressionModel=
LogisticRegressionModel: uid=logreg_e904b33bfa6a, numClasses=2, numFeatures=692
//查看逻辑回归的系数和截距
scala>println(s"Coefficients: ${lrModel.coefficients} Intercept: ${lrModel.
intercept}")
Coefficients: (692,[272, 300, 323, 350, 351, 378, 379, 405, 406, 407, 428, 433, 434, 435,
455, 456,461, 462, 483, 484, 489, 490, 496, 511, 512, 517, 539, 540, 568],[-7.520689871384157E-5,
-8.11577314684704E-5, 3.814692771846389E-5, 3.776490540424341E-4, 3.405148366194407E-4,
5.514455157343111E-4, 4.0853861160969167E-4, 4.1974673327494573E-4, 8.119171358670032E-4,
5.027708372668752E-4, -2.392926040660149E-5, 5.745048020902299E-4, 9.03754642680371E-4,
7.818229700243959E-5, -2.17875519529124E-5, -3.402165821789581E-5, 4.966517360637634E-4,
8.190557828370371E-4, -8.017982139522661E-5, -2.743169403783574E-5, 4.8108322262389896E-4,
4.84080176267778744E-4, -8.926472920010679E-6, -3.414881233042728E-4, -8.950592574121448E
-5, 4.864546911689218E-4, -8.478698005186158E-5, -4.234783215831764E-4,
-7.296335777631296E-5]) Intercept: -0.5991460286401442
//创建测试数据集
scala>val test =spark.createDataFrame(Seq((1.0, Vectors.sparse(692, Array(10,
20, 30), Array(-1.0, 1.5, 1.3))), (0.0, Vectors.sparse(692, Array(45, 175, 500),
Array(-1.0, 1.5, 1.3))), (1.0, Vectors.sparse(692, Array(100, 200, 300), Array
(-1.0, 1.5, 1.3))))).toDF("label", "features")
test: org.apache.spark.sql.DataFrame =[label: double, features: vector]
//对测试集进行预测,并输出预测结果
scala>lrModel.transform(test).show(false)
+-----+-------------------------+----------------------------------------+---------------------------------------+----------+
|label|features                 |rawPrediction                           |probability                            |prediction|
+-----+-------------------------+----------------------------------------+---------------------------------------+----------+
|1.0  |(692,[10,20,30],[-1.0,1.5,1.3])|[0.5991460286401442,-0.5991460286401442]|[0.6454609067437127,0.3545390932562873]|0.0       |
|0.0  |(692,[45,175,500],[-1.0,1.5,1.3])|[0.5991460286401442,-0.5991460286401442]|[0.6454609067437127,0.3545390932562873]|0.0       |
|1.0  |(692,[100,200,300],[-1.0,1.5,1.3])|[0.5992515336910532,-0.5992515336910532]|[0.6454850502676655,0.354514949732335] |0.0       |
+-----+-------------------------+----------------------------------------+---------------------------------------+----------+
```

其中,probability 中第 1 个数据代表预测为 0 的概率,第 2 个数据代表预测为 1 的概率。

【例 14-7】 对鸢尾花数据集进行 LogisticRegression 举例,代码如下。

```scala
import org.apache.spark.ml.classification.LogisticRegression
import org.apache.spark.SparkConf
import org.apache.spark.ml.feature.VectorAssembler
import org.apache.spark.sql.SparkSession
object multinomialLogisticRegression2 {
  def main(args: Array[String]): Unit = {
    val conf = new SparkConf().setMaster("local").setAppName("iris")
    val spark = SparkSession.builder().config(conf).getOrCreate()
    spark.sparkContext.setLogLevel("WARN")           //日志级别
    //读取数据创建 DataFrame 对象
    val file = spark.read.option("header", true).csv("D:\IdeaProjects1\Spark\src\SparkTeaching\ML\iris.csv")
    import spark.implicits._
    //字符串类别标签整数化
    val data = file.map(row => {
        val label = row.getString(4) match {
          case "Iris-setosa" => 0
          case "Iris-versicolor" => 1
          case "Iris-virginica" => 2
        }
        (row.getString(0).toDouble,
          row.getString(1).toDouble,
          row.getString(2).toDouble,
          row.getString(3).toDouble,
          label
        )
    }).toDF("_c0","_c1","_c2","_c3","label").where("label =1 or label =0")
                                                                         //得到两类数据
    //数据转换
    val assembler = new VectorAssembler().setInputCols(Array("_c0","_c1","_c2","_c3")).setOutputCol("features")
    val dataset = assembler.transform(data)
    dataset.show()
    val lr = new LogisticRegression()
        .setMaxIter(50)
        .setRegParam(0.3)
        .setElasticNetParam(0)
        .setFeaturesCol("features")
        .setLabelCol("label")
        .setPredictionCol("label_predict")
    val splited = dataset.randomSplit(Array(0.7,0.3),2L)
    var train_index = splited(0)
    var test_index = splited(1)
    //训练模型
    val model_lr = lr.fit(train_index)
    println(s"每个特征对应系数: ${model_lr.coefficients} 截距: ${model_lr.intercept}")
    val predictions = model_lr.transform(test_index)
    predictions.select("label","label_predict","probability").show(10,false)
  }
}
```

运行上述程序代码,得到的输出结果如下。

```
dataset 数据集的前 5 条数据:
+---+---+---+---+-----+-----------------+
|_c0|_c1|_c2|_c3|label|features         |
+---+---+---+---+-----+-----------------+
|5.1|3.5|1.4|0.2|0    |[5.1,3.5,1.4,0.2]|
|4.9|3.0|1.4|0.2|0    |[4.9,3.0,1.4,0.2]|
|4.7|3.2|1.3|0.2|0    |[4.7,3.2,1.3,0.2]|
|4.6|3.1|1.5|0.2|0    |[4.6,3.1,1.5,0.2]|
|5.0|3.6|1.4|0.2|0    |[5.0,3.6,1.4,0.2]|
+---+---+---+---+-----+-----------------+
每个特征对应系数:[0.5574979745657784,-0.8187408201848078,0.3761568966289987,
0.950309764780815] 截距:-2.2707896173227375
predictions 预测结果数据集的前 5 条数据:
+-----+-------------+-------------------------------------------+
|label|label_predict|probability                                |
+-----+-------------+-------------------------------------------+
|0    |0.0          |[0.8333541709356875,0.16664582906431252]   |
|0    |0.0          |[0.8308205502650011,0.16917944973499885]   |
|0    |0.0          |[0.8068033175800293,0.19319668241997073]   |
|0    |0.0          |[0.8136279224786438,0.1863720775213562]    |
|0    |0.0          |[0.7822097348106085,0.21779026518939143]   |
|0    |0.0          |[0.8050058149549612,0.19499418504503888]   |
|1    |1.0          |[0.30465589998788126,0.6953441010121189]   |
|0    |0.0          |[0.7833070843623402,0.21669291563765977]   |
|0    |0.0          |[0.828466201763614,0.17153379823638612]    |
|0    |0.0          |[0.8473653886255255,0.1526346113744746]    |
+-----+-------------+-------------------------------------------+
```

14.8 聚类算法

14.8.1 聚类概述

聚类是将对象集合中的对象分类到不同的类或者簇的过程,其可使同一个簇中的对象有很大的相似性,而不同簇间的对象有很大的相异性。簇内的相似性越大,簇间差别越大,聚类就越好。

虽然聚类也起到了分类的作用,但其和大多数分类是有差别的,大多数分类都是人们事先已确定某种事物分类的准则或各类别的标准,分类的过程就是比较分类的要素与各类别标准,然后将各数据对象划归于各类别中。聚类是归纳的,不需要事先确定分类的准则,也不考虑已知的类标记。

聚类结果的好坏取决于该聚类方法采用的相似性评估方法的好坏及该方法的具体实现方式是否可行,且聚类方法的好坏还取决于该方法是否能发现所有的隐含模式。数据挖掘对聚类算法的典型要求如下。

(1) 可伸缩性。指的是算法不论对小数据集还是对大数据集而言都应是有效的。

(2) 处理不同字段类型的能力。算法不仅要能处理数值型数据,还要有处理其他类型数据的能力,包括分类、标称类型、序数类型、二元类型,或者这些数据类型的混合。

(3) 能发现任意形状的簇。有些簇具有规则的形状,如矩形和球形,但是,更一般地,簇可以具有任意形状。

(4) 用于决定输入参数的领域知识最小化。许多聚类算法要求用户输入一定的参数，如希望簇的数目。聚类结果对于输入参数很敏感，通常较难确定参数，尤其含有高维对象的数据集更是如此。

(5) 能够处理噪声数据。现实世界中的数据集常常包含了孤立点、空缺、未知数据或有错误的数据。一些聚类算法对这样的数据敏感，可能导致低质量的聚类结果。所以，人们希望算法可以在聚类过程中检测代表噪声和离群的点，然后删除它们或者消除它们带来的负面影响。

(6) 对输入数据对象的顺序不敏感。一些聚类算法对于输入数据的顺序是敏感的。对同一个数据集合，以不同顺序将之提交给同一个算法，可能产生差别很大的聚类结果，这是人们不希望的。

(7) 能处理高维数据。

(8) 能产生一个好的、能满足用户指定约束的聚类结果。

(9) 可解释性和可用性。聚类的结果最终都是要面向用户的，用户期望聚类得到的结果信息是可理解和可应用的。

聚类典型的应用如下。

(1) 市场销售。帮助市场人员发现客户中的不同群体，然后用这些知识来开展一个目标明确的市场计划。

(2) 保险。对购买了汽车保险的客户，标识那些有较高平均赔偿成本的客户。

(3) 城市规划。根据类型、价格、地理位置等划分不同类型的住宅。

(4) 对搜索引擎返回的结果进行聚类，使用户迅速定位到所需要的信息。

(5) 对用户感兴趣的文档(如用户浏览过的网页)聚类，从而发现用户的兴趣模式并将之用于信息过滤和信息主动推荐等服务。

14.8.2 K 均值聚类算法

1. K 均值聚类原理

K 均值(K-means)聚类算法也被称为 k-平均聚类算法，是一种最广泛使用的聚类算法。K 均值用质心来表示一个簇(质心就是一组数据对象点的平均值)。K 均值算法以 k 为输入参数，将 n 个数据对象划分为 k 个簇，使簇内数据对象具有较高的相似度。

K 均值聚类的算法思想：从包含 n 个数据对象的数据集中随机地选择 k 个对象，每个对象代表一个簇的平均值、质心或中心，其中 k 是用户指定的参数，即所期望的和要划分成的簇的个数；根据剩余的每个数据对象点与各个簇中心的距离，将它指派到最近的簇；然后，根据指派到簇的数据对象点更新每个簇的中心；重复指派和更新步骤，直到簇不发生变化或中心不发生变化抑或度量聚类质量的目标函数收敛。

K 均值算法的目标函数 E 定义为

$$E = \sum_{i=1}^{k} \sum_{x \in C_i} [d(x, \bar{x}_i)]^2$$

其中 x 是空间中的点，表示给定的数据对象，$\bar{x}_i$ 是簇 C_i 的数据对象的平均值，$d(x, \bar{x}_i)$ 表示 x 与 $\bar{x}_i$ 之间的距离。例如，3 个二维点(1, 3)、(2, 1)和(6, 2)的质心是((1+2+6)/3,

$(3+1+2)/3)=(3,2)$。K 均值算法的目标就是最小化目标函数 E,这个目标函数可以保证生成的簇尽可能紧凑。

算法 14.1 K 均值算法。

> 输入：所期望的簇的数目 k,包含 n 个对象的数据集 D
> 输出：k 个簇的集合
> ① 从 D 中任意选择 k 个对象作为初始簇中心；
> ② repeat；
> ③ 将每个点指派到最近的中心,形成 k 个簇；
> ④ 重新计算每个簇的中心；
> ⑤ 计算目标函数 E；
> ⑥ until 目标函数 E 不再发生变化或中心不再发生变化。

算法分析：K 均值算法的步骤③和步骤④试图直接最小化目标函数 E,步骤③通过将每个点指派到最近的中心形成簇,最小化关于给定中心的目标函数 E;而步骤④则将重新计算每个簇的中心,并进一步最小化 E。

【例 14-8】 假设要进行聚类的数据集为$\{2,4,10,12,3,20,30,11,25\}$,要求的簇的数量为 $k=2$。

应用 K 均值算法进行聚类的步骤如下。

第 1 步：初始时用前两个数值作为簇的质心,这两个簇的质心记作：$m_1=2, m_2=4$。

第 2 步：根据剩余的每个对象与各个簇中心的距离将它指派到最近的簇中,可得：$C_1=\{2,3\}, C_2=\{4,10,12,20,30,11,25\}$。

第 3 步：计算簇的新质心：$m_1=(2+3)/2=2.5, m_2=(4+10+12+20+30+11+25)/7=16$。

重新对簇中的成员进行分配可得 $C_1=\{2,3,4\}$ 和 $C_2=\{10,12,20,30,11,25\}$,不断重复这个过程,至均值不再变化时最终可得到两个簇：$C_1=\{2,3,4,10,11,12\}$ 和 $C_2=\{20,30,25\}$。

K 均值算法的优点：K 均值算法快速、简单；在处理大数据集时,K 均值算法有较高的效率并且是可伸缩的,算法的时间复杂度是 $O(nkt)$,其中 n 是数据集中对象的数目,t 是算法迭代的次数,k 是簇的数目；当簇是密集的、球状或团状的,且簇与簇之间区别明显时,算法的聚类效果更好。

K 均值算法的缺点：k 是事先给定的,k 值的选定是非常难以估计的,很多时候,事先并不知道给定的数据集应该分成多少个类别才最合适；在 K 均值算法中,首先需要选择 k 个数据作为初始聚类中心来确定初始划分方式,然后对此方式进行优化,这个初始聚类中心的选择对聚类结果有较大的影响,不同的初始值可能会导致不同的聚类结果；仅适合对数值型数据聚类,只有当簇均值有定义的情况下才能使用(如果有非数值型数据则需另外处理)；不适合发现非凸形状的簇,因为使用的是欧几里得距离,故更适合发现凸状的簇；对"噪声"和孤立点数据敏感,少量的该类数据能够对中心产生较大的影响。

2. K 均值聚类算法的实现

Spark ML 实现 K 均值聚类的模型 KMeans 位于 org.apache.spark.ml.clustering 模块下,其属于 Estimator 类型,拟合数据后可得到一个转换器模型。

创建 KMeans 模型的特征列 featuresCol 的类型要求如表 14-4 所示。

表 14-4 类型要求

特征列参数名	数据类型	特征列缺省列名	描述
featuresCol	Vector	"features"	特征向量

模型对特征数据列转换后的输出结果列中的数据说明如表 14-5 所示。

表 14-5 数据说明

输出列参数名	数据类型	输出结果列缺省列名	描述
predictionCol	Int	"prediction"	预测的聚类类别

KMeans 模型的方法设置参数的含义如下。

（1）.setK(2)：设置要查找的簇数（默认为 2）。

（2）.setMaxIterations(n)：设置算法执行的最大迭代次数。

（3）.setInitializationMode($(initMode))：设置初始化质心的模式,随机选取 random 方式或者 K-means＋＋的变体"K-means||"方式。

（4）.setSeed(nL)：设置随机种子,如设置 1L。

（5）.setEpsilon(tol)：设置判断收敛的阈值,tol 默认设为 1e-4。

（6）.featuresCol("featureColName")：设置模型的特征列名称（默认为 features）。

（7）.predictionCol("predictionColName")：设置模型的预测列名称（默认为 prediction）。

下面通过一个实例演示 KMeans 的用法,使用的鸢尾花数据被存放在 iris.txt 文档中（放在 Windows 系统的 D:\IdeaProjects1\Spark\src\SparkTeaching\ML\目录下）,文档中的前 5 行数据如下所示。

```
5.1,3.5,1.4,0.2,Iris-setosa
4.9,3.0,1.4,0.2,Iris-setosa
4.7,3.2,1.3,0.2,Iris-setosa
4.6,3.1,1.5,0.2,Iris-setosa
5.0,3.6,1.4,0.2,Iris-setosa
```

代码如下所示。

```scala
//鸢尾花 KMeans 聚类
import org.apache.spark.ml.clustering.KMeans
import org.apache.spark.sql.SparkSession
import org.apache.spark.ml.linalg.Vectors
import org.apache.spark.ml.evaluation.ClusteringEvaluator
object kmeans {
  //定义一个按指定数据格式保存数据的样例类
  case class Iris(features: org.apache.spark.ml.linalg.Vector, label: String)
  def main(args: Array[String]): Unit ={
    val spark = SparkSession.builder().appName("kmeans").master("local").getOrCreate()
    //导入 Spark 的隐式转换
    import spark.implicits._
```

```
    val data = spark.sparkContext.textFile("D:\IdeaProjects1\Spark\src\
    SparkTeaching\ML\iris.txt").map(x=>x.split(",")).map(p=>Iris(Vectors.
    dense(p(0).toDouble,p(1).toDouble,p(2).toDouble,p(3).toDouble),p(4))).
    toDF("features","label")
    println("data 的前 5 行: ")
    data.show(5)
    //训练一个 KMeans 模型
    val kmean = new KMeans().setK(3).setFeaturesCol("features").setPredictionCol
    ("prediction")
    val kmeansModel =kmean.fit(data)
    //进行聚类预测
    val kmeansData =kmeansModel.transform(data)
    println("聚类预测结果 kmeansData 的前 5 行:")
    kmeansData.show(5)
    //评估模型
    val evaluator =new ClusteringEvaluator()
    val silhouette =evaluator.evaluate(kmeansData)
    println(s"Silhouette with squared euclidean distance =$silhouette")
    //输出聚类结果
    println("Cluster Centers: ")
    kmeansModel.clusterCenters.foreach(println)
  }
}
```

运行上述程序代码,得到的输出结果如下。

```
data 的前 5 行:
+-----------------+-----------+
|features         |label      |
+-----------------+-----------+
|[5.1,3.5,1.4,0.2]|Iris-setosa|
|[4.9,3.0,1.4,0.2]|Iris-setosa|
|[4.7,3.2,1.3,0.2]|Iris-setosa|
|[4.6,3.1,1.5,0.2]|Iris-setosa|
|[5.0,3.6,1.4,0.2]|Iris-setosa|
+-----------------+-----------+
only showing top 5 rows
聚类预测结果 kmeansData 的前 5 行:
+-----------------+-----------+----------+
|features         |label      |prediction|
+-----------------+-----------+----------+
|[5.1,3.5,1.4,0.2]|Iris-setosa|1         |
|[4.9,3.0,1.4,0.2]|Iris-setosa|1         |
|[4.7,3.2,1.3,0.2]|Iris-setosa|1         |
|[4.6,3.1,1.5,0.2]|Iris-setosa|1         |
|[5.0,3.6,1.4,0.2]|Iris-setosa|1         |
+-----------------+-----------+----------+
only showing top 5 rows

Silhouette with squared euclidean distance =0.7342113066202725
```

```
Cluster Centers:
[5.88360655737705,2.7409836065573776,4.388524590163936,1.4344262295081969]
[5.005999999999999,3.4180000000000006,1.4640000000000002,0.2439999999999999]
[6.853846153846153,3.0769230769230766,5.715384615384615,2.053846153846153]
```

14.9 推荐算法

推荐系统是一种软件工具和技术方法,它可以向用户提供有用的建议,这种建议适用于多种决策过程,如基于用户过去的购物历史或商品搜索历史为用户推荐其可能想要买的商品;基于对用户兴趣的预测结果推荐给用户电影、音乐和新闻等。

14.9.1 推荐的原理

最常见的推荐算法是协同过滤算法,该算法采用协同过滤方式。而所谓协同过滤指的是利用某兴趣相投、拥有共同经验的群体的喜好为用户提供感兴趣的信息。协同过滤推荐算法主要分为基于用户的协同过滤推荐和基于物品的协同过滤推荐。当然,所有协同过滤算法都是由基于内容推荐算法发展而来的,下面将依次介绍这些算法。

1. 基于内容的推荐

最早使用的推荐算法是基于内容的推荐算法,它的思想非常简单:根据用户过去喜欢的物品(被称为item)为用户推荐和他过去喜欢的物品相似的物品。这种推荐算法的关键是对物品相似性的度量,其最早主要应用在信息检索系统当中。

基于内容的推荐的核心思想是挖掘用户曾经喜欢的物品,从而尝试去推荐类似的物品使用户满意。举个简单的例子:在京东购物的用户应该都知道,打开京东 App 后,可以看到一个"为你推荐"的栏目,它会根据用户经常购买的物品和经常浏览的物品推荐相似的物品。例如,经常购买数据分析方面书籍的用户,会收到类似的书籍推荐,这一机制显然利用了基于内容的推荐算法。

基于内容的推荐过程一般包括以下 3 步。

(1) 表示物品。从每个物品上抽取特征(即物品的描述,也称物品的内容),以此来表示物品。

(2) 学习特征。利用一个用户过去喜欢(及不喜欢)的物品的特征数据来学习此用户的喜好特征。

(3) 生成推荐列表。通过比较上一步得到的用户喜好特征与候选物品的特征,为该用户推荐一组相关性最大的物品。

一个基于内容的电影推荐例子如图 14-5 所示。

图 14-5 是个基于内容推荐的电影推荐系统,该系统首先对每个电影给出特征描述(这里只简单描述了电影的类型);然后通过电影特征发现电影间的相似度,因为类型都是"爱情、浪漫",所以电影 A 和 C 被认为是相似的电影;最后实现推荐,对于用户 A,他喜欢电影 A,那么系统就可以给他推荐类似的电影 C。

2. 基于用户的协同过滤推荐

基于用户的协同过滤推荐算法基于这样一个假设:如果两个用户对一些项目的评分比

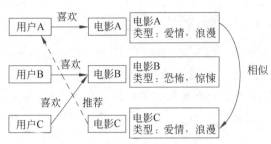

图 14-5 基于内容的电影推荐

较相似,则他们对其他项目的评分也会比较相似。算法根据用户对不同项目的评分来计算用户之间的相似性,取相似系数最大的前 K 个用户作为目标用户的邻居(K 近邻),然后根据目标用户的最近邻居(最相似的若干用户)对某个项目的评分逼近目标用户对该项目的评分,将近邻用户所喜欢的物品推荐给目标用户。此算法的基本原理就是利用用户访问行为的相似性来互相推荐用户可能感兴趣的项目。

一个基于用户的物品协同过滤推荐的例子如图 14-6 所示。

图 14-6 给出了基于用户的协同过滤推荐机制的基本原理:假设用户 A 喜欢物品 A、物品 C,用户 B 喜欢物品 B,用户 C 喜欢物品 A、物品 C 和物品 D;从这些用户的历史喜好信息中,可以发现用户 A 和用户 C 的偏好是比较相似的,由于用户 C 喜欢物品 D,那么可以推断用户 A 可能也喜欢物品 D,因此可以将物品 D 推荐给用户 A。

协同过滤推荐算法基于用户对商品的评分或其他行为模式(如购买)来为目标用户提供个性化的推荐,而不需要了解用户或者商品的大量信息。协同过滤的最大优点是对推荐对象没有特殊的要求,能处理非结构化的复杂对象,如音乐、电影等。

3. 基于物品的协同过滤推荐

基于物品的协同过滤推荐可以根据用户对物品的评分来评测物品之间的相似性,然后根据物品的相似性向目标用户推荐感兴趣的物品,如图 14-7 所示。

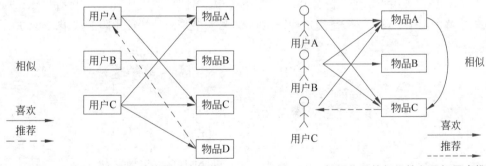

图 14-6 基于用户的物品协同过滤推荐　　图 14-7 根据物品的相似性向目标用户推荐

图 14-7 表明基于物品的协同过滤推荐的基本原理:用户 A、用户 B、用户 C 都喜欢物品 A,用户 A、用户 B 都喜欢物品 C,物品 B 只有用户 B 喜欢,由此可以得出物品 A 与物品 C 比较类似,喜欢物品 A 的都喜欢物品 C,基于这个判断用户 C 可能也喜欢物品 C,所以可以将物品 C 推荐给用户 C。

14.9.2 ALS 交替最小二乘协同过滤电影推荐

Spark ML 目前支持基于隐因子模型的协同过滤，其中隐因子可以被理解为一个用户喜欢一部电影的隐性原因，例如，电影里有用户喜欢的爱情和动作元素，还有用户喜欢的某个演员、导演和编剧。如果另外一部电影有类似的元素跟主创，那么用户很有可能会也喜欢这部电影。Spark ML 使用交替最小二乘法（ALS）算法来学习这些隐性因子，其模型配置参数的方法如下。

① setNumBlocks(10)：定义用户集合和物品集合将被分割成的块的数量，以实现计算的并行化（默认为10）。

② setRank(10)：设置潜在因子的数量（默认为10）。

③ setMaxIter(10)：设置要运行的最大迭代数（默认为10）。

④ setRegParam(1.0)：指定 ALS 中的正则化参数（默认为1.0）。

⑤ setImplicitPrefs(false)：指定使用显式反馈还是隐式反馈（默认为 false，即使用显式反馈）。显式反馈行为包括用户明确表示对物品喜好的行为，隐式反馈行为指的是那些不能明确反映用户喜好的行为。在现实生活的很多场景中，人们常常只能接触到隐式的反馈，例如页面游览、点击、购买、喜欢、分享等。

⑥ setUserCol("userId")：设置用户列。

⑦ setItemCol("itemId")：设置物品列。

⑧ setRatingCol("rating")：设置用户对物品的评级列。

⑨ setAlpha(1.0)：定义一个适用于 ALS 的隐式反馈的参数，它制约着偏好观察中的基线指数（默认为1.0）。

⑩ setNonnegative(false)：指定是否对最小二乘法使用非负约束（默认为 false）。

用户可以调整这些参数并不断优化结果，使均方差变小，如 MaxIter 越大，RegParam 越小，均方差会越小，推荐结果则较优。

ALS 方法常被用于基于矩阵分解的推荐系统中。例如，将用户（user）对商品（item）的评分矩阵分解为两个矩阵：一个是用户特征矩阵 U；另一个是商品特征矩阵 V，如图14-8所示。

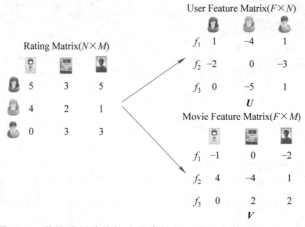

图 14-8 将评分矩阵分解为用户特征矩阵 U 与商品特征矩阵 V

在 Spark ML 的 ALS 算法中,首先随机生成 *U* 矩阵或者 *V* 矩阵,之后固定一个矩阵去求取另一个未随机化的矩阵,如图 14-9 所示。简单地说,先固定 *U* 矩阵,求取 *V*,然后再固定 *V* 矩阵再求取 *U* 矩阵,一直这样交替迭代计算,直到误差达到一定的阈值或者达到迭代次数的上限。

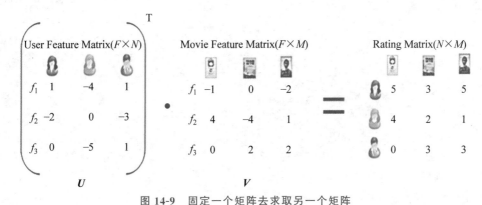

图 14-9　固定一个矩阵去求取另一个矩阵

下面给出 ALS 的用法举例。首先加载 Spark 自带的评分数据 sample_movielens_ratings.txt(位于/usr/local/spark/data/mllib/als 目录下,将其复制到/home/hadoop 目录下),其中每行数据由一个用户 ID、一部电影、一个评级和一个时间戳组成,前 5 条数据如下所示。

```
0::2::3::1424380312
0::3::1::1424380312
0::5::2::1424380312
0::9::4::1424380312
0::11::1::1424380312
```

下面给出代码实现。
(1) 导入需要的包。

```
scala>import org.apache.spark.ml.evaluation.RegressionEvaluator
scala>import org.apache.spark.ml.recommendation.ALS
```

(2) 根据模型要求创建数据解析模式样例类。

```
//定义样例类,用于将数据文件中的数据解析成指定的格式
scala> case class Rating(userId: Int, movieId: Int, rating: Float, timestamp: Long)
defined class Rating
//定义按样例类 Rating 解析数据的函数
cala>def parseRating(str: String): Rating ={
        val fields =str.split("::")
        assert(fields.size ==4)
        Rating(fields(0).toInt, fields(1).toInt, fields(2).toFloat, fields(3).toLong)
    }
```

(3) 加载数据并解析。

```
scala> val ratings = spark.sparkContext.textFile("file:/usr/local/spark/data/
mllib/als/sample_movielens_ratings.txt").map(parseRating).toDF()
ratings: org.apache.spark.sql.DataFrame = [userId: int, movieId: int ... 2 more
fields]
scala> ratings.show(5)
+------+-------+------+----------+
|userId|movieId|rating| timestamp|
+------+-------+------+----------+
|     0|      2|   3.0|1424380312|
|     0|      3|   1.0|1424380312|
|     0|      5|   2.0|1424380312|
|     0|      9|   4.0|1424380312|
|     0|     11|   1.0|1424380312|
+------+-------+------+----------+
```

(4) 构建模型。

```
//将数据集随机划分为训练集和测试集
scala> val Array(training, test) = ratings.randomSplit(Array(0.8, 0.2))
//用ALS在训练集上建立推荐模型
scala> val als = new ALS().setMaxIter(5).setRegParam(0.01).setUserCol
("userId").setItemCol("movieId").setRatingCol("rating")
scala> val model = als.fit(training)      //训练模型
odel: org.apache.spark.ml.recommendation.ALSModel = ALSModel: uid = als_
9087f187253a, rank=10
```

(5) 模型预测。使用训练好的推荐模型对测试集中的用户商品进行预测评分,得到预测评分的数据集。

```
//设置冷启动策略,drop确保不会得到NaN评价指标
scala> model.setColdStartStrategy("drop")
scala> val predictions = model.transform(test)         //预测评分
scala> predictions.show(5)                       //把结果输出,对比一下真实结果与预测结果
+------+-------+------+----------+----------+
|userId|movieId|rating| timestamp|prediction|
+------+-------+------+----------+----------+
|    24|     31|   1.0|1424380312| 0.3181028|
|    27|     31|   1.0|1424380312|  1.274177|
|     1|     85|   3.0|1424380312| 0.9804499|
|     6|     85|   3.0|1424380312|0.94509685|
|    16|     85|   5.0|1424380312|   1.13191|
+------+-------+------+----------+----------+
```

(6) 模型评估。通过计算模型在测试数据集test上的均方根误差RMSE来评估模型,均方根误差越小,模型越准确。

```
scala> val evaluator = new RegressionEvaluator().setMetricName("rmse").
setLabelCol("rating").setPredictionCol("prediction")
scala> val rmse = evaluator.evaluate(predictions)
rmse: Double = 1.6952429039653298
scala> println(s"Root-mean-square error = $rmse")
Root-mean-square error = 1.6952429039653298
```

(7) 模型应用。

```
//为每个用户推荐10部电影
scala>val userRecs =model.recommendForAllUsers(10)
userRecs: org.apache.spark.sql.DataFrame =[userId: int, recommendations: array
<struct<movieId:int,rating:float>>]
scala>userRecs.show(5)                    //查看推荐结果
+------+--------------------+
|userId | recommendations    |
+------+--------------------+
| 20    |[{22, 4.541733},... |
| 10    |[{29, 5.9226375},...|
| 0     |[{39, 4.2872458},...|
| 1     |[{22, 3.7069123},...|
| 21    |[{53, 4.850386},... |
+------+--------------------+
//为每部电影推荐10个用户
scala>val movieRecs =model.recommendForAllItems(10)
movieRecs: org.apache.spark.sql.DataFrame =[movieId: int, recommendations:
array<struct<userId:int,rating:float>>]
scala>movieRecs.show(5)                   //查看推荐结果
+-------+--------------------+
|movieId | recommendations   |
+-------+--------------------+
| 20     |[{17, 2.8300726},...|
| 40     |[{10, 3.4528747},...|
| 10     |[{17, 3.8887012},...|
| 50     |[{23, 3.964672},... |
| 80     |[{18, 3.202312},... |
+-------+--------------------+
//为指定的用户集推荐10部电影
scala>val users =ratings.select(als.getUserCol).distinct().limit(3)
users: org.apache.spark.sql.Dataset[org.apache.spark.sql.Row] =[userId: int]
scala>val userSubsetRecs =model.recommendForUserSubset(users, 10)
userSubsetRecs: org.apache.spark.sql.DataFrame =[userId: int, recommendations:
array<struct<movieId:int,rating:float>>]
scala>userSubsetRecs.show(false)         //查看推荐结果
+------+----------------------------------------------------------------+
|userId |recommendations                                                 |
+------+----------------------------------------------------------------+
|1     |[{22, 3.7069123}, {68, 3.572432}, {75, 3.5632954}, {32, 3.0991497},...|
|12    |[{46, 5.9925485}, {17, 5.0683746}, {27, 4.913905}, {64, 4.9057508},...|
|13    |[{93, 3.9506724}, {75, 3.819652}, {62, 3.3892112}, {76, 3.3826647},...|
+------+----------------------------------------------------------------+
//为指定的电影集推荐10个用户
scala>val movies =ratings.select(als.getItemCol).distinct().limit(3)
movies: org.apache.spark.sql.Dataset[org.apache.spark.sql.Row] =[movieId:
int]
scala>val movieSubSetRecs =model.recommendForItemSubset(movies, 10)
movieSubSetRecs: org.apache.spark.sql.DataFrame =[movieId: int, recommendations:
array<struct<userId:int,rating:float>>]
scala>movieSubSetRecs.show(false)        //查看推荐结果
+-------+---------------------------------------------------------------+
|movieId |recommendations                                                |
```

```
+-------+-----------------------------------------------------------------+
|31     |[{12, 3.7657657}, {15, 3.558279}, {7, 3.1224618}, {14, 3.018062}, ... |
|85     |[{8, 4.691733}, {10, 3.9241314}, {7, 3.3815749}, {14, 3.1971545}, ... |
|65     |[{25, 2.5272062}, {9, 2.4728491}, {11, 2.1552901}, {5, 2.015889}, ... |
+-------+-----------------------------------------------------------------+
```

14.10 项目实战：识别垃圾邮件

人们在日常学习和工作中会收到非常多的电子邮件，除了与学习工作相关的邮件，还会收到许多垃圾邮件，包括广告邮件、欺诈邮件等。本项目通过邮件中包含的文本内容判断该邮件是正常邮件（ham）还是垃圾邮件（spam），以此来实现自动化垃圾邮件过滤，是一种典型的文本分类任务。

如邮件"Had your mobile 11 months or more? U R entitled to Update to the latest colour mobiles with camera for Free! Call The Mobile Update Co FREE on 08002986030"是一条手机广告，属于垃圾邮件，因此需要被分到 spam 类。

邮件数据集 spam.csv 来源于 kaggle 竞赛社区，该数据集包含 5574 条邮件，这里删除了两条格式有问题的记录，所有邮件都被标记为正常邮件（ham）或者垃圾邮件（spam）。

下面给出使用 NaiveBayes 模型来实现邮件分类的代码。

```scala
import org.apache.log4j.{Level, Logger}
import org.apache.spark.ml.feature.{HashingTF, IDF, Tokenizer}
import org.apache.spark.ml.classification.NaiveBayes
import org.apache.spark.ml.evaluation.MulticlassClassificationEvaluator
import org.apache.spark.ml.feature.IndexToString
import org.apache.spark.ml.feature.StringIndexer
import org.apache.spark.ml.Pipeline
import org.apache.spark.ml.PipelineModel
import org.apache.spark.ml.PipelineStage
import org.apache.spark.sql.SparkSession

object spamEmailRecognization {
  def main(args: Array[String]): Unit = {
    //屏蔽日志
    Logger.getLogger("org").setLevel(Level.ERROR)
    Logger.getLogger("org.eclipse.jetty.server").setLevel(Level.OFF)
    val spark = SparkSession.builder().appName("spamEmailRecognization").
      master("local").getOrCreate()
    import spark.implicits._
    val emailDF =spark.read.option("header", true).csv("D:\IdeaProjects1\spark
    \src\ML\spam.csv").select("label","context")
    // 将数据集分割为训练集（占 70%）和测试集（占 30%）
    val Array(trainingDF, testDF) =emailDF.randomSplit(Array(0.7, 0.3), seed =1234L)

    // 数据拆分,分词
```

```
    val tokenizer = new Tokenizer().setInputCol("context").setOutputCol
      ("words")
    //求 tf
    val hashingTF = new HashingTF().setInputCol("words").setOutputCol
      ("rawFeatures")
    //求 idf
    val idf =new IDF().setInputCol("rawFeatures").setOutputCol("features")
    //label 标签字符串索引化,将 label 的 String 类型转换成 Int
    val labelIndexer=new StringIndexer().setInputCol("label").setOutputCol
      ("indexedLabel").fit(trainingDF)

    //建立 NaiveBayes 模型
     val nb = new NaiveBayes().setFeaturesCol("features").setLabelCol
      ("indexedLabel").setSmoothing(0.1)

    //索引标签字符串化,Int 标签转换成字符串标签
     val labelConverter = new IndexToString().setInputCol("prediction").
      setOutputCol("predictionLabel").setLabels(labelIndexer.labels)
    //使用管道构建训练模型
     val pipeline = new Pipeline().setStages(Array(tokenizer,hashingTF,idf,
    labelIndexer,nb,labelConverter))
     val model =pipeline.fit(trainingDF)

    //评估模型
    val predictionResultDF =model.transform(testDF)
    println("predictionResultDF 前 3 条记录")
    predictionResultDF.show(3)
     val evaluator = new MulticlassClassificationEvaluator().setLabelCol
      ("indexedLabel").setPredictionCol("prediction").setMetricName("accuracy")
    val predictionAccuracy =evaluator.evaluate(predictionResultDF)
    println("Test set accuracy =" +predictionAccuracy)

    //模型的保存
    model.write.overwrite().save("D:\IdeaProjects1\spark\src\ML\saveModel")

    //加载保存的模型预测数据,然后评估模型
     val sameModel = PipelineModel.load("D:\IdeaProjects1\spark\src\ML\
      saveModel")
    val predictionResultDF1 =sameModel.transform(testDF)
    val evaluator1 = new MulticlassClassificationEvaluator().setLabelCol
      ("indexedLabel").setPredictionCol("prediction").setMetricName("accuracy")
    val predictionAccuracy1 =evaluator1.evaluate(predictionResultDF1)
    println("A second test set accuracy =" +predictionAccuracy1)
  }
}
```

运行上述代码,得到的输出结果如下,其中 3 条记录分两段截图显示。

predictionResultDF 前 3 条记录

```
+-----+--------------------+--------------------+--------------------+--------------------+
|label|             context|               words|         rawFeatures|            features|
+-----+--------------------+--------------------+--------------------+--------------------+
|  ham| &lt;#&gt;  in mc...|[, &lt;#&gt;, , i...|(262144,[2039,108...|(262144,[2039,108...|
|  ham| &lt;#&gt;  mins ...|[, &lt;#&gt;, , m...|(262144,[2039,244...|(262144,[2039,244...|
|  ham| &lt;DECIMAL&gt; ...|[, &lt;decimal&gt...|(262144,[1769,189...|(262144,[1769,189...|
+-----+--------------------+--------------------+--------------------+--------------------+

+------------+--------------------+--------------------+----------+---------------+
|indexedLabel|       rawPrediction|         probability|prediction|predictionLabel|
+------------+--------------------+--------------------+----------+---------------+
|         0.0|[-337.22622565808...|[1.0,4.3476285291...|       0.0|            ham|
|         0.0|[-308.87449047853...|[1.0,1.5986916967...|       0.0|            ham|
|         0.0|[-1002.1933366735...|[1.0,8.0022246921...|       0.0|            ham|
+------------+--------------------+--------------------+----------+---------------+
only showing top 3 rows
Test set accuracy = 0.9554878048780487
A second test set accuracy = 0.9554878048780487
```

14.11 拓展阅读——人工智能的历史现状和未来

历史的齿轮不停地转动，人类的智慧在历史的灿烂星河里熠熠生辉，人类文明在诞生的这几千年里不断地演变、进步、发明、创新，从未停止让机器代替人类工作的艰苦尝试。自蒸汽时代的蒸汽机、电气时代的发电机、信息时代的计算机和互联网后，人工智能正成为推动人类文明发展的决定性力量。2016年，科技界的大事之一就有AlphaGo大战李世石将人工智能的热点推向高潮，使人工智能的概念在全球开始流行，让这个话题出现在普通大众的生活中。2017年10月，最新版本的AlphaZero自学三天就将上个版本的AlphaGo打了个100∶0。

人工智能（Artificial Intelligence，AI）是一门研究、理解、模拟人类智能，并发现其规律的学科。一般认为智能是知识和智力的总和，前者是智能的基础，后者是指获取和运用知识求解的能力。人工智能不是人类智能，但能像人那样思考、更有可能超过人类的智能。人工智能充满未知的探索道路曲折起伏，其历经起步发展期、反思发展期、应用发展期、低迷发展期、稳步发展期。随着云计算、大数据、物联网等信息技术的发展，以深度神经网络为代表的人工智能技术飞速发展。

经过60多年的发展，人工智能在算法、算力和算料"三算"方面取得重要突破，正从"不能用"走向"可以用"，将会取得大进展，将在很多领域深刻影响人们的生活，包括：在包装、物流、简单重复性工作等行业取代人工；实现无人驾驶将汽车安全地穿梭于街道，让人们不再需要考驾照，逐步进入出租车行业；实现机器人士兵参与未来的战争；驱动学习型机器人帮助脑力劳动者。总之，人工智能产品未来会全面进入消费级市场，其创新模式将随着技术和产业的发展日趋成熟，对生产力和产业结构产生革命性影响，并推动人类进入普惠型智能社会。

14.12 习　　题

1. 概述提取、转换和选择特征的必要性。
2. 简述分类与回归的区别。
3. 简述 K 均值聚类原理。
4. 概述协同过滤推荐的原理。

参 考 文 献

[1] 林子雨.大数据技术原理与应用[M].3版.北京：人民邮电出版社,2021.
[2] 薛志东,吕泽华,陈长清,等.大数据技术基础[M].北京：人民邮电出版社,2018.
[3] 林子雨.大数据基础编程、实验和案例教程[M].2版.北京：清华大学出版社,2020.
[4] 肖芳,张良均.Spark 大数据技术与应用[M].北京：人民邮电出版社,2018.
[5] 曹洁,孙玉胜.大数据技术[M].北京：清华大学出版社,2020.
[6] 曹洁.Spark 大数据分析技术[M].北京：北京航空航天大学出版社,2021.
[7] 曾国荪,曹洁.Hadoop+Spark 大数据技术[M].北京：人民邮电出版社,2022.